高等职业教育"新资源、新智造"系列精品教材

S7–200 PLC 项目化实践教程（第 2 版）

孙康岭　刘　操　主　编
李新卫　李志鹏　副主编

电子工业出版社
Publishing House of Electronics Industry
北京·BEIJING

内容简介

本书以西门子 S7-200 PLC 为主要机型，以实际应用项目为载体，注重过程性知识讲解，适度介绍概念和原理，将知识学习和技能培训融于项目实施过程，通过一系列项目的学习与训练，达到逐步掌握 PLC 的基础知识、基本应用、典型应用和拓展应用的目的，同时有效促进学生形成创新意识、团队协作精神等职业素养。

本书是基于工作过程的工学结合的项目化教材，可以很好地满足新时期高职高专院校机电类专业、电子技术专业、电气自动化专业及其他相关专业的人才培养需求，也可以供相关工程技术人员参考或作为培训教材使用。

图书在版编目（CIP）数据

S7-200 PLC 项目化实践教程 / 孙康岭，刘操主编. —2 版. —北京：电子工业出版社，2021.11

ISBN 978-7-121-37930-7

Ⅰ. ①S… Ⅱ. ①孙… ②刘… Ⅲ. ①PLC 技术－高等学校－教材 Ⅳ. ①TM571.61

中国版本图书馆 CIP 数据核字（2019）第 253172 号

责任编辑：王昭松　　　　特约编辑：田学清
印　　刷：大厂回族自治县聚鑫印刷有限责任公司
装　　订：大厂回族自治县聚鑫印刷有限责任公司
出版发行：电子工业出版社
　　　　　北京市海淀区万寿路 173 信箱　　　　邮编 100036
开　　本：787×1 092　　1/16　　印张：17.25　　字数：441.6 千字
版　　次：2014 年 8 月第 1 版
　　　　　2021 年 11 月第 2 版
印　　次：2024 年 1 月第 3 次印刷
定　　价：56.00 元

凡所购买电子工业出版社图书有缺损问题，请向购买书店调换。若书店售缺，请与本社发行部联系，联系及邮购电话：（010）88254888，88258888。

质量投诉请发邮件至 zlts@phei.com.cn，盗版侵权举报请发邮件至 dbqq@phei.com.cn。

本书咨询联系方式：（010）88254015，wangzs@phei.com.cn，QQ83169290。

编写人员名单

主　编　　孙康岭　刘　操

副主编　　李新卫　李志鹏

参　编　　裴桂玲　姚继滨　冷　波　杨兆伟

　　　　　张海鹏　李　琦　辛太宇　侯加阳

　　　　　杨欣峰　姚洪利　李立成　朱生强

PREFACE 前言

本书是山东省精品资源共享课程"可编程序控制器及应用"的配套教材，以职业活动为主线，以培养职业能力为本位，在校企合作、工学结合的基础上进行课程和教材的开发。

本书具有项目典型、理实一体、贴近实际的特点，内容符合相关岗位的技能要求。本书选取学生胜任职业岗位所需的知识和技能，以实际应用经验与策略习得为主，以适度概念和原理理解为辅，按能力形成规律，组织教学内容，从基本应用到拓展应用有机串联，分层次有序推进。本书还采取以工作过程为中心的行动体系，以学生为主体，以项目为载体，以工作任务为驱动，教、学、做一体化，方便学生学习和训练，提高学习的效率与针对性。

与第1版相比，本次修订后的教材内容更加完善，具有以下特点。

（1）本书参照山东省精品资源共享课程"可编程序控制器及应用"的要求进一步优化，对利用向导生成程序进行详细的阐述。读者可扫码登录精品课程网址（用户名为 tzyplc，密码为 123456），实现线上、线下同步学习。

扫码进入省级精品课网址

（2）基于校企联合开发的工学结合一体化课程，精选真实生产项目、典型工作任务作为教学内容，推行面向企业真实生产环境的任务式培养模式。

（3）遵循"从完成简单工作任务到完成复杂工作任务"的能力形成规律，通过一系列项目的学习与训练，达到逐步掌握PLC的基础知识、基本应用、典型应用和拓展应用的目的。

（4）本书参照国家职业标准相关内容，对接实际工作岗位要求进行修订，内容整体上更加严谨。

（5）本书体现教书育人功能，在每个项目的评价部分加强对学生职业素养、团队协作精神等方面的引导，使学生在学习专业知识、专业技能的同时，树立正确的世界观。

（6）为了便于教学和自学，书中穿插了丰富的二维码链接，读者可通过手机等扫描观看相应的多媒体教学内容。

本书兼具实用性、先进性，便于培养学生能力及开展教学，可作为高职高专院校机电类专业、电子技术专业、电气自动化专业及其他相关专业的教材，对学生考取国家职业资格证书及参加技能大赛也有一定的指导作用，还可供工程技术人员参考或作为培训教材使用。

　　本书由泰山职业技术学院孙康岭、日照职业技术学院刘操任主编，山东交通职业学院李新卫、德州职业技术学院李志鹏任副主编，山东泰开电气集团有限公司姚继滨、日照职业技术学院冷波、泰山职业技术学院裴桂玲等为本书的编写付出了很多努力。这里就不一一列出，谨一并表示感谢。

　　限于作者水平，书中疏漏和不妥之处在所难免，恳请广大读者批评指正。

编　者
2021 年 8 月

CONTENTS 目录

第一单元 基础知识

第一单元　基础知识

常用低压电器的认识

■【项目目标】

可编程序逻辑控制器（PLC）是计算机技术与继电器、接触器控制技术相结合的产物。以PLC为控制核心的电气控制技术应用广泛，其输入、输出多采用低压电器。本项目主要学习常用低压电器的理论知识，了解常用低压电器的功能、技术参数、图形符号、文字符号，并掌握其选用方法。

■【学习目标】

（1）了解常用低压电器的作用与分类。
（2）理解常用低压电器的原理，了解其技术参数。
（3）熟练掌握常用低压电器的图形符号和文字符号。
（4）掌握常用低压电器的选用方法。

■【相关知识】

电器是根据外界特定的信号和要求，自动或手动接通或断开电路，连续或断续改变电路参数，实现对电路或非电对象的接通、切断、保护、控制、调节等作用的设备。

一、电器的分类

电器的用途广泛、功能多样、种类繁多、结构各异，以下4种是常用电器的分类方法。

1. 按工作电压等级分类

（1）高压电器：是指用于交流电压1200V、直流电压1500V及以上电路中的电器，如高压断路器、高压隔离开关、高压熔断器等。

（2）低压电器：是指用于交流（50Hz或60Hz）额定电压1200V以下、直流额定电压1500V及以下电路中的电器，如接触器、继电器等。

2. 按动作原理分类

（1）手动电器：是指用手或依靠机械力操作的电器，如手动开关、控制按钮、行程开关等主令电器。

（2）自动电器：是指借助电磁力或某个物理量的变化自动操作的电器，如接触器、各种类型的继电器、电磁阀等。

3．按用途分类

（1）控制电器：是指用于各种控制电路和控制系统的电器，如接触器、继电器、电动机启动器等。

（2）主令电器：是指用于自动控制系统中发送动作指令的电器，如按钮、行程开关、万能转换开关等。

（3）保护电器：是指用于保护电路及用电设备的电器，如熔断器、热继电器、各种保护继电器、避雷器等。

（4）执行电器：是指用于完成某种动作或传动功能的电器，如电磁铁、电磁离合器等。

（5）配电电器：是指用于电能输送和分配的电器，如高压断路器、隔离开关、刀开关、自动空气开关等。

人们对此种分类方法的说法不一，也有人把主令电器、执行电器归入控制电器。

4．按工作原理分类

（1）电磁式电器：是指依据电磁感应原理工作的电器，如接触器、各种类型的电磁式继电器等。

（2）非电量控制电器：是指依靠外力或某种非电物理量的变化工作的电器，如刀开关、行程开关、按钮、速度继电器、温度继电器等。

二、低压电器的作用

低压电器能够根据操作信号或外界现场信号的要求，自动或手动地改变电路的状态和参数，实现对电路或被控对象的控制、保护、测量、调节、指示、转换等。低压电器的作用如下。

（1）控制作用：如电梯的上下移动、快慢速自动切换与自动停层等。

（2）保护作用：能根据设备的特点，对设备、环境及人身实行自动保护，如电动机的过热保护、电网的短路保护、漏电保护等。

（3）测量作用：利用仪表及与之相适应的电器，对设备、电网的参数进行测量，如对电流、电压、功率、转速、温度、湿度等参数的测量。

（4）调节作用：低压电器可对一些电量和非电量进行调整，以满足用户的要求，如柴油机油门的调节、房间温湿度的调节、照度的自动调节等。

（5）指示作用：利用低压电器的控制、保护等功能，检测设备运行情况与电气电路工作情况，如绝缘监测、保护吊牌指示等。

（6）转换作用：能实现用电设备之间的转换或对低压电器、控制电路分时投入运行，从而实现功能切换，如励磁装置手动与自动的转换、供电的市电与自备电的切换等。

当然，低压电器的作用远不止这些，随着科学技术的发展，新功能、新设备会不断出现。常见低压电器的用途如表 1-1 所示。

对低压配电电器的要求是有灭弧能力、分断能力强、热稳定性能好、限流准确等；对低压控制电器的要求则是动作可靠、操作频率高、寿命长，并且具有一定的负载能力。

表 1-1　常见低压电器的用途

序　号	类　别	主要品种	用　途
1	断路器	塑料外壳式断路器	主要用于电路的过负荷保护、短路保护、欠电压保护、漏电压保护，也可用于不频繁接通和断开电路
		框架式断路器	
		限流式断路器	
		漏电保护式断路器	
		直流快速断路器	
2	刀开关	开关板用刀开关	主要用于电路的隔离，有时也可用于分断负荷
		负荷刀开关	
		熔断器式刀开关	
3	转换开关	组合开关	主要用于电源的切换，也可用于负荷通断或电路的切换
		换向开关	
4	主令电器	按钮	主要用于发布命令或程序控制
		限位开关	
		微动开关	
		接近开关	
		万能转换开关	
5	接触器	交流接触器	主要用于远距离频繁控制负荷、切断带负荷电路
		直流接触器	
6	启动器	磁力启动器	主要用于电动机的启动
		Y/△启动器	
		自耦降压启动器	
7	控制器	凸轮控制器	主要用于控制回路的切换
		平面控制器	
8	继电器	电流继电器	主要用于控制电路，将被控量转换成控制电路所需的电量或开关信号
		电压继电器	
		时间继电器	
		中间继电器	
		温度继电器	
		热继电器	
9	熔断器	有填料熔断器	主要用于电路的短路保护，也可用于电路的过载保护
		无填料熔断器	
		半封闭插入式熔断器	
		快速熔断器	
		自复熔断器	
10	电磁铁	制动电磁铁	主要用于起重、牵引、制动等
		起重电磁铁	
		牵引电磁铁	

三、接触器

接触器是一种用来自动接通或断开大电流电路的电器，可以频繁地接通或分断交流、直流电路，并实现远距离控制。接触器的主要控制对象是电动机，也可以控制电热设备、电焊机、电容器组等其他负载，还具有低电压释放保护功能。接触器具有控制容量大、过载能力强、寿命长、设备简单经济等特点，是电力拖动自动控制线路中广泛使用的元器件。

按照所控制电路的种类，接触器可分为交流接触器和直流接触器两大类。

1．交流接触器

1）结构

交流接触器的结构如图 1-1 所示。交流接触器的结构分为三部分。

图 1-1　交流接触器的结构

（1）电磁系统：包括动铁芯、静铁芯、吸引线圈和反作用弹簧，其作用是将电磁能转换成机械能，产生电磁吸力带动触点动作。

（2）触点系统：包括主触点和辅助触点。主触点用于通断主电路，通常为三对常开触点（动合触点）；辅助触点用于控制电路，起联锁、逻辑运算作用，故又称为联锁触点，一般来说，常开触点、常闭触点（动断触点）都有。

（3）灭弧装置：容量在 10A 以上的接触器都有灭弧装置。对于小容量的接触器，常采用双断口触点灭弧、电动力灭弧、相间弧板隔弧及陶土灭弧罩灭弧；对于大容量的接触器，常采用纵缝灭弧罩及栅片灭弧。

2）工作原理

电磁式接触器的工作原理：线圈通电后，在铁芯中产生磁通及电磁吸力，此电磁吸力克服弹簧反作用力使衔铁吸合，带动触点机构动作，常闭触点打开，常开触点闭合，互锁或接通线路。当线圈失电或线圈两端电压显著降低时，电磁吸力小于弹簧反作用力，使衔铁释放，触点机构复位，断开线路或解除互锁。

3）分类

交流接触器的种类很多，其分类方法也不尽相同。交流接触器按照一般的分类方法，大致可分为以下几类。

（1）主触点极数：可分为单极、双极、三极、四极和五极接触器。单极接触器主要用于单相负荷，如照明负荷、焊机等，在电动机能耗制动中也可采用；双极接触器主要用于绕线转子异步电动机的转子回路，启动时用于短接启动绕组；三极接触器主要用于三相负荷，如在电动机的控制及其他场合中应用最为广泛；四极接触器主要用于三相四线制的照明线路，也可用于控制双回路电动机负载；五极接触器用来组成自耦补偿启动器或控制双笼型电动机，以变换绕组接法。

（2）灭弧介质：可分为空气式接触器、真空式接触器等。依靠空气绝缘的接触器常用于一般负载，而依靠真空绝缘的接触器常用于煤矿、石油、化工企业及电压在 660V 和 1140V 等一些特殊的场合。

（3）有无触点：可分为有触点接触器和无触点接触器。常见的接触器多为有触点接触器，而无触点接触器属于电子技术应用的产物，一般采用晶闸管作为回路的通断元件。由于晶闸管导通时所需的触发电压很小，而且在回路通断时无火花产生，因此可用于高操作频率的设备和易燃、易爆、无噪声的场合。

4）基本参数

（1）额定电压：指主触点的额定工作电压，应等于负载的额定电压。一只接触器常规定几个额定电压，同时列出相应的额定电流或控制功率。通常，最大工作电压即额定电压。常用的额定电压等级为 220V、380V、660V 等。

（2）额定电流：接触器触点在额定工作条件下的电流。在 380V 的三相电动机控制电路中，额定电流可近似等于控制功率的两倍。常用的额定电流等级为 5A、10A、20A、40A、60A、100A、150A、250A、400A、600A。

（3）通断能力：可分为最大接通电流和最大分断电流。最大接通电流是指触点闭合时不会造成触点熔焊的最大电流，最大分断电流是指触点断开时能可靠灭弧的最大电流。一般情况下，通断能力是额定电流的 5～10 倍，当然，这个数值与通断电路的电压等级有关，电压等级越高，通断能力越小。

（4）动作值：可分为吸合电压和释放电压。吸合电压是指接触器吸合前，缓慢增加吸合线圈两端的电压，接触器可以吸合时的最小电压；释放电压是指接触器吸合后，缓慢降低吸合线圈两端的电压，接触器可以释放时的最大电压。一般规定，吸合电压不低于线圈额定电压的 85%，释放电压不高于线圈额定电压的 70%。

（5）吸引线圈额定电压：接触器正常工作时，吸引线圈上所加的电压。一般情况下，该电压数值及线圈的匝数、线径等数据均标在线包上，而不是标在接触器外壳铭牌上，使用时应加以注意。

（6）操作频率：接触器在吸合瞬间，吸引线圈须消耗比额定电流大 5～7 倍的电流，若操作频率过高，则会使线圈严重发热，直接影响接触器的正常使用。为此，一般规定，接触器的允许操作频率为每小时允许操作次数的最大值。

（7）寿命：包括电气寿命和机械寿命。目前，接触器的机械寿命已达一千万次以上，电气寿命是机械寿命的 5%～20%。

2．直流接触器

直流接触器的结构和工作原理基本与交流接触器的相同，在结构上也由电磁系统、触点系统和灭弧装置等部分组成。由于直流电弧比交流电弧难以熄灭，因此直流接触器常采用磁吹式灭弧装置灭弧。

3．接触器的符号与型号说明

1）接触器的符号说明

接触器的图形符号如图 1-2 所示，文字符号为 KM。

图 1-2　接触器的图形符号

2）接触器的型号说明

图 1-3 所示为交流接触器的型号组成，图 1-4 所示为直流接触器的型号组成。

图 1-3　交流接触器的型号组成

图 1-4　直流接触器的型号组成

例如，CJ10Z-40/3 为交流接触器，设计序号为 10，为重任务型，额定电流为 40A，主触点为三极。CJ12T-250/3 为改型后的交流接触器，设计序号为 12，额定电流为 250A，有 3 个主触点。

我国生产的交流接触器常用的有 CJ10、CJ12、CJX1、CJ20 等系列及其派生系列产品，CJ0 系列产品及其改型产品已逐步被 CJ20、CJX 系列产品取代。上述系列产品一般具有 3 对常开主触点，各两对常开、常闭辅助触点。直流接触器常用的有 CZ0 系列，分为单极和双极两大类，常开、常闭辅助触点各不超过两对。

除以上常用系列外，我国近年来还引进了一些生产线，生产了一些满足 IEC 标准的交流接触器，下面进行简单介绍。

CJ12B-S 系列锁扣接触器用于交流（50Hz）电压 380V 及以下、电流 600A 及以下的配电电路，供远距离接通和分断电路使用，并适用于不频繁启动和停止交流电动机，具有正常工作时吸引线圈不通电、无噪声等特点。其锁扣机构位于电磁系统的下方，锁扣机构靠吸引线圈通电，吸引线圈断电后靠锁扣机构保持在锁住位置。由于线圈不通电，因此不仅无电力损耗，还消除了磁噪声。

由德国引进的西门子公司的 3TB 系列、BBC 公司的 B 系列交流接触器等具有 20 世纪 80 年代初的水平，主要供远距离接通和分断电路使用，并适用于频繁启动及控制交流电动机。3TB 系列产品具有结构紧凑、机械寿命和电气寿命长、安装方便、可靠性强等特点，其额定电压为 220～660V，额定电流为 9～630A。

4．接触器的选择

接触器的选择应根据负荷的类型和工作参数，具体分为以下几步。

1）选择接触器的类型

根据电路中负载电流的种类选择接触器的类型。交流接触器按负荷种类一般分为一类、二类、三类和四类，分别记为 AC1、AC2、AC3 和 AC4。一类交流接触器对应的控制对象是无感或微感负荷，如白炽灯、电阻炉等；二类交流接触器用于绕线转子异步电动机的启动和停止；三类交流接触器的典型用途是实现笼型异步电动机的运转和停止；四类交流接触器用于笼型异步电动机的启动、反接制动、反转和点动。当启动接触器的电源是直流电源时，就必须用直流接触器。

2）选择接触器的额定参数

根据被控对象和工作参数（如电压、电流、功率、频率及工作制等）选择接触器的额定参数。

（1）接触器的额定电压应大于或等于负载回路的额定电压，吸引线圈的额定电压应与所接控制电路的额定电压等级一致。接触器的额定电压一般应选择低一些的为好，这样可以降低接触器的绝缘要求，使用时也较安全。但为了方便和减少设备，常按实际电网电压选择接触器的额定电压。

（2）电动机的操作频率不高，如压缩机、水泵、风机、空调、冲床等，选择的接触器的额定电流大于负荷额定电流即可。此时接触器的类型可选择 CJ10、CJ20 等。

（3）对于重任务型电动机，如机床主电动机、升降设备、绞盘、破碎机等，其平均操作频率超过 100 次/min，当其运行在启动、点动、正反向制动、反接制动等状态时，可选择 CJ10Z、CJ12 型的接触器。为了保证电气寿命，可将接触器降容使用，在选择接触器时，接触器额定电流应大于电动机的额定电流。

（4）对于特重任务型电动机，如印刷机、镗床等，其操作频率很高，可达 600～12000 次/h，经常运行在启动、反接制动、反向等状态，接触器大致可按电气寿命及启动电流选择型号。接触器型号常选择 CJ10Z、CJ12 等。

（5）当交流回路中的电容器投入电网或从电网中切除时，接触器的选择应考虑电容器的合闸冲击电流。一般地，接触器的额定电流可按电容器额定电流的 1.5 倍选择，其型号可选择 CJ10、CJ20 等。

（6）当用接触器对变压器进行控制时，应考虑浪涌电流的大小。例如，交流电弧焊机、电阻焊机等，一般可按变压器额定电流的 2 倍选择接触器，其型号常选择 CJ10、CJ20 等。

（7）对电热设备，如电阻炉、电热器等，负载的冷态电阻较小，因此启动电流相应要大一些。在选择接触器时，可不用考虑启动电流，直接按负载额定电流选择，其型号可选择 CJ10、CJ20 等。

（8）由于气体放电灯启动电流大、启动时间长，因此对于照明设备，可按额定电流的 1.1～1.4 倍选择交流接触器，接触器的型号可选择 CJ10、CJ20 等。

（9）接触器的额定电流是指接触器在长期工作下的最大允许电流，持续时间≤8h，且安装在敞开的控制板上，接触器的额定电流应大于或等于被控主回路的额定电流。在选择接触器时，若冷却条件较差（如接触器安装在箱柜内），则接触器的额定电流应按负荷额定电流的 110%～120%选择。对于长时间工作的电动机，由于其氧化膜没有机会得到清除，使接触电阻增大，因此应使触点发热超过允许温升。在实际选择时，可将接触器的额定电流减小 30%使用。

（10）参考电工标准。

四、继电器

继电器是根据某种输入信号的变化，接通或断开控制电路，实现自动控制和保护功能的自动电器。在控制与保护电路中，继电器用于信号的转换。继电器有输入电路（感应元件）和输出电路（执行元件），当感应元件中的输入量（如电流、电压、温度、压力等）变化到某个定值时，继电器动作，执行元件便接通或断开控制电路。

继电器的种类很多，按输入信号的性质可分为电压继电器、电流继电器、时间继电器、温度继电器、速度继电器、压力继电器等；按工作原理可分为电磁式继电器、感应式继电器、电动式继电器、热继电器和电子式继电器等；按输出形式可分为有触点继电器和无触点继电器；按用途可分为控制用继电器与保护用继电器等。

1. 电磁式继电器

1）电磁式继电器的结构及工作原理

电磁式继电器是应用得最早和最多的一种继电器，其结构及工作原理与接触器的大体相同，由电磁系统、触点系统和释放弹簧等组成。由于继电器用于控制电路，流过触点的电流比较小（一般5A以下），因此不需要灭弧装置。

常用的电磁式继电器有电压继电器、中间继电器和电流继电器。电磁式继电器的图形、文字符号如图1-5所示。

2）电磁式继电器的特性

电磁式继电器的主要特性是输入—输出特性，又称为继电特性，继电特性曲线如图1-6所示。当继电器输入量 X 由零增加到 X_2 前，继电器输出量 Y 为零；当输入量 X 增加到 X_2 时，继电器吸合，输出量为 Y_1；若 X 继续增加，则 Y 保持不变。当 X 减小到 X_1 时，继电器释放，输出量由 Y_1 变为零，若 X 继续减小，则 Y 均为零。

图1-5　电磁式继电器的图形、文字符号

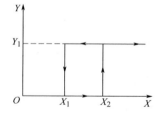

图1-6　继电特性曲线

在图1-6中，X_2 为继电器吸合值，若欲使继电器吸合，则输入量必须大于或等于 X_2；X_1 为继电器释放值，若欲使继电器释放，则输入量必须小于或等于 X_1。

$K_f = X_1/X_2$ 为继电器的返回系数，是继电器的重要参数之一。K_f 值是可以调节的。例如，一般继电器要求低的返回系数，K_f 值应在 0.1～0.4，这样当继电器吸合后，输入量波动较大时不致引起误动作；欠电压继电器则要求高的返回系数，K_f 值应在 0.6 以上。设某继电器的 K_f=0.6，吸合电压为额定电压的 90%，则当电压低于额定电压的 50% 时，继电器释放，起到欠电压保护作用。

继电器的其他重要参数是吸合时间和释放时间。吸合时间是指从线圈接收电信号到衔铁完全吸合所需的时间；释放时间是指从线圈失电到衔铁完全释放所需的时间。一般继电器的吸合时间与释放时间为 0.05～0.15s，快速继电器为 0.005～0.05s，其大小影响继电器的操作频率。

3）电压继电器、中间继电器

电压继电器用于电力拖动系统的电压保护和控制，其线圈并联接入主电路，用来感测主电路的线路电压；触点接入控制电路，为执行元件。

按吸合电压的大小，电压继电器可分为过电压继电器（FV）和欠电压继电器（KV）。

过电压继电器用于线路的过电压保护，其吸合整定值为被保护线路额定电压的 1.05～1.2 倍。当被保护线路的电压正常时，衔铁不动作；当被保护线路的电压高于额定值，达到过电压继电器的整定值时，衔铁吸合，触点机构动作，控制电路失电，控制接触器及时分断被保护电路。

欠电压继电器用于线路的欠电压保护，其释放整定值为线路额定电压的 0.1～0.6。当被保护线路的电压正常时，衔铁可靠吸合；当被保护线路的电压降至欠电压继电器的释放整定值时，衔铁释放，触点机构复位，控制接触器及时分断被保护电路。

零电压继电器是当电路电压降低到 5%～25%U_N 时释放，对电路实现零电压保护，它用于线路的失压保护。

中间继电器实质上是一种电压继电器，它的特点是触点数目较多，电流容量可增大，起到中间放大（触点数目和电流容量）的作用。

4）电流继电器

电流继电器用于电力拖动系统的电流保护和控制，其线圈串联接入主电路，用来感测主电路的线路电流；触点接入控制电路，为执行元件。电流继电器反映的是电流信号。常用的电流继电器有欠电流继电器（KA）和过电流继电器（FA）两种。

欠电流继电器用于电路欠电流保护，吸引电流为线圈额定电流的 30%～65%，释放电流为额定电流的 10%～20%，因此，当电路正常工作时，衔铁是吸合的，只有当电流降低到某个整定值时，继电器释放，控制电路失电，从而控制接触器及时分断电路。

过电流继电器在电路正常工作时不动作，整定范围通常为额定电流的 1.1～4 倍。当被保护线路的电流高于额定值，达到过电流继电器的整定值时，衔铁吸合，触点机构动作，控制电路失电，从而控制接触器及时分断电路，对电路起过流保护作用。

JT4 系列交流电磁继电器适用于交流 50Hz、380V 及以下的自动控制回路，作为零电压继电器、过电压继电器、过电流继电器和中间继电器使用。过电流继电器也适用于 60Hz 的交流电路。

通用电磁式继电器有 JT3 系列直流电磁式继电器和 JT4 系列交流电磁式继电器两种，均为老产品。新产品有 JT9、JT10、JL12、JL14、JZ7 等系列，其中，JL14 系列为交、直流电流继电器，JZ7 系列为交流中间继电器。

2．时间继电器

时间继电器是一种利用电磁原理或机械动作原理实现触点延时接通或断开的自动控制电器，其种类很多，常用的有直流电磁式、空气阻尼式、电子式等。

时间继电器的图形符号及文字符号如图 1-7 所示。

图 1-7　时间继电器的图形符号及文字符号

1）直流电磁式时间继电器

在直流电磁式电压继电器的铁芯上增加一个阻尼铜套，即可构成直流电磁式时间继电器。直流电磁式时间继电器是利用电磁阻尼原理产生延时的，由电磁感应定律可知，在继电器线圈通、断电过程中阻尼铜套内将产生感应电动势，并流过感应电流，此电流产生的磁通总是反对原磁通变化的。

当继电器通电时，由于衔铁处于释放位置，气隙大、磁阻大、磁通小，铜套的阻尼作用相对也小，因此衔铁吸合时延时不明显（一般忽略不计）。

而当继电器断电时，磁通变化量大，铜套的阻尼作用也大，使衔铁延时释放起到延时作用。因此，这种继电器仅适用于断电延时。

直流电磁式时间继电器的延时较短，JT3 系列最长不超过 5s，而且准确度较低，一般只适用于要求不高的场合。

2）空气阻尼式时间继电器

空气阻尼式时间继电器是利用空气阻尼原理获得延时的。空气阻尼式时间继电器由电磁系统、触点系统和延时机构三部分组成，电磁系统为直动式双 E 型，触点系统借用 LX5 型微动开关，延时机构采用气囊式阻尼器。

空气阻尼式时间继电器既具有由空气室中的气动机构带动的延时触点，也具有由电磁系统直接带动的瞬动触点，可以做成通电延时型，也可以做成断电延时型。电磁系统可以由直流供电，也可以由交流供电。

3）电子式时间继电器

电子式时间继电器在时间继电器中已成为主流产品，由晶体管、集成电路和电子元件等构成。目前，已有采用单片机控制的电子式时间继电器。电子式时间继电器具有延时范围广、精度高、体积小、耐冲击和耐振动、调节方便及寿命长等优点，所以发展很快，应用广泛。

近年来，随着微电子技术的发展，采用集成电路、功率电路和单片机等电子元件构成的新型时间继电器大量面市。例如，DHC6 多制式单片机控制时间继电器，J5S17、J3320、JSZ13等系列大规模集成电路数字时间继电器，J5145 等系列电子式数显时间继电器，J5G1 等系列固态时间继电器等。

DHC6 多制式单片机控制时间继电器是为适应工业自动化控制水平越来越高的要求而生产的，它可使用户根据需要选择最合适的制式，使用简便方法就可达到以往需要较复杂接线才能达到的控制功能，这样既节省了中间控制环节，又大大提高了电气控制的可靠性。

DHC6 多制式单片机控制时间继电器采用单片机控制、LCD 显示，具有 9 种工作制式，正计时、倒计时任意设定，8 种延时时段，延时范围为 0.01s～999.9h，任意通过键盘设定，设定完成之后可以锁定按键，防止误操作。它可按要求任意选择控制模式，使控制电路最简单可靠。

J5S17 系列大规模集成电路数字时间继电器由大规模集成电路、稳压电源、拨动开关、4位 LED 数码显示器、执行继电器及塑料外壳组成，它采用 32kHz 石英晶体振荡器，安装方式有面板式和装置式两种。装置式插座可用 M4 螺钉固定在安装板上，也可安装在标准 35mm 安装卡轨上。

J5S20 系列时间继电器是 4 位数字显示小型时间继电器，它采用晶体振荡器作为时基基准，采用大规模集成电路技术，不仅可以实现长达 9999h 的长延时，还可以保证其延时精度。

电子式时间继电器的输出形式包括有触点式和无触点式,前者采用晶体管驱动小型磁式继电器,后者采用晶体管或晶闸管输出。

4)时间继电器的选择

选择时间继电器时应注意:线圈(或电源)的电流种类和电压等级应与控制电路相同;按控制要求选择延时方式和触点方式;校核触点数量和容量,若不够时,则可用中间继电器进行扩展。

时间继电器新系列产品有 JS14A 系列半导体时间继电器、JS20 系列半导体时间继电器、JS14P 系列数字式半导体继电器等。它们具有体积小、延时精度高、寿命长、工作稳定可靠、安装方便、触点输出容量大和产品规格全等优点,广泛应用在电力拖动、顺序控制及各种生产过程的自动控制中。

3.其他非电磁类继电器

非电磁类继电器的感测元件接收非电量信号(如温度、转速、位移及机械力等)。常用的非电磁类继电器有热继电器、速度继电器、干簧继电器、可编程通用逻辑控制继电器等。

1)热继电器

热继电器(FR)主要用于电力拖动系统中电动机负载的过载保护,而且只能用于过载保护,不能用于短路保护。

电动机在实际运行中,常会遇到过载情况,但只要过载情况不严重、时间短,绕组不超过允许的温升,那么这种过载就是允许的。但如果过载情况严重、时间长,就会加速电动机绝缘的老化,缩短电动机的使用年限,甚至烧毁电动机,因此必须对电动机进行过载保护。

(1)热继电器的结构与工作原理。

热继电器主要由热元件、双金属片、导板和触点组成。热继电器原理示意图如图 1-8 所示。热元件由发热电阻丝做成。双金属片由两种热膨胀系数不同的金属碾压而成,当双金属片受热时,会出现弯曲变形。热继电器在使用时,把热元件串接在电动机的主电路中,而常闭触点串接在电动机的控制电路中。

1—热元件;2—双金属片;3—导板;4—触点复位

图 1-8 热继电器原理示意图

当电动机正常运行时,热元件产生的热量虽能使双金属片弯曲,但还不足以使热继电器的触点动作。当电动机过载时,双金属片弯曲,位移增大,推动导板使常闭触点断开,从而切断电动机控制电路以起保护作用。热继电器动作后一般不能自动复位,要等双金属片冷却后,按下复位按钮复位。热继电器动作电流的调节可以借助旋转凸轮位于不同位置来实现。

（2）热继电器的型号及选择。

目前，我国生产的热继电器主要有 JR0、JR1、JR2、JR9、R10、JR15、JR16 等系列。

JR1、JR2 系列热继电器采用间接受热方式，其主要缺点是双金属片靠发热元件间接加热，热偶合较差；双金属片的弯曲程度受环境温度影响较大，不能正确反映负载的过流情况。

JR15、JR16 系列热继电器采用复合加热方式，并采用了温度补偿元件，因此能正确反映负载的工作情况。

JR0、JR1、JR2 和 JR15 系列热继电器均为两相结构，是双热元件的热继电器，可以用于三相异步电动机的均衡过载保护和星形连接定子绕组的三相异步电动机的断相保护，但不能用于定子绕组为三角形连接的三相异步电动机的断相保护。

JR16 和 JR20 系列热继电器均是带有断相保护的热继电器，具有差动式断相保护机构。热继电器的选择主要根据电动机定子绕组的连接方式来确定热继电器的型号。在三相异步电动机电路中，星形连接的电动机可选择两相或三相结构的热继电器，一般采用两相结构的热继电器，即在两相主电路中串接热元件。对于三相感应电动机，定子绕组为三角形连接的电动机必须采用带断相保护的热继电器。热继电器的图形及文字符号如图 1-9 所示。

2）速度继电器

速度继电器又称为反接制动继电器，主要用于笼型异步电动机的反接制动控制。感应式速度继电器的结构如图 1-10 所示，它是靠电磁感应原理实现触点动作的。

1—转子；2—电动机轴；3—定子；4—绕组；
5—定子柄；6—静触点；7—动触点；8—簧片

图 1-10 感应式速度继电器的结构

图 1-9 热继电器的图形及文字符号

从结构上看，速度继电器与交流电动机相似，主要由定子、转子和触点三部分组成。定子的结构与笼型异步电动机相似，是一个笼型空心圆环，由硅钢片冲压而成，并装有笼型绕组。转子是一个圆柱形永久磁铁。

速度继电器的轴与电动机的轴相连接，转子固定在轴上，定子与轴同心。当电动机转动时，速度继电器的转子随之转动，绕组切割磁场产生感应电动势和电流，此电流和永久磁铁的磁场作用产生转矩，使定子向轴的转动方向偏摆，通过定子柄拨动触点，使常闭触点断开、常开触点闭合。当电动机的转速下降到接近零时，转矩减小，定子柄在弹簧力的作用下恢复原位，触点也恢复原位。速度继电器根据电动机的额定转速进行选择。速度继电器的图形及文字符号如图 1-11 所示。

常用的感应式速度继电器有 JY1 和 JFZ0 系列。JY1 系列能在 3000r/min 的转速下可靠工作。JFZ0 系列的触点动作速度不受定子柄偏转快慢的影响，触点改用微动开关。JFZ0 系列中的 JFZ0-1 型适用于 300～1000r/min，JFZ0-2 型适用于 1000～3000r/min。速度继电器有两对常开、常闭触点，分别对应被控电动机的正、反转运行。一般情况下，速度继电器的触点在转速达 120r/min 时能动作，在转速达 100r/min 时能恢复正常位置。

3）干簧继电器

干簧继电器是一种具有密封触点的电磁式继电器，可以反映电压、电流、功率及电流极性等信号，在检测、自动控制、计算机控制技术等领域应用广泛。干簧继电器主要由触点（干式舌簧片）与励磁线圈组成。触点是密封的，由铁镍合金做成，舌簧片的接触部分通常镀有贵重金属（如金、铑、钯等），接触良好，具有优良的导电性能。触点密封在充有氮气等惰性气体的玻璃管中，因而有效地防止了尘埃的污染，减少了触点的腐蚀，提高了工作可靠性。干簧继电器的结构如图 1-12 所示。

（a）转子　　（b）常开触点　　（c）常闭触点

图 1-11　速度继电器的图形及文字符号

1—舌簧片；2—线圈；3—玻璃管；4—骨架

图 1-12　干簧继电器的结构

当线圈通电后，管中舌簧片的两个自由端分别被磁化成 N 极和 S 极而相互吸引，因而接通被控电路；当线圈断电后，舌簧片在本身的弹力作用下分开，将电路切断。

干簧继电器结构简单、体积小、吸合功率小、灵敏度高；一般吸合时间与释放时间均在 0.5～2ms；触点密封，不受尘埃、潮气及有害气体污染；动片质量小、动程小、触点电寿命长，一般可达 10^7 次。

干簧继电器还可以用永磁体驱动，反映非电信号，适用于限位及行程控制、非电量检测等。干簧继电器的主要部件为干簧水位信号器，适用于工业与民用建筑中的水箱、水塔及水池等开口容器的水位控制和水位报警。

4）可编程通用逻辑控制继电器

可编程通用逻辑控制继电器是近几年开始应用的一种新型通用逻辑控制继电器，也称为通用逻辑控制模块，它将控制程序预先存储在内部存储器中，用户程序采用梯形图或功能图语言编程，形象直观、简单易懂，有按钮、开关等输入开关量信号。可编程通用逻辑控制继电器通过执行程序对输入信号进行逻辑运算、模拟量比较、计时、计数等，以及显示参数、通信、仿真运行等功能，其内部软件和编程软件可替代传统逻辑控制器件及继电器电路，并具有很强的抗干扰抑制能力。另外，其硬件是标准化的，要改变控制功能只需改变程序即可，因此在继电逻辑控制系统中，可以"以软代硬"替代其中的时间继电器、中间继电器、计数器等，以简化线路设计，并完成较复杂的逻辑控制，甚至可以完成传统继电逻辑控制方式无法完成的功能。它广泛应用于工业自动化控制系统、小型机械和装置、建筑电器等，在智能建筑中应用于照明系统、取暖通风系统、门、窗、栅栏和出入口等的控制。

可编程通用逻辑控制继电器的常用产品主要有德国金钟默勒公司的 Easy、西门子公司的 Logo、日本松下公司的可选模式控制器——控制存储式继电器等。

五、开关

开关是最普通、使用最早的电器，其作用是分合电路、开断电流。常用的开关有刀开关、隔离开关、负荷开关、转换开关（组合开关）、自动空气开关（空气断路器）等。

开关有有载运行操作、无载运行操作、选择性运行操作之分；有正面操作、侧面操作、背面操作之分；有不带灭弧装置和带灭弧装置之分；还有低压隔离器和低压断路器之分。开关的刀口有面接触和线接触两种形式。其中，线接触形式的开关，刀片容易插入，接触电阻小，制造方便。开关常采用弹簧片以保证接触良好。

1．低压隔离器

1）刀开关

刀开关是手动电器中结构最简单的一种，主要作为电源隔离开关，也可用来非频繁地接通和分断容量较小的低压配电线路。刀开关接线时应将电源线接在上端，负载接在下端，这样拉闸后刀片与电源隔离，可防止意外事故的发生。

刀开关的文字符号为 QK，采用手动推进的操作方式。刀开关如图 1-13 所示。

（a）单极　　　　（b）双极　　　　（c）三极

图 1-13　刀开关

刀开关的主要类型有大电流刀开关、负荷开关、熔断器式刀开关，常用的产品有 HD11～HD14 和 HS11～HS13 系列刀开关。

刀开关在选择时应考虑以下两个方面。

（1）结构形式：应根据刀开关的作用来选择是否带灭弧装置。当分断负载电流时，应选择带灭弧装置的刀开关，根据装置的安装形式来选择刀开关的正面、背面或侧面操作形式，是直接操作还是杠杆传动，是板前接线还是板后接线的结构形式。

（2）额定电流：一般应等于或大于所分断电路中各个负载额定电流的总和。对于电动机负载，应考虑其启动电流，所以应选择额定电流大一级的刀开关，若再考虑电路中出现的短路电流，则应选择额定电流更大一级的刀开关。

QA 系列、QF 系列、QSA（HH15）系列隔离开关用在低压配电中，HY122 带有明显断口的数模化隔离开关，广泛应用在楼层配电、计量箱、终端组电器中。

HR3 熔断器式刀开关具有刀开关和熔断器的双重功能，采用这种组合的开关电器可以简化配电装置结构，经济实用，越来越广泛地应用在低压配电屏上。

HK1、HK2 系列开启式负荷开关（胶壳刀开关）用作电源开关和小容量电动机非频繁启动的操作开关。

HH3、HH4 系列封闭式负荷开关（铁壳开关）的操作机构具有速断弹簧与机械联锁，用于非频繁启动、28kW 以下的三相异步电动机。

2）转换开关

转换开关又称为组合开关，它的动、静触点分别叠装在数层绝缘壳中，当转动手柄时，每层的动触点随方形转轴一起转动，使动、静触点接通。

转换开关主要用作小容量的电源开关或非频繁操作的电动机启动、停止开关。

转换开关的文字符号为 QS，采用手动旋转的操作方式。转换开关如图 1-14 所示。

（a）单极　　（b）三极

图 1-14　转换开关

2. 低压断路器

低压断路器也称为自动空气开关，可用来接通和分断负载电路，也可用来控制不频繁启动的电动机。它的功能是刀开关、过电流继电器、失压继电器、热继电器及漏电保护器等电器部分或全部功能的总和，是低压配电网中一种重要的保护电器。

低压断路器具有保护功能（过载保护、短路保护、欠电压保护等）多样、动作值可调、分断能力高、操作方便、安全等优点，目前被广泛应用。

1）低压断路器的结构

低压断路器由操作机构、触点、保护装置（各种脱扣器）、灭弧系统等组成。低压断路器的工作原理如图 1-15 所示。

1—主触点；2—自由脱扣机构；3—过电流脱扣器；4—分励脱扣器；5—热脱扣器；6—欠电压脱扣器；7—停止按钮

图 1-15　低压断路器的工作原理

低压断路器的主触点是手动操作或电动合闸的。主触点闭合后，自由脱扣机构将主触点锁在合闸位置上，过电流脱扣器的线圈和热脱扣器的热元件与主电路串联，欠电压脱扣器的线圈和电源并联。当电路短路或严重过载时，过电流脱扣器的衔铁吸合，使自由脱扣机构动作，主触点断开主电路；当电路过载时，热脱扣器的热元件发热使双金属片弯曲，推动自由脱扣机构动作；当电路欠电压时，欠电压脱扣器的衔铁释放，也使自由脱扣机构动作。分励脱扣器则用作远距离控制，在正常工作时，其线圈是断电的，在需要距离控制时，按下启动按钮，使线圈通电，衔铁带动自由脱扣机构动作，使主触点断开。

2）低压断路器的典型产品

低压断路器主要以结构形式划分，即分为开启式和装置式两种。开启式又称为框架式或万能式，装置式又称为塑料壳式。

（1）装置式断路器。

装置式断路器外有绝缘塑料外壳，内装触点系统、灭弧室及脱扣器等，可手动或电动（对大容量断路器而言）合闸。它有较高的分断能力和动稳定性，有较完善的选择性保护功能，广泛用于配电线路。

目前，常用的装置式断路器有 DZ15、DZ20、DZX19 和 C45N（目前已升级为 C65N）等系列产品。其中，C45N（C65N）装置式断路器具有体积小、分断能力高、限流性能好、操作轻便、型号规格齐全，可以方便地在单极结构基础上组合成二极、三极、四极断路器的优点，广泛应用在 60A 及以下的民用照明支干线及支路（多用于住宅用户的进线开关及商场照明支路开关）中。

（2）框架式断路器。

框架式断路器一般容量较大，具有较高的短路分断能力和动稳定性，适用于交流 50Hz、额定电压为 380V 的配电网络，作为配电干线的主保护。

框架式断路器主要由触点系统、操作机构、过电流脱扣器、分励脱扣器、欠电压脱扣器、附件及框架等部分组成，全部组件进行绝缘后装在框架结构底座中。

目前，我国常用的框架式断路器有 DW15、ME、AE、AH 等系列。DW15 系列框架式断路器是我国自行研制的，全系列有 1000A、1500A、2500A 和 4000A 等几个型号。

ME、AE、AII 等系列框架式断路器是引进技术生产的，它们的规格型号较为齐全（ME 开关电流等级有 630～5000A 共 13 个等级），额定分断能力较 DW15 更强，常用于低压配电干线的主保护。

（3）智能化断路器。

目前，国内生产的智能化断路器有框架式和塑料外壳式两种。框架式智能化断路器主要用于智能化自动配电系统中的主断路器，塑料外壳式智能化断路器主要用于配电网络中分配电能和作为线路及电源设备的控制与保护，也可用于三相笼型异步电动机的控制。智能化断路器采用以微处理器或单片机为核心的智能控制器（智能脱扣器），不仅具备普通断路器的各种保护功能，还具备实时显示电路中的各种电气参数（电流、电压、功率、功率因数等），对电路进行在线监视、自行调节、测量、试验、自诊断、可通信等功能，能够对各种保护功能的动作参数进行显示、设定和修改，保护电路动作时的故障参数能够存储在非易失存储器中，以便查询。国内的 DW45、DW40、DW914（AH）、DW18（AE-S）、DW48、DW19（3WE）、DW17（ME）等框架式智能化断路器和塑料外壳式智能化断路器，都配有 ST 系列智能控制器及配套附件。ST 系列智能控制器采用积木式配套方案，可直接安装在断路器本体中，无须重复二次接线，并可多种方案任意组合。

3）低压断路器的选择原则

（1）根据线路对保护的要求确定低压断路器的类型和保护形式，即确定选择框架式、装置式或限流式等。

（2）低压断路器的额定电压 U_N 应等于或大于被保护线路的额定电压。

（3）低压断路器欠电压脱扣器的额定电压应等于被保护线路的额定电压。

（4）低压断路器的额定电流及过流脱扣器的额定电流应大于或等于被保护线路的计算电流。

（5）低压断路器的极限分断能力应大于被保护线路的最大短路电流的有效值。

（6）配电线路中的上、下级低压断路器的保护特性应协调配合，下级低压断路器的保护特性应位于上级低压断路器保护特性的下方且不相交。

（7）低压断路器的长延时脱扣电流应小于导线允许的持续电流。

六、熔断器

熔断器是一种结构简单、价格低廉、使用极为普遍的保护电器，是根据电流的热效应原理工作的。熔断器使用时串接在被保护电路中，当电路发生过载或短路时，熔体产生的热量使自身熔化而切断电路。

熔断器主要由熔体和绝缘底座组成。熔体为丝状或片状，熔体材料通常有两种：一种由铅锡合金和锌等低熔点金属制成，多用于小电流电路；另一种由银、铜等高熔点金属制成，多用于大电流电路。

1. 常用的熔断器

1）插入式熔断器

插入式熔断器如图 1-16 所示，常用在 380V 及以下电压等级的线路末端，用于配电支线或电气设备的短路保护。

2）螺旋式熔断器

螺旋式熔断器如图 1-17 所示，其熔体的上端盖有一个熔断指示器，一旦熔体熔断，指示器马上弹出，可透过瓷帽上的玻璃孔观察到。螺旋式熔断器常用在机床电气控制设备中。螺旋式熔断器分断电流较大，可用在电压等级 500V 及以下、电流等级 200A 及以下的电路中进行短路保护。

1—动触点；2—熔体；3—瓷插件；4—静触点；5—瓷座

图 1-16 插入式熔断器

1—底座；2—熔体；3—瓷帽

图 1-17 螺旋式熔断器

3）封闭式熔断器

封闭式熔断器分为无填料封闭式熔断器和有填料封闭式熔断器两种，如图 1-18 和图 1-19 所示。无填料封闭式熔断器将熔体装入密闭的圆筒，分断能力稍小，用在 500V 及以下的电力网或配电设备中。有填料封闭式熔断器一般用方形瓷管，内装石英砂及熔体，分断能力强，用在电压等级 500V 及以下、电流等级 1kA 及以下的电路中。

1—铜圈；2—熔断管；3—管帽；4—插座；5—特殊垫圈；
6—熔体；7—熔片

图 1-18　无填料封闭式熔断器

1—瓷底座；2—弹簧片；3—管体；4—绝缘手柄；5—熔体

图 1-19　有填料封闭式熔断器

4）快速熔断器

快速熔断器主要用于半导体整流元件或整流装置的短路保护。由于半导体元件的过载能力很低，只能在极短时间内承受较大的过载电流，因此要求短路保护具有快速熔断的能力。快速熔断器的结构和有填料封闭式熔断器的结构基本相同，但熔体材料和形状不同，熔体是以银片冲制的有 V 形深槽的变截面熔体。

5）自复熔断器

自复熔断器采用金属钠作为熔体，在常温下具有高电导率。当电路发生短路故障时，短路电流产生高温使金属钠迅速汽化，汽态钠呈现高阻态，从而限制了短路电流。当短路电流消失后，温度下降，金属钠恢复原来的良好导电性能。自复熔断器只能限制短路电流，不能真正分断电路，其优点是不必更换熔体，能重复使用。

2．熔断器的型号

熔断器型号的含义如图 1-20 所示。

3．熔断器的选择

1）熔断器的安秒特性

熔断器的主要特性为安秒特性或保护特性，即电流越大，熔断越快。熔断器的动作是靠熔体的熔断来实现的。当电流较大时，熔体熔断所需的时间就较短；当电流较小时，熔体熔断所需的时间就较长，甚至不会熔断。因此对熔体来说，其动作电流和动作时间特性就是熔断器的安秒特性。熔断器的安秒特性如图 1-21 所示。

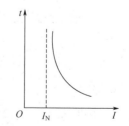

图 1-20　熔断器型号的含义

图 1-21　熔断器的安秒特性

每个熔体都有一个最小熔化电流，相应不同的温度，其最小熔化电流也不同。虽然熔化电流受外界环境的影响，但在实际应用中可以不加考虑。一般定义熔体的最小熔化电流与熔体的额定电流之比为最小熔化系数，常用熔体的熔化系数大于 1.25，也就是说额定电流为 10A 的熔体在电流为 12.5A 以下时不会熔断。熔断电流与熔断时间之间的关系如表 1-2 所示。

表 1-2　熔断电流与熔断时间之间的关系

熔断电流	$1.25\sim1.3I_N$	$1.6I_N$	$2I_N$	$2.5I_N$	$3I_N$	$4I_N$
熔断时间	∞	1h	40s	8s	4.5s	2.5s

从表 1-2 中可以看出，熔断器只能起短路保护作用，不能起过载保护作用。若熔断器确须在过载保护中使用，则必须降低其使用的额定电流，如 8A 的熔体用在 10A 的电路中，作为短路保护兼过载保护使用，但此时的过载保护特性并不理想。

2）选择熔断器的依据

主要依据负载的保护特性和短路电流的大小选择熔断器。根据被保护电路的需要，先选择熔体的规格，再根据熔体的规格确定熔断器的型号。熔断器熔体的额定电流不得超过熔断器的额定电流。

对于容量小的电动机和照明支线，常采用熔断器作为过载及短路保护，因此希望熔体的熔化系数适当小些，通常选择铅锡合金熔体的 RQA 系列熔断器。对于容量较大的电动机和照明干线，则应着重考虑短路保护和分断能力，通常选择具有较高分断能力的 RM10 和 RL1 系列熔断器；当短路电流很大时，宜选择具有限流作用的 RT0 和 RT12 系列熔断器。

熔体的额定电流可按以下方法选择。

（1）保护无启动过程的平稳负载。例如，当保护照明电路、电阻、电炉等时，熔体额定电流应略大于或等于负荷电路的额定电流。

（2）保护单台长期工作的电动机，熔体电流可按最大启动电流选择，也可按下式选择：

$$I_{RN} \geq (1.5\sim2.5)I_N$$

式中，I_{RN}——熔体额定电流；

I_N——电动机额定电流。

若电动机频繁启动，则式中系数可适当加大至 3～3.5，具体应根据实际情况而定。

（3）保护多台长期工作的电动机（供电干线），熔体电流可按下式选择：

$$I_{RN} \geq (1.5\sim2.5)I_{N\,max} + \Sigma I_N$$

式中，$I_{N\,max}$——容量最大单台电动机的额定电流；

ΣI_N——其余电动机额定电流之和。

3）熔断器的级间配合

为防止发生越级熔断，扩大事故范围，上、下级（供电干、支线）线路的熔断器间应有良好配合。在选择熔断器时，应使上级（供电干线）熔断器的熔体额定电流比下级（供电支线）的大 1～2 个级差。

常用的熔断器有管式熔断器 R1 系列、螺旋式熔断器 RL1 系列、填料封闭式熔断器 RT0 系列及快速熔断器 RS0、RS3 系列等。

4．熔断器的维护、安装和使用

当使用 RL 螺旋式熔断器时，其底座的中心触点接电源，螺旋部分接负载；当使用 RC 插入式熔断器裸露安装时，底座连接的导线及绝缘部分一定要插到瓷座里，导体部分不许外露。

在配电柜内使用时，应避免震动，以防插盖脱落造成断相事故。

熔体熔断后，应分析原因，排除故障后，再更换新的熔体。不允许用熔断熔体的方法查找故障原因。除了有专用的绝缘手柄的熔断器，如 RTO 型熔断器，在停负荷后，可带电更换熔体外，其他形式的熔断器都应在停电以后更换熔体。更换熔体时，不能轻易改变熔体的规格，不得使用不明规格的熔体，更不准随意使用铜丝或铁丝代替熔体。

七、主令电器

主令电器是在自动控制系统中发出指令或信号的电器，用来控制接触器、继电器或其他电器线圈，使电路接通或分断，从而达到控制生产机械的目的。主令电器常用来控制电力拖动系统中电动机的启动、停车、调速及制动等。

常用的主令电器有控制按钮、行程开关、接近开关、红外线光电开关、万能转换开关、主令控制器、脚踏开关、倒顺开关、紧急开关、钮子开关等。本节仅介绍几种常用的主令电器。

1．控制按钮

控制按钮是一种结构简单、使用广泛的手动主令电器，它可以与接触器或继电器配合，对电动机实现远距离的自动控制，用于实现控制电路的电气联锁。

控制按钮的结构如图 1-22 所示，由按钮帽、复位弹簧、桥式触点和外壳等组成，通常制成复合式，即具有常闭触点和常开触点。当按下按钮时，先断开常闭触点，后接通常开触点；当按钮释放后，在复位弹簧的作用下，按钮触点自动复位的先后顺序相反。通常，在无特殊说明的情况下，有触点电器的触点动作顺序均为"先断后合"。

1—按钮帽；2—复位弹簧；3—常开静触点；4—动触点；5—常闭静触点

图 1-22　控制按钮的结构

在电器控制电路中，常开按钮常用来启动电动机，也称为启动按钮；常闭按钮常用于控制电动机停止，也称为停止按钮；复合按钮常用在联锁控制电路中。

控制按钮的种类很多，在结构上有揿钮式、紧急式、钥匙式、旋钮式、带指示灯式和消防打碎玻璃按钮。

常用的控制按钮有 LA2 型、LA18 型、LA20 型、LAY1 型和 SFAN-1 型。其中，SFAN-1 型控制按钮为消防打碎玻璃按钮。LA2 型控制按钮是仍在使用的老产品，新产品有 LA18 型、LA19 型、LA20 型等。其中，LA18 型控制按钮采用积木式结构，触点数目可按需要拼装至 6 对常开、常闭触点，一般装成两对常开、常闭触点。LA19 型、LA20 型控制按钮有带指示灯和不带指示灯两种，前者按钮帽由透明塑料制成，兼作指示灯罩。

控制按钮选择的主要依据是使用场所、所需要的触点数量、种类及颜色。控制按钮开关的图形符号及文字符号如图 1-23 所示。

（a）型号含义

（b）电气符号

图 1-23 控制按钮开关的图形符号及文字符号

2. 行程开关

行程开关又称为限位开关，用于控制机械设备的行程及限位保护。在实际生产中，可以将行程开关安装在预先安排的位置，当安装在生产机械运动部件上的模块撞击行程开关时，行程开关的触点动作，实现电路的切换。因此，行程开关是一种根据运动部件的行程位置而切换电路的电器，它的作用原理与控制按钮的类似。行程开关广泛用于各类机床和起重机械，用以控制行程和进行终端限位保护。在电梯的控制电路中，行程开关可用于控制开关轿门的速度、自动开关门的限位，以及轿厢的上、下限位保护。

行程开关按其结构可分为直动式、滚轮式、微动式等。

1）直动式行程开关

直动式行程开关如图 1-24 所示，它的动作原理与控制按钮的相同，但其触点的分合速度取决于生产机械的运行速度，不宜用在速度低于 0.4m/min 的场所。

（a）外形　　　　　　　（b）结构

1—顶杆；2—弹簧；3—动断触点；4—触点弹簧；5—动合触点

图 1-24　直动式行程开关

2）滚轮式行程开关

滚轮式行程开关如图 1-25 所示。当被控机械上的撞块撞击带有滚轮的撞杆时，撞杆转向右边，带动凸轮转动，顶下推杆，使开关中的触点迅速动作。当运动机械返回时，在复位弹簧的作用下，各部分动作部件复位。

滚轮式行程开关又分为单滚轮自动复位式和双滚轮（羊角式）非自动复位式。双滚轮非自动复位式行程开关有两个稳态位置，有"记忆"作用，在某些情况下可以简化电路。

3）微动式行程开关

微动式行程开关如图 1-26 所示，常用的有 LXW-11 型系列产品。

1—滚轮；2—上转臂；3—盘形弹簧；4—下转臂；5—滑轮；6—横板；
7—压缩弹簧；8—压板；9—弹簧；10—常闭触点；11—常开触点

图 1-25　滚轮式行程开关

1—推杆；2—弯形片状弹簧；3—动合触点；
4—动断触点；5—复位弹簧

图 1-26　微动式行程开关

行程开关的型号含义和电气符号如图 1-27 所示。

（a）型号含义　　　　　　　　　　　　　（b）电气符号

图 1-27　行程开关的型号含义和电气符号

3．接近开关

接近式位置开关是一种非接触式的位置开关，简称接近开关，由感应头、高频振荡器、放大器和外壳组成。当运动部件与接近开关的感应头接近时，接近开关就会输出一个电信号。

接近开关分为电感式和电容式两种。

电感式接近开关的感应头是一个具有铁氧体磁芯的电感线圈，只能用于检测金属。振荡器在电感式接近开关的感应头表面产生一个交变磁场，当金属接近感应头时，金属中产生的涡流吸收了振荡的能量，使振荡减弱以至停振，因而产生振荡和停振两种信号，经整形放大器转换成二进制的开关信号，从而起到"开""关"的控制作用。

电容式接近开关的感应头是一个圆形平板电极，与振荡电路的地线形成一个分布电容，当有导体或其他介质接近感应头时，电容量增大而使振荡器停振，经整形放大器输出电信号。电容式接近开关既能检测金属，又能检测非金属及液体。

常用的电感式接近开关有 LJ1 型、LJ2 型等系列，电容式接近开关有 LXJ15 型、TC 型等系列。

接近开关的电气符号如图 1-28 所示。

常开触点　　　　常闭触点

图 1-28　接近开关的电气符号

4．红外线光电开关

红外线光电开关分为反射式和对射式两种。

反射式红外线光电开关利用物体把光电开关发射的红外线反射回去，由光电开关接收，从而判断是否有物体存在，如有物体存在，反射式红外线光电开关接收到红外线，其触点动作，否则其触点复位。

对射式红外线光电开关是由分离的发射器和接收器组成的。当无遮挡物时，接收器接收到发射器发射的红外线，其触点动作；当有遮挡物时，接收器便接收不到红外线，其触点复位。

红外线光电开关和接近开关的用途已远超一般行程控制和限位保护，可用于高速计数、测速、液面控制、检测物体的存在、检测零件尺寸等多种场合。

5．万能转换开关

万能转换开关是一种多挡式、控制多回路的主令电器，一般可作为多种配电装置的远距离控制开关，也可作为电压表、电流表的换相开关，还可作为小容量电动机的启动、制动、调速及正、反向转换的控制开关。其触点挡数多、换接电路多、用途广泛，故有"万能"之称。

万能转换开关主要由操作机构、面板、手柄及数个触点座等部件组成，并用螺栓组装成一个整体。万能转换开关的外形如图 1-29 所示。万能转换开关的结构原理和电气符号如图 1-30 所示。水平方向的数字 1～3 表示触点编号，垂直方向的数字及文字"左""0""右"表示手柄的操作位置（挡位），虚线表示手柄操作的联动线。不同操作位置的各对触点的通、断状态的表示方法：在触点的下方与虚线相交位置，有黑色圆点表示在对应操作位置时触点接通，没有黑色圆点表示在该操作位置时触点未接通。

图 1-29　万能转换开关的外形

（a）结构原理　　　　　　　　　（b）电气符号

图 1-30　万能转换开关的结构原理和电气符号

常用的万能转换开关有 LW5 型和 LW6 型系列。LW5 型系列万能转换开关可控制 5.5kW及以下的小容量电动机，LW6 型系列万能转换开关只能控制 2.2kW 及以下的小容量电动机。当万能转换开关用于可逆运行控制时，只有在电动机停车后才允许反向启动。LW5 型系列万能转换开关按手柄的操作方式可分为自复式和自定位式两种。所谓自复式，是指用手拨动手柄置于某挡位时，手松开后，手柄自动返回原位；所谓自定位式，是指手柄被置于某挡位时，不能自动返回原位而停在该挡位。

6．主令控制器

主令控制器是按顺序频繁切换多个控制电路的主令电器，主要用在轧钢及其他生产机械的电力拖动控制系统中，也可在起重机电力拖动系统中对电动机的启动、制动和调速等进行远距离控制。凸轮可调式主令控制器如图 1-31 所示，主要由凸轮块、转动轴、动/静触点、定位机构及手柄等组成，其触点为双断点的桥式结构，通常为银质材料，操作轻便，允许每小时接电次数较多。

（a）外形图　　　　　　　　（b）结构原理图

1—凸轮块；2—动触点；3—静触点；4—接线端子；5—支杆；6—转动轴；7—凸轮块；8—小轮

图 1-31　凸轮可调式主令控制器

主令控制器与万能转换开关相比，主令控制器的触点容量大些，操纵挡位也较多。主令控制器的动作过程与万能转换开关的相似，也是由一块可转动的凸轮带动触点动作的。

常用的主令控制器有 LK5 型和 LK6 型系列，其中，LK5 型系列有直接手动操作、带减速器的机械操作和电动机驱动 3 种形式的产品，LK6 型系列由同步电动机和齿轮减速器组成定时元件，由此定时元件按规定的时间顺序，周期性地分、合电路。

在控制电路中，主令控制器触点的图形符号及操作手柄在不同位置时的触点分、合状态和表示方法与万能转换开关的相似。

从结构上讲，主令控制器分为两类：一类是凸轮可调式主令控制器；另一类是凸轮固定式主令控制器。

■【项目实施】

教师分发低压电器实物，结合实物，通过课件讲解基础知识，使学生达到以下要求。

（1）熟悉常用低压电器的基本概念，了解其工作原理及选用原则。

（2）熟练掌握各种低压电器的图形符号和文字符号。

■【评定激励】

针对常用低压电器的作用、技术参数、图形符号、文字符号和选用原则等方面的内容，教师将相应题目通过课件展示，进行分组抢答，记下各组成绩，激发学生的学习动力和兴趣。

思考与练习

（1）继电器和接触器有什么区别？

（2）电压继电器、电流继电器各在电路中起什么作用？它们的线圈和触点各接在什么电路中？

（3）时间继电器和中间继电器在控制电路中各起什么作用？应如何选择时间继电器和中间继电器？

（4）电动机的启动电流很大，当电动机启动时，热继电器会不会动作？为什么？

（5）既然在电动机的主电路中装有熔断器，为什么还要装热继电器？装有热继电器是否就可以不装熔断器？为什么？

（6）分析感应式速度继电器的工作原理，它在电路中起什么作用？

（7）在交流电动机的主电路中用熔断器进行短路保护，能否同时起到过载保护作用？为什么？

（8）低压断路器在电路中起什么作用？应如何选择低压断路器？怎样实现干、支线断路器级间的配合？

（9）某机床的电动机为 J02-42-4 型，额定功率为 5.5kW，电压为 380V，电流为 12.5A，启动电流为额定电流的 7 倍，现用按钮进行启动和停止控制，要有短路保护和过载保护，则应选择哪种型号的接触器、按钮、熔断器、热继电器和开关？

（10）电器控制电路常用的保护环节有哪些，各采用什么元器件？

基本电气控制电路

【项目目标】

电气控制电路是由许多元器件按照一定的要求和规律连接而成的。任何复杂的电气控制电路都是按照一定的控制原则，由基本控制电路组成的。基本电气控制电路是学习电气控制及PLC应用的基础。

本项目的要求是在学习并掌握电气控制系统识图方法的基础上，能识读基本电气控制电路的原理图，了解电路中所用电气元器件的作用，会根据电气原理图绘制电气安装接线图，并按工艺要求完成安装接线；能够对安装好的电路进行检测和通电试验，用万用表检测电路和排除常见的电气故障。

【学习目标】

（1）了解电气图的绘制规则和符号。

（2）掌握电气控制系统识图方法。

（3）理解自锁控制电路的原理及特点，掌握其用法。

（4）理解电气互锁和按钮互锁在正、反转控制电路中的作用，掌握其用法。

（5）理解顺序控制、多地控制、行程控制电路的原理，掌握其用法。

（6）掌握电动机正、反转控制电路的安装接线和调试方法，能够对正、反转控制电路进行检测和通电试验。

【相关知识】

一、电气图的绘制规则和符号

将电气控制系统中各元器件及它们之间的连接线路用一定的图形表达出来，这种图形就是电气控制系统图，简称电气图，一般包括电气原理图、电器布置图和电气安装接线图三种。

1. 常用电气图的图形符号与文字符号

在国家标准中，电气技术中的文字符号分为基本文字符号（单字母或双字母）和辅助文字符号。基本文字符号中的单字母符号按英文字母将各种电气设备、装置和元器件划分为23个大类，每个大类用一个专用单字母符号表示。例如，"K"表示继电器、接触器类，"F"表示保护器件类等，单字母符号应优先采用。双字母符号由一个表示种类的单字母符号与另一个字母组成，其组合应以单字母符号在前，另一个字母在后的次序列出。

2. 电气原理图

电气原理图用图形和文字符号表示电路中各个元器件的连接关系和电气工作原理，它并不反映元器件的实际大小和安装位置，采用元器件展开图的画法。同一元器件的各部件可以不画在一起，但须用同一文字符号标出。若有多个同类元器件，则可在文字符号后加上数字序号，如 KM1、KM2 等。控制电路的分支线路，原则上按照动作先后顺序排列，两线交叉连接时的电气连接点须用黑点标出。CW6132 型卧式车床的电气原理图如图 2-1 所示。

图 2-1　CW6132 型卧式车床的电气原理图

（1）电气原理图一般分为主电路、控制电路和辅助电路三个部分。主电路包括从电源到电动机的电路，是强电流通过的部分，用粗线条画在电气原理图的左边；控制电路是通过弱电流的电路，一般由按钮、元器件的线圈、接触器的辅助触点、继电器的触点等组成，用细线条画在电气原理图的右边。

（2）电气原理图中所有元器件的图形和文字符号必须符合国家规定的统一标准。

（3）在电气原理图中，所有元器件的可动部分（包括所有按钮、触点）均按没有外力作用和没有通电时的原始状态画出。

（4）动力电路的电源线应水平画出，主电路应垂直于电源线画出，控制电路和辅助电路应垂直于两条或几条水平电源线画出。耗能元器件（如线圈、电磁阀、照明灯和信号灯等）应接在下面一条电源线一侧，而各种控制触点应接在另一条电源线上。

（5）应尽量减少线条数量，避免线条交叉。

（6）在电气原理图上应标注各个电源电路的电压值、极性，或者频率及相数；对于某些元器件还应标注其特性（如电阻、电容的数值等）；对于不常用的元器件（如位置传感器、手动开关等）还应标注其操作方式和功能等。

（7）为方便阅图，在电气原理图中可将图幅分成若干个图区，图区行的代号用英文字母表示，一般可省略，列的代号用阿拉伯数字表示，其图区编号写在图的下面，并在图的顶部标明各图区电路的作用。

（8）在继电器、接触器线圈下方均列有触点表以说明线圈和触点的从属关系，即符号位置索引，也就是在相应线圈的下方，给出触点的图形符号（有时也可省去），对未使用的触点用"×"标明（或不标明）。

3．电器布置图

电器布置图反映各元器件的实际安装位置，电器布置图中的元器件用实线框表示，而不必按其外形画出；电器布置图中往往还留有 10%以上的备用面积及导线管（槽）的位置，以供走线和改进设计时用；电器布置图中还需要标明必要的尺寸。CW6132 型卧式车床的电器布置图如图 2-2 所示。

图 2-2　CW6132 型卧式车床的电器布置图

4．电气安装接线图

根据电气设备上各元器件实际位置绘制的实际接线图称为电气安装接线图，它是配线施工和检查维修电气设备不可缺少的技术资料，主要有单元接线图、互连接线图和端子接线图等。电气安装接线图反映的是电气设备各控制单元内部元器件之间的接线关系。电器布置图和电气安装接线图中各元器件的符号应与电气原理图的保持一致。

5．电气识图方法与步骤

1）识图方法

（1）结合电工基础知识识图。

在掌握电工基础知识的基础上，准确、迅速地识别电气图。例如，改变电动机电源相序，即可改变其旋转方向。

（2）结合典型电路识图。

典型电路就是常见的基本电路，如电动机的启动、制动、顺序控制等。不管多复杂的电路，几乎都是由若干基本电路组成的。因此，熟悉各种典型电路是看懂较复杂电气图的基础。

（3）结合制图要求识图。

在绘制电气图时，为了加强图纸的规范性、通用性和示意性，必须遵循一些规则和要求，利用这些制图的知识能够准确识图。

2）识图步骤

（1）准备：了解生产过程和工艺对电路提出的要求，了解各种用电设备和控制电器的位置及用途，了解电气图中的图形及文字符号的意义。

（2）主电路：首先要仔细看一遍电气图，弄清电路的性质是交流电路还是直流电路，然后从主电路入手，根据各元器件的组合判断电动机的工作状态，如电动机的启动、停止、正转、反转等。

（3）控制电路：分析完主电路后，再分析控制电路，要按动作顺序对每条小回路逐一分析研究，然后全面分析各条回路间的联系和制约关系，要特别注意与机械、液压部件的动作关系。

（4）最后阅读保护、照明、信号指示、检测等部分。

二、手动长动与点动控制电路

1．手动长动控制电路

工作原理：闭合刀开关 QS，电动机 M 启动旋转；断开刀开关 QS，电动机 M 断电减速直至停转。手动长动控制电路如图 2-3 所示。

不足之处：只适用于不需要频繁启动、停止的小容量电动机；只能就地操作，不便远距离控制；无失压保护和欠压保护的功能。

2．点动控制电路

点动控制电路是用按钮和接触器控制电动机的简单控制电路。点动控制电路如图 2-4 所示，分为主电路和控制电路两部分，其主电路与手动长动控制电路相似。

图 2-3　手动长动控制电路

图 2-4　点动控制电路

工作原理：合上电源开关 QS 后，若要启动电动机，则按下按钮 SB，线圈 KM 得电，其常开主触点闭合，主电路接通，电动机 M 运转；若要停止电动机，则松开按钮 SB，线圈 KM 失电，其常开主触点分断，主电路断开，电动机 M 停转。

这种当按钮按下时电动机就运转，按钮松开后电动机就停止的控制方式，称为点动控制。

三、自锁控制电路

1. 基本自锁控制电路

依靠接触器自身辅助触点而使其线圈保持通电的控制方法称为自锁。

基本自锁控制电路如图 2-5 所示，是在点动控制电路的基础上，在控制回路中增加了一个停止按钮 SB1，还在启动按钮 SB2 的两端并接了接触器的一对辅助常开触点 KM。

图 2-5　基本自锁控制电路

合上电源开关 QS 后，若要启动电动机，则按下按钮 SB2，线圈 KM 得电，其主常开触点及辅助常开触点同时闭合，主电路接通，电动机 M 运转；当松开按钮 SB2 后，由于 KM 辅助常开触点闭合且与按钮 SB2 并接，因此线圈 KM 仍得电，电动机 M 继续运转。这种依靠接触器自身辅助常开触点使其线圈保持通电的控制方法称为自锁（或自保），起自锁作用的辅助常开触点称为自锁触点（或自保触点），这样的控制电路称为具有自锁（或自保）的控制电路。

若要使电动机停止运转，则按下按钮 SB1，线圈 KM 失电，其主常开触点及辅助常开触点同时断开，自锁消失，电动机停止运转。

基本自锁控制电路可起到短路保护、过载保护、欠压保护和失压保护的作用。

2. 点动和自锁混合控制电路

图 2-6 所示的电路既能进行点动控制，又能进行自锁控制，所以称为点动和自锁混合控制电路。当开关 SA 闭合时为自锁控制，当开关 SA 断开时为点动控制。当需要点动时，将开关 SA 打开，操作按钮 SB2 即可实现点动控制；当需要连续工作时，将开关 SA 合上，将自锁触点接入，操作按钮 SB2 即可实现连续控制。该电路的特点是开关 SA 作为按钮 SB2 工作方式的选择开关。

3. 采用复合按钮 SB3 的点动和自锁混合控制电路

复合按钮控制电路如图 2-7 所示。当点动启动时，按下按钮 SB3，按钮 SB3 复合触点的常闭触点先断、常开触点后合，其常闭触点断开自锁电路，常开触点接通线圈 KM，主触点闭合，电动机启动旋转。当松开按钮 SB3 时，按钮 SB3 复合触点常开触点先断、常闭触点后合，线圈 KM 断电，主触点断开，电动机停止转动。当需要连续运转时，按启动按钮 SB2，实现自锁控制；当需要停止时，按停止按钮 SB1，解除自锁作用。该电路的特点是 3 个按钮分别对电路进行控制。

图 2-6　点动和自锁混合控制电路

图 2-7　复合按钮控制电路

四、互锁控制电路

在同一时间内，两个接触器中只允许一个接触器工作的控制方法称为互锁（联锁）。

1. 接触器互锁的正、反转控制电路

两个接触器的电动机正、反转控制电路如图 2-8 所示。若同时按下按钮 SB2 和按钮 SB3，则接触器 KM1 和 KM2 线圈同时得电并自锁，它们的主触点都闭合，这时会造成电动机三相电源的相间短路事故，所以该电路不能使用。为了避免两个接触器同时得电而造成电源相间短路，在控制电路中，应分别将两个接触器 KM1、KM2 的辅助常闭触点串接在对方的线圈回路中。互锁的电动机正、反转控制电路如图 2-9 所示。

图 2-8　两个接触器的电动机正、反转控制电路

图 2-9　互锁的电动机正、反转控制电路

这种利用两个接触器（或继电器）的常闭触点互相制约的控制方法称为互锁（联锁），这两对起互锁作用的触点称为互锁触点。

合上电源开关 QS 后，假设现在电动机停止，若要使电动机正转，则按下按钮 SB2，线圈 KM1 得电，其辅助常闭触点先断开，KM1 主、辅助常开触点后闭合，KM1 形成自锁常开触点同时闭合，主电路接通，电动机 M 运转；若要使电动机反转，则必须先按下停止按钮 SB1，使线圈 KM1 失电，常开触点断开，常闭触点闭合，再按下按钮 SB3，使 KM2 形成自锁，电动机反转。

2．按钮、接触器双重互锁的正、反转控制电路

图 2-10 所示为按钮、接触器双重互锁的电动机正、反转控制电路。所谓按钮互锁，是指将复合按钮常开触点作为启动按钮，而将其常闭触点作为互锁触点串接在另一个接触器线圈支路中。要使电动机改变转向，只要直接按反转按钮就可以，不必先按停止按钮，这样简化了操作。接触器互锁的作用是防止电源短路，按钮互锁的作用是提高工作效率。

图 2-10　按钮、接触器双重互锁的电动机正、反转控制电路

五、顺序控制电路

常用的顺序控制电路有两种，一种是主电路的顺序控制电路；另一种是控制电路的顺序控制电路。

1．主电路的顺序控制电路

主电路的顺序启动控制电路如图 2-11 所示。

图 2-11　主电路的顺序启动控制电路

图 2-11 所示的电路只有当 KM1 闭合，电动机 M1 启动运转时，KM2 才能使电动机 M2 得电启动，满足电动机 M1、M2 顺序启动的要求。

2．控制电路的顺序控制电路

图 2-12 所示为控制电路实现电动机顺序控制的电路，该电路利用接触器 KM1 的常开触点实现顺序控制。

图 2-12　控制电路实现电动机顺序控制的电路

六、多地控制电路

能在两地或多地控制同一台电动机的控制方法称为电动机的多地控制。

所谓两地控制，是指在两个地点各设一套电动机启动和停止用的控制按钮。两地控制电路如图 2-13 所示。按钮 SB3、SB2 为甲地控制的启动和停止按钮，按钮 SB4、SB1 为乙地控制的启动和停止按钮。

该电路的特点：两地的启动按钮 SB3、SB4（常开触点）要并接在一起，停止按钮 SB1、SB2（动断触点）要串接在一起，这样就可以分别在甲、乙两地启动、停止同一台电动机，达到操作方便之目的。

图 2-13　两地控制电路

七、行程控制电路

1. 连续自动往复

图 2-14 所示为由行程开关控制的工作台自动往复运动的示意图。图 2-15 所示为工作台自

动往复控制电路。

图 2-14　由行程开关控制的工作台自动往
　　　　　复运动的示意图

图 2-15　工作台自动往复控制电路

该电路的工作过程分析如下。

电动机启动时，按下正转启动按钮 SB2，正转接触器 KM1 线圈得电并自锁，电动机正转运行并带动机床运动部件左移，当运动部件上的撞块 1 碰撞到行程开关 SQ1 时，将 SQ1 压下，使其动断触点断开，切断了线圈 KM1 回路；同时行程开关 SQ1 的动合触点闭合，接通了反转接触器 KM2 线圈回路，使线圈 KM2 得电自锁，电动机由正转变为反转，带动运动部件向右运动。当运动部件上的撞块 2 碰撞到行程开关 SQ2 时，SQ2 动作，使电动机由反转又转入正转运行，如此往复运动，从而实现运动部件的自动循环控制。

若启动时工作台在左端，则应按下按钮 SB3 进行启动。

2．单周期自动往复

单周期自动往复如图 2-16 所示。按下启动按钮 SB2，工作台运行一周后回到始端自动停止。

图 2-16　单周期自动往复

【项目实施】

1. 识读电路图

对接触器互锁的电动机正、反转控制电路（见图 2-9）进行安装，应采用电气图识图方法进行识读，在此基础上用叙述法（文字表述）或流程法（流程图表达）描述电路的工作过程，参考前面的相关内容。

2. 电路安装接线

1）绘制电气安装接线图

根据图 2-9 绘制具有接触器互锁的正、反转控制电路的电气安装接线图，如图 2-17 所示。

注意：所有接线端子标注的编号应与电气原理图中标注的一致，不能有误。

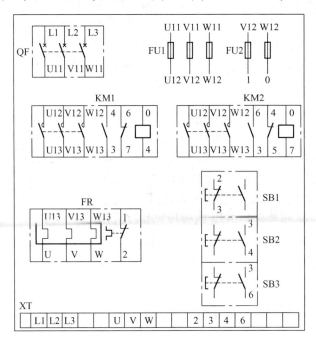

图 2-17　接触器互锁的正、反转控制电路的电气安装接线图

2）接线

按工艺要求完成具有接触器互锁的正、反转控制电路的安装接线。

3. 电路断电检查

（1）在电路断电的情况下，按电气原理图或电气安装接线图从电源端开始，逐段核对接线及接线端子处是否正确，有无漏接、错接之处。

（2）用万用表检查电路的通断情况。

4. 通电试车及故障排除

在遵守安全规程的前提及指导教师现场监护下，通电试车，观察有无故障，若有，断电之后分析并加以排除，如此反复，直到正常运行。

■【评定激励】

按以下标准开展小组自评、互评，成绩填入项目评分细则表，如表 2-1 所示，要求如下。

（1）在规定时间内按工艺要求完成具有接触器互锁的正、反转控制电路的安装接线，且通电试验成功。

（2）安装工艺应达到基本要求，线头长短应适当且接触良好。

（3）遵守安全规程，做到文明生产。

表 2-1　项目评分细则表

考 核 内 容	配分	等级	评 分 细 则	考评记录	得分
根据考核图进行线路安装	35 分	A	线路接线规范、步骤完全正确		
		B	不符合接线规范 1～2 处		
		C	不符合接线规范 3～4 处		
		D	线路接线错误或不会接线		
通电调试	35 分	A	通电调试结果完全正确		
		B	调试未达到要求，能自行修改，通电后结果基本正确		
		C	调试未达到要求，经提示 1 次后能修改，通电后结果基本正确		
		D	通电调试失败		
标准化作业	20 分	A	标准化作业规范，符合要求		
		B	不规范作业 1～2 处		
		C	不规范作业 3～4 处		
		D	不规范作业超过 5 处		
安全无事故发生	10 分	A	完全符合操作规程		
		B	操作基本规范		
		C	经提示后能规范操作		
		D	不符合操作规程		
总成绩					

思考与练习

（1）简述电气原理图的特点。

（2）试采用按钮、刀开关、接触器和中间继电器，画出异步电动机点动、连续运行的混合控制电路。

（3）简述 6 种基本电气控制电路的特点。

（4）两台电动机顺序启动（M1 先启动，M2 后启动），同时停止，如何实现控制要求，画出主电路及控制电路。

（5）两台电动机同时启动，顺序停止（M2 先停止，M1 后停止），如何实现控制要求，画出主电路及控制电路。

项目三

PLC 的认识

【项目目标】

通过本项目的学习，理解 PLC 的工作原理及常用编程语言的特点，了解 PLC 的软、硬件组成，熟悉从传统的电气控制到 PLC 控制的转换方法。

【学习目标】

（1）了解 PLC 的分类、特点及应用。

（2）熟悉 PLC 硬件的结构组成。

（3）了解 PLC 的软件构成及各种编程语言的特点。

（4）理解 PLC 的工作原理，熟悉 PLC 的扫描工作模式。

（5）了解 PLC 控制系统与继电器控制系统的异同，熟悉从传统的电气控制到 PLC 控制的转换方法。

【相关知识】

一、PLC 概述

1. PLC 的定义

可编程序逻辑控制器简称 PLC（Programmable Logical Controller），也常称为可编程序控制器，即 PC（Programmable Controller）。PLC 是微机技术与继电器常规控制概念相结合的产物，即采用了微型计算机的基本结构和工作原理，融合了继电器的控制概念构成的一种新型电控器。PLC 专为在工业环境下的应用而设计，采用可编程序的存储器存储，执行逻辑运算、顺序控制、定时、计数和算术运算等操作指令，并通过数字式、模拟式的输入和输出，控制各种类型的机械或生产过程。

国际电工委员会（IEC）曾于 1982 年 11 月颁发了《可编程序控制器国际标准草案》第一稿，1985 年 1 月颁发了第二稿，1987 年 2 月又颁发了第三稿。草案中对可编程序控制器的定义是："可编程序控制器是一种数字运算操作的电子系统，专为在工业环境下的应用而设计。它采用了可编程序的存储器，用来在其内部存储执行逻辑运算、顺序控制、定时、计数和算术操作等面向用户的指令，并通过数字式或模拟式的输入和输出，控制各种类型的机械或生产过程。可编程序控制器及其有关外围设备，都按易于工业系统连成一个整体，易于扩充其功能的原则设计。"

2. PLC 的产生和发展

在可编程序控制器问世以前，工业控制领域中继电器控制是占主导地位的。继电器控制对生产工艺多变的系统适应性差，一旦生产任务和工艺发生变化，就必须重新设计，并改变硬件结构。

1968 年，美国通用汽车公司（GM）为了适应汽车型号的不断更新，生产工艺不断变化的需要和实现小批量、多品种生产的目的，希望能有一种新型工业控制器，能做到尽可能减少重新设计和更换继电器控制系统及接线，以降低成本，缩短周期。

1969 年，美国数字设备公司（DEC）研制出了第一台可编程序控制器 PDP-14，在美国通用汽车公司的生产线上试用成功并取得了满意的效果，可编程序控制器自此诞生。

早期的可编程序控制器仅有逻辑运算、定时、计数等顺序控制功能，只用来取代传统的继电器控制，通常称为可编程序逻辑控制器（PLC）。随着微电子技术和计算机技术的发展，20 世纪 70 年代中期微处理器技术应用到 PLC 中，使 PLC 不仅具有逻辑控制功能，还增加了算术运算、数据传送和数据处理等功能。

20 世纪 80 年代以后，随着大规模、超大规模集成电路等微电子技术的迅速发展，16 位和 32 位微处理器应用在 PLC 中，使 PLC 得到了迅速发展。PLC 不仅控制功能增强，同时可靠性提高，功耗、体积减小，成本降低，编程和故障检测更加灵活、方便，还具有通信和联网、数据处理和图像显示等功能，PLC 真正成为具有逻辑控制、过程控制、运动控制、数据处理、联网通信等功能的名副其实的多功能控制器。

自从第一台 PLC 出现以后，日本、德国、法国等也相继开始研制 PLC，PLC 得到了迅速发展。目前，世界上有 200 多家 PLC 公司，400 多种 PLC 产品，按地域可分为美国、欧洲和日本 3 个流派产品，各流派的 PLC 产品都各具特色。例如，日本主要发展中小型 PLC，其小型 PLC 性能先进、结构紧凑、价格便宜，在世界市场上占有重要地位。著名的 PLC 生产公司主要有美国的 A-B（Allen-Bradly）公司、GE（General Electric）公司，日本的三菱电动机（Mitsubishi Electric）公司、欧姆龙（OMRON）公司，德国的 AEG 公司、西门子（Siemens）公司，法国的 TE（Telemecanique）公司等。

我国的 PLC 研制、生产和应用也发展得很快，尤其在应用方面更为突出。在 20 世纪 70 年代末和 80 年代初，我国随国外成套设备、专用设备引进了不少国外的 PLC。此后，在传统设备改造和新设备设计中，PLC 的应用逐年增多，并取得了显著的经济效益，PLC 在我国的应用越来越广泛，对提高我国工业自动化水平有了巨大的帮助。目前，我国有不少科研单位和工厂在研制和生产 PLC，如辽宁无线电二厂、无锡华光电子工业有限公司、上海香岛机电制造有限公司、厦门 A-B 公司等。

从近年的统计数据看，在世界范围内，PLC 的产量、销量、用量高居工业控制装置榜首，而且市场需求量一直以每年 15% 的比率上升。PLC 已成为工业自动化控制领域中占主导地位的通用工业控制装置。

3．PLC 的特点

PLC 技术之所以能高速发展，除工业自动化的客观需要外，主要是因为它有许多独特的优点，并较好地解决了工业领域中普遍关心的可靠、安全、灵活、方便、经济等问题。PCL 主要有以下几个特点。

1）可靠性高、抗干扰能力强

可靠性高、抗干扰能力强是 PLC 最重要的特点之一。PLC 的平均无故障时间可达几十万个小时，之所以有这么高的可靠性，是因为它采用了一系列的硬件和软件的抗干扰措施。

硬件方面：I/O 通道采用光电隔离，有效地抑制了外部干扰源对 PLC 的影响。PLC 对供电电源及线路采用多种形式的滤波，从而消除或抑制了高频干扰；对 CPU 等重要部件采用良好的导电、导磁材料进行屏蔽，以减少空间电磁干扰；对有些模块设置了联锁保护、自诊断电路等。

软件方面：PLC 采用扫描工作方式，减少了由于外界环境干扰引起的故障；PLC 系统程序中设有故障检测和自诊断程序，能对系统硬件电路等故障实现检测和判断。当外界干扰引起故障时，PLC 能立即将当前重要信息加以封存，禁止任何不稳定的读写操作，一旦外界环境正常后，便可恢复到故障发生前的状态，继续原来的工作。

2）编程简单、使用方便

目前，大多数 PLC 采用的编程语言是梯形图语言，它是一种面向生产和用户的编程语言。梯形图与电气原理图相似，形象、直观，不需要掌握计算机知识，很容易让广大工程技术人员掌握。当生产流程需要改变时，可以现场改变程序，使用方便、灵活。同时，PLC 编程器的操作和使用也很简单，这也是 PLC 获得普及和推广的主要原因之一。

许多 PLC 还针对具体问题，设计了各种专用编程指令及编程方法，进一步简化了编程。

3）功能完善、通用性强

现代 PLC 不仅具有逻辑运算、定时、计数、顺序控制等功能，还具有 A/D 和 D/A 转换、数值运算、数据处理、PID 控制、通信联网等许多功能。同时，由于 PLC 产品的系列化、模块化，有品种齐全的各种硬件装置供用户选择，因此可以组成满足各种要求的控制系统。

4）安装简单、维护方便

由于 PLC 用软件代替了传统电气控制系统的硬件，因此控制柜的设计、安装接线工作量大为减少。PLC 的用户程序大部分可在实验室中进行模拟调试，缩短了应用设计和调试周期。在维修方面，PLC 的故障率极低，维修工作量很小，且 PLC 具有很强的自诊断功能，若出现故障，则可根据 PLC 上的指示或编程器上提供的故障信息，迅速查明原因，维修极为方便。

5）体积小、重量轻、能耗低

由于 PLC 采用了集成电路，其结构紧凑、体积小、能耗低，因此是实现机电一体化的理想控制设备。

4. PLC 的分类

PLC 一般可从其 I/O 点数、结构形式和功能三方面进行分类。

1）按 I/O 点数分类

根据 I/O 点数，PLC 可分为小型、中型和大型三类。

（1）小型 PLC：I/O 点数为 256 点以下的为小型 PLC（其中 I/O 点数小于 64 点的为超小型或微型 PLC）。

（2）中型 PLC：I/O 点数为 256 点以上、2048 点以下的为中型 PLC。

（3）大型 PLC：I/O 点数为 2048 以上的为大型 PLC（其中 I/O 点数超过 8192 点的为超大型 PLC）。

这个分类界限不是固定不变的，它随着 PLC 的发展而变化。

2）按结构形式分类

PLC 可分为整体式和模块式两类。

（1）整体式 PLC：将电源、CPU、存储器及 I/O 等各个功能集成在一个机壳内的 PLC 是整体式 PLC。其特点是结构紧凑、体积小、价格低，如西门子 S7-200 PLC。整体式 PLC 一般配有许多专用的特殊功能模块，如模拟量 I/O 模块、通信模块等。小型 PLC 一般采用整体式结构。

（2）模块式 PLC：将电源模块、CPU 模块、I/O 模块作为单独的模块安装在同一底板或框架上的 PLC 是模块式 PLC。其特点是配置灵活、装配维护方便，大、中型 PLC 多采用模块式结构。西门子 S7-300 PLC 的外形如图 3-1 所示。

图 3-1　西门子 S7-300 PLC 的外形

3）按功能分类

（1）低档 PLC：具有逻辑运算、定时、计数、移位，以及自诊断、监控等基本功能，还可有少量模拟量 I/O、算术运算、数据传送和比较、通信等功能，主要用于逻辑控制、顺序控制或少量模拟量控制的单机系统。

（2）中档 PLC：除具有低档 PLC 的功能外，还具有较强的模拟量 I/O、算术运算、数据传送和比较、数制转换、远程 I/O、子程序、通信联网等功能，有些还增设中断、PID 控制等功能。

（3）高档 PLC：除具有中档 PLC 的功能外，还增加了带符号算术运算、矩阵运算、位逻辑运算、平方根运算及其他特殊功能函数运算、制表及表格传送等。高档 PLC 具有更强的通信联网功能，可用于大规模过程控制或构成分布式网络控制系统，实现工厂自动化。

5．PLC 的应用领域

PLC 集三电（电控、电仪、电传）为一体，具有性价比和可靠性高的特点，已成为自动化工程的核心设备。PLC 是具备计算机功能的一种通用工业控制装置，其使用量高居首位，已成为现代工业自动化的三大技术支柱（PLC、机器人、CAD/CAM）之一。

目前，国内外的 PLC 已广泛应用在冶金、石油、化工、建材、机械制造、电力、汽车、轻工、环保及文化娱乐等各行各业，随着其性价比的不断提高，应用领域在不断扩大。从应用类型看，PLC 的应用大致可归纳为以下几个类型。

1）数字量逻辑控制

利用 PLC 最基本的逻辑运算、定时、计数等功能实现逻辑控制，可以取代传统的继电器控制，可以用于单机控制、多机群控制、自动生产线控制等，如机床、注塑机、印刷机械、装配生产线、电镀流水线及电梯控制等。这是 PLC 基本的应用，也是 PLC 应用广泛的领域。

2）运动控制

大多数 PLC 都有拖动步进电动机或伺服电动机的单轴或多轴位置控制模块。这个功能广泛应用于各种机械设备，如对各种机床、装配机械、机器人等进行运动控制。

3）过程控制

大、中型 PLC 都具有多路模拟量 I/O 模块和 PID 控制功能，有的小型 PLC 也具有模拟量 I/O。所以 PLC 可实现模拟量控制，而且具有 PID 控制功能的 PLC 可构成闭环控制，用于过程控制。这个功能已广泛应用于锅炉、反应堆、水处理、酿酒，以及闭环位置控制和速度控制等方面。

4）数据处理

现代的 PLC 都具有数学运算、数据传送、转换、排序和查表等功能，可进行数据的采集、分析和处理，同时可通过通信接口将这些数据传送给其他智能装置，如计算机数值控制（CNC）设备进行处理。

5）通信联网

PLC 的通信包括 PLC 与 PLC、PLC 与上位计算机、PLC 与其他智能设备之间的通信，PLC 系统与通用计算机可直接或通过通信处理单元、通信转换单元相连构成网络，以实现信息的交换，并可构成"集中管理、分散控制"的多级分布式控制系统，满足工厂自动化（FA）系统发展的需要。

二、PLC 的基本结构

PLC 的生产厂家很多，产品的结构也各不相同，但其基本构成是相似的，都采用计算机结构。PLC 的结构如图 3-2 所示。PLC 的结构都以微处理器为核心，通过硬件和软件的共同作用来实现其功能。

图 3-2　PLC 的结构

1. PLC 的硬件组成

PLC 的硬件主要由中央处理器（CPU）、存储器、I/O 模块、通信接口、扩展接口、电源等部分组成。其中，CPU 是 PLC 的核心，输入模块与输出模块是连接现场 I/O 设备与 CPU 之间的接口电路，通信接口用于与编程器、上位计算机等外部设备连接。

对于整体式 PLC，所有部件都装在同一机壳内；对于模块式 PLC，各部件独立封装成模块，各模块通过总线连接，安装在机架或导轨上。无论是哪种结构类型的 PLC，都可根据用户需要进行配置与组合。

1）CPU

CPU 是中央处理器（Central Processing Unit）的英文缩写，它是 PLC 的核心和控制指挥中心，主要由控制器、运算器和寄存器组成，并集成在一块芯片上。CPU 通过地址总线、数据总线和控制总线与存储器、I/O 接口电路相连接，完成信息传递、转换等。

CPU 的主要功能：接收输入信号并存入存储器，读出指令，执行指令并将结果输出，处理中断请求，准备下一条指令等。

2）存储器

存储器主要有两种：一种是可读/写操作的随机存储器 RAM，另一种是只读存储器 ROM、PROM、EPROM 和 EEPROM。在 PLC 中，存储器主要用于存放系统程序、用户程序及工作数据。

系统程序是对整个 PLC 系统进行调度、管理、监视及服务的程序，它控制和完成 PLC 的各种功能。系统程序由 PLC 制造厂家设计提供，固化在 ROM 中，用户不能直接存取、修改。系统程序存储器容量的大小决定系统程序的大小和复杂程度，也决定 PLC 的功能。

用户程序是随 PLC 的控制对象而定的，是由用户根据对象生产工艺的控制要求而编制的应用程序。为了便于读出、检查和修改，用户程序一般存于 CMOS 静态 RAM 中，用锂电池作为后备电源，以保证掉电时不会丢失信息。为了防止干扰对 RAM 中程序的破坏，当用户程序运行正常，不需要改变时，可将其固化在只读存储器 EPROM 中。现在许多 PLC 直接采用 EEPROM 作为用户存储器。

工作数据是 PLC 运行过程中经常变化、存取的一些数据，存放在 RAM 中，以适应随机存取的要求。PLC 的工作数据存储器设有存放 I/O 继电器、辅助继电器、定时器、计数器等逻辑器件的存储区，这些逻辑器件的状态都是由用户程序的初始设置和运行情况而确定的。根据需要，部分数据在掉电时可用后备电池维持其现有的状态，在掉电时可保存数据的存储区域称为保持数据区。

由于系统程序及工作数据与用户无直接联系，因此在 PLC 产品样本或使用手册中所列存储器的形式及容量是指用户程序存储器。当 PLC 提供的用户存储器容量不够用时，许多 PLC 还提供存储器扩展功能。

3）输入/输出（I/O）接口

输入/输出单元通常也称为 I/O 单元或 I/O 模块，是 PLC 与工业生产现场之间的连接部件。PLC 通过输入接口可以检测被控对象的各种数据，以这些数据作为 PLC 对被控制对象进行控制的依据；同时 PLC 又通过输出接口将处理结果送给被控制对象，以实现控制目的。

由于外部 I/O 设备所需的信号电平是多种多样的，而 PLC 内部 CPU 的处理信息只能是标准电平，因此要用 I/O 接口实现这种转换。I/O 接口一般都具有光电隔离和滤波功能，以提高 PLC 的抗干扰能力。另外，I/O 接口上通常还有状态指示，工作状况直观、便于维护。

PLC 提供了多种操作电平和驱动能力的 I/O 接口，有各种各样功能的 I/O 接口供用户选择。I/O 接口的主要类型有数字量（开关量）输入、数字量（开关量）输出、模拟量输入、模拟量输出等。

PLC 的 I/O 接口所能接受的输入信号点数和输出信号点数称为 I/O 点数。I/O 点数是选择 PLC 的重要依据之一。当系统的 I/O 点数不够时，可通过 PLC 的 I/O 扩展接口对系统进行扩展。对于整体式 PLC，一般都含有一定数量的数字量 I/O 点，个别产品还有少量的模拟量 I/O 点。

PLC 之所以能在恶劣的工业环境中可靠工作，I/O 接口电路起着关键的作用。I/O 接口电路的种类很多，这里仅介绍数字量 I/O 接口电路的基本电路及其工作原理。

（1）数字量输入接口电路。

输入信号的电源均可由用户提供，直流输入信号的电源也可由 PLC 自身提供。数字量输入接口电路主要包括光电隔离器和输入控制电路。数字量输入接口电路如图 3-3 所示。光电隔离器有效地隔离了外输入电路与 PLC 间的电联系，具有较强的抗干扰能力。各种有触点和无触点的开关输入信号经光电隔离器转换成控制器（由 CPU 等组成）能够接受的电平信号，输入到输入映像区（输入状态寄存器）中。

图 3-3　数字量输入接口电路

一般 8 路输入共用一个公共端，现场的输入提供一对开关信号："0" 或 "1"（有无触点均可）。每路输入信号均经过光电隔离、滤波，然后送入输入缓冲器等待 CPU 采样，每路输入信号均有 LED 显示，以指明信号是否到达 PLC 的输入端子。如图 3-3 所示，按下按钮 SB1，按钮 SB1 常开触点闭合（为 1），光电隔离器的发光二极管发光，光敏三极管受光照而饱和导通（为 1），这样输入电路把开关信号的 1 转换为电信号的 1，经 CPU 存入输入映像区中 I0.0 的对应位；反之，松开按钮 SB1，按钮 SB1 常开触点断开（为 0），同理输入映像区中 I0.0 的对应位变为 0。这里可把输入电路看作输入继电器，当按下按钮 SB1 时，按钮 SB1 常开触点闭合为 1，则输入继电器 I0.0 的输入为 1，其线圈有电，常开触点闭合；当松开按钮 SB1 时，按钮 SB1 常开触点断开为 0，则继电器 I0.0 的输入为 0，其线圈失电、常开触点断开。

（2）数字量输出接口电路。

数字量输出接口电路按照 PLC 类型的不同一般可分为继电器输出型、晶体管输出型和晶闸管输出型三类以满足各种用户的需要。其中，继电器输出型如图 3-4（a）所示，是有触点的输出方式，可用于直流或低频交流负载，但其响应时间长、动作频率低。晶体管输出型如图 3-4（b）所示，它和晶闸管输出型都是无触点的输出方式，前者适用于高速、小功率直流负载，后者适用于高速、大功率交流负载。

（a）继电器输出型　　　　　　　　　　　（b）晶体管输出型

图 3-4　数字量输出接口电路

数字量输出接口电路的特点如下。

① 各路输出均有电气隔离措施。

② 各路输出均有 LED 灯显示。只要有驱动信号，输出指示 LED 灯就会亮，为观察 PLC 的工作状况或故障分析提供标志。

③ 输出电源一般均由用户提供。

每个数字量输出接口电路不管是不是继电器输出型，我们都把它理解为一个继电器。PLC 内部的 CPU 通过给继电器的线圈通、断电，进而继电器的常开触点动作，达到控制负载的目的。每个数字量输入接口电路也可理解为一个继电器。以 S7-200 PLC 为例，数字量 I/O 接口电路等效结构如图 3-5 所示。

图 3-5　数字量 I/O 接口电路等效结构

4）电源

PLC 一般采用 AC 220V 电源，经整流、滤波、稳压后可变换成供 PLC 的 CPU、存储器等电路工作所需的直流电源，有的 PLC 还采用 DC 24V 电源供电。为保证工作可靠，PLC 大都采用开关型稳压电源。有的 PLC 还向外部提供 24V 的直流电源。

5）外部设备接口

外部设备接口是在主机外壳上与外部设备配接的插座，通过电缆线可配接编程器、计算机、打印机、EPROM 写入器、触摸屏等。编程器有简易编程器和智能图形编程器两种，用于编程、对系统做一些设定，以及监控 PLC 和 PLC 所控制系统的工作状况等。编程器是 PLC 开发应用、监测运行、检查维护不可缺少的器件，但它不直接参与现场控制运行。

6）I/O 扩展接口

I/O 扩展接口是用来扩展 I/O 点数的。当用户 I/O 点数超过主机的范围时，可通过 I/O 扩展接口与 I/O 扩展单元相接，以扩充 I/O 点数。A/D 和 D/A 单元及连接单元一般也通过该接口与主机连接。

2. PLC 的软件组成

PLC 的软件由系统程序和用户程序组成。

系统程序是由 PLC 的制造者采用汇编语言编写的，固化在 ROM 型系统程序存储器中，用于控制 PLC 本身的运行，用户不能更改。系统程序一般包括系统诊断程序、输入处理程序、编译程序、信息传送程序、监控程序等。

PLC 的用户程序是用户利用 PLC 的编程语言，根据控制要求编制的程序。在 PLC 的应用中，最重要的是用 PLC 的编程语言来编写用户程序，以实现控制目的。由于 PLC 是专门为工业控制而开发的装置，其主要使用者是广大电气技术人员，因此为了满足他们的传统习惯和掌握能力，PLC 的主要编程语言采用比计算机语言相对简单、易懂、形象的专用语言。

用户程序又称为应用程序，是用户为完成某个控制任务而利用 PLC 的编程语言编制的程序。用户程序线性地存储在系统程序制定的存储区内。

用户环境是由系统程序生成的，包括用户数据结构、用户元件区、用户程序存储区、用户参数、文件存储区等。

用户程序结构大致可以分为线性程序、分块程序、结构化程序。

3. PLC 的编程语言

PLC 的编程语言是多种多样的，不同的生产厂家、不同系列的 PLC 产品采用的编程语言的表达方式也不同，但基本上可归纳为两种类型：一是采用字符表达方式的编程语言，如语句表等；二是采用图形符号表达方式的编程语言，如梯形图、功能块图等。

下面简要介绍几种常见的 PLC 编程语言。

1）梯形图

梯形图是在传统的电器控制系统常用的接触器、继电器等图形表达符号的基础上演变而来的。它与继电器控制电路图相似，继承了传统继电器控制逻辑中使用的框架结构、逻辑运算方式和 I/O 形式，具有形象、直观、实用的特点。

梯形图是使用最多的 PLC 编程语言。因其与继电器电路很相似，具有直观、易懂的特点，所以很容易被熟悉继电器控制的电气人员掌握，特别适用于数字量逻辑控制，但不适用于编写大型控制程序。

梯形图由触点、线圈和用方框表示的指令（指令框）构成。触点代表逻辑输入条件，线圈代表逻辑运算结果，常用来控制指示灯、开关和内部的标志位等，指令框代表定时器、计数器或数学运算等附加指令。

在程序中，最左边是主信号流，信号流总是从左向右流动的。

梯形图的特点：与电气原理图相对应，具有直观性和对应性；与原有继电器控制相似，电气设计人员易于掌握。

梯形图与原有的继电器控制的不同点：梯形图中的能流不是实际意义的电流，内部的继电器也不一定是实际存在的继电器，在应用时，需要与原有继电器控制的概念区别对待。

图 3-6 所示为交流异步电动机直接启动控制电路，图 3-7 所示为 PLC 控制的程序梯形图。

图 3-6　交流异步电动机直接启动控制电路

图 3-7　PLC 控制的程序梯形图

图 3-6 和图 3-7 的基本表达思想是一致的，但具体的表达方式有一定区别。PLC 控制的程序梯形图使用的是内部继电器、定时/计数器等，都是由软件实现的，使用方便、修改灵活，是原继电器控制电路硬接线无法比拟的。

2）语句表

语句表是与汇编语言类似的一种助记符编程语言，和汇编语言一样由操作码和操作数组成。无计算机的场合适合采用 PLC 手持编程器对用户程序进行编制。同时，语句表与梯形图一一对应，在 PLC 编程软件下可以相互转换。图 3-8 所示为与图 3-7 对应的语句表。

语句表的特点：采用助记符来表示操作功能，容易记忆、便于掌握；在手持编程器的键盘上采用助记符表示，便于操作，可在无计算机的场合下进行编程设计；与梯形图有一一对应的关系，其特点与梯形图的特点基本一致。

语句表适合经验丰富的程序员使用，可以实现某些梯形图不能实现的功能。

3）功能块图

功能块图是与数字逻辑电路类似的一种 PLC 编程语言。功能块图用类似与门、或门的框图来表示逻辑运算关系，方框的左侧为逻辑运算的输入变量，右侧为输出变量，输入端、输出端的小圆圈表示"非"运算，方框用"导线"连在一起，信号自左向右。

采用功能块图的形式来表示模块所具有的功能，不同的功能模块有不同的功能。图 3-9 所示为与图 3-7 对应的功能块图。

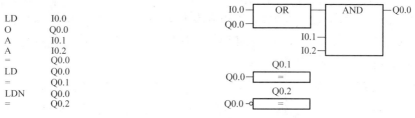

图 3-8　与图 3-7 对应的语句表　　　　图 3-9　与图 3-7 对应的功能块图

功能块图的特点：以功能模块为单位，分析理解控制方案简单容易；功能模块是用图形的形式表达功能的，直观性强，具有数字逻辑电路设计基础的人员很容易掌握其编程原理；对于规模大、控制逻辑关系复杂的控制系统，功能块图能够清楚表达功能关系，使编程调试时间大大减少。

4）结构化文本语言

结构化文本语言是用结构化的描述文本来描述程序的一种编程语言，是类似高级语言的一种编程语言。大、中型的 PLC 系统常采用结构化文本语言来描述系统中各个变量间的关系，主要用于其他编程语言较难实现的用户程序编制。

结构化文本语言采用计算机的描述方式来描述系统中各种变量间的各种运算关系，完成所需的功能或操作。大多数 PLC 生产厂家采用的结构化文本语言与 BASIC 语言、PASCAL 语言或 C 语言等高级语言相似，但为了应用方便，在语句的表达方法及语句的种类等方面都进行了简化。

结构化文本语言的特点：采用高级语言进行编程，可以完成较复杂的控制运算；需要有一定的计算机高级语言的知识和编程技巧，对工程设计人员的技术要求较高，直观性和操作性较差。

不同型号的 PLC 编程软件对以上几种编程语言的支持种类是不同的，早期的 PLC 编程软件仅仅支持梯形图编程语言和指令表编程语言。目前的 PLC 编程软件对梯形图、指令表、功能块图等编程语言都能支持，如 SIMATIC STEP7-MicroWIN V4.0。

在 PLC 控制系统设计中，要求设计人员除要对 PLC 的硬件性能了解外，还要了解 PLC 对编程语言支持的种类。

三、PLC 的工作原理

1. 扫描工作方式

PLC 采用扫描工作方式，每个扫描周期包括以下 5（或 4）个阶段。

1）输入采样

PLC 的存储器中设置了一片区域用来存放输入信号和输出信号的状态，这片区域称为输入映像寄存器和输出映像寄存器。

在输入采样阶段，PLC 以扫描工作方式依次读入所有的输入状态和数据，并将它们存入输入映像寄存器和输出映像寄存器的相应单元内。当外接输入电路闭合时，输入映像寄存器为 1 状态，梯形图中对应的 "–||–" 接通，"–|/|–" 断开；当外接输入电路断开时，输入映像寄存器为 0 状态，梯形图中对应的 "–||–" 断开，"–|/|–" 闭合。输入采样结束后，转入用户程序执行和输出刷新阶段。在这两个阶段，即使输入状态和数据发生变化，输入映像寄存器和输出映像寄存器的相应单元的状态和数据也不会改变。因此，若输入的是脉冲信号，则该脉冲信号的宽度必须大于一个扫描周期，才能保证在任何情况下，该输入均能被读入。

2）程序执行

根据梯形图程序扫描原则，PLC 按先左后右、先上后下的步序逐句扫描。PLC 在扫描每条梯形图语句时，又总是先扫描梯形图左边的由各触点构成的控制电路，并按先左后右、先上后下的顺序对由触点构成的控制电路进行逻辑运算，然后根据逻辑运算的结果，刷新该逻辑线圈在系统 RAM 存储区中对应位的状态，或者刷新该输出线圈在输入映像寄存器和输出映像寄存器中对应位的状态，或者确定是否要执行该梯形图所规定的特殊功能指令。但当遇到程序跳转指令时，PLC 则根据跳转条件是否满足来决定程序的跳转地址。当指令中涉及输入和输出状态时，PLC 就从输入映像寄存器中读入上一阶段采入的对应输入端子状态，从元件映像寄存器中读入对应元件（软继电器）的当前状态，然后进行相应的运算，并将运算结果写入相应的映像寄存器中。

在程序执行的扫描周期中，即使外部输入信号的状态发生变化，输入映像寄存器的内容也不会发生变化，输入信号变化了的状态只能在下一个扫描周期被读入；其他输出点和软设备在输入映像寄存器和输出映像寄存器或系统 RAM 存储区中的状态和数据都有可能发生变化，而且排在上面的梯形图的程序执行结果会对排在下面的凡是用到这些线圈或数据的梯形图起作用；相反，排在下面的梯形图被刷新的逻辑线圈的状态或数据只能到下一个扫描周期才能对排在其上面的程序起作用。

3）通信处理

在通信处理阶段，CPU 检查智能模块是否需要服务，如果需要，就读取信息并放在缓冲区，供下一个扫描周期使用。在通信处理阶段，CPU 处理通信口接收到的信息，在适当的时候将信息传递给通信的请求方。

4）CPU 自诊断测试

CPU 自诊断测试包括定期检查 EEPROM、用户程序存储器、I/O 模块状态、I/O 扩展总线的一致性，还有将监控定时器复位等工作。

通信处理和 CPU 自诊断测试过程由 PLC 自己完成，无须程序的干预。

5）输出刷新

PLC 进入输出刷新阶段期间，CPU 按照输入映像寄存器和输出映像寄存器中对应的状态和数据刷新所有的输出锁存电路，再经输出电路驱动相应的外设。当梯形图中某个线圈"通电"时，对应的输出映像寄存器的位为"1"，若是继电器输出模块，则对应的硬件继电器线圈励磁，其常开触点闭合，使外部的负载通电工作。当梯形图中某个线圈"断电"时，对应的输出映像寄存器的位为"0"，若是继电器输出模块，则对应的硬件继电器线圈失磁，其常开触点断开，使外部的负载断电，停止工作，这时才是 PLC 的真正输出，这种输出工作方式称为集中输出方式。集中输出方式在执行用户程序时不是得到一个输出结果就向外输出一个，而是把执行用户程序所得的所有输出结果先全部存放在输出映像寄存器中，执行完用户程序后将所有输出结果一次性向输出端口或输出模块输出，使输出设备部件动作。输出结果保持到下一个扫描周期的输出刷新阶段，由 PLC 刷新输出。

PLC 扫描工作方式的好处：在程序执行阶段，输入值是固定的，程序执行完后再用输出映像寄存器的值更新输出点，使系统运行稳定；用户程序读写 I/O 映像寄存器比读写 I/O 点快，提高了程序执行速度；I/O 点必须按位存取，而 I/O 映像寄存器可按位、字节、字、双字来存取。

PLC 扫描工作周期的长短，主要取决于程序的长短，一般 PLC 扫描工作周期为 20～40ms，这对一般工作设备没有什么影响。例如，用接触器控制一台电动机，从电流流入接触器线圈，使触点完成动作需要 30～40ms，因此 PLC 的周期扫描工作方式在实际应用中的速度在多数情况下是不成问题的。

从 PLC 的周期扫描工作方式可见，PLC 与继电接触器控制的工作方式不同。对于继电接触器电路，全部电器动作可以说是平行执行的，或者可以说是同时执行的；而 PLC 是以周期方式工作的，即串行方式工作。PLC 的电器动作按串行方式工作，可以避免继电接触器控制方式的触点"竞争"和"时序失配"问题。

简单的三相电动机单向运行继电器控制电路如图 3-10 所示。与图 3-10 对应的等效原理图如图 3-11 所示。与图 3-10 对应的 PLC 控制电路如图 3-12 所示。

图 3-10　简单的三相电动机单向运行继电器　　　　图 3-11　与图 3-10 对应的等效原理图
　　　　　　控制电路

图 3-12   与图 3-10 对应的 PLC 控制电路

2. PLC 的 I/O 滞后现象

从 PLC 工作过程的分析中可知，由于 PLC 采用循环扫描的工作方式，而且对 I/O 信号只在每个扫描周期的 I/O 刷新阶段集中输入并集中输出，因此必然会产生输出信号相对输入信号的滞后现象。

滞后时间（响应时间）是从 PLC 的输入端有一个输入信号发生变化到 PLC 的输出端对该输入信号的变化做出反应的一段时间。滞后时间是设计 PLC 控制系统时应了解的一个重要参数。

滞后时间的长短与以下因素有关。

（1）输入滤波器对信号的延迟作用。PLC 的输入电路中设置了滤波器，滤波器的时间常数越大，对输入信号的延迟作用就越强。输入信号从输入端到输入滤波器输出所经历的时间为输入延时。有些 PLC 的输入滤波器的时间常数可以调整。

（2）输出继电器的动作延迟。继电器输出型的 PLC 把输出信号从锁存器到输出触点所经历的时间称为输出延时，一般需十几毫秒。所以在要求 I/O 有较快响应的场合，最好不要使用继电器输出型的 PLC。

（3）PLC 的循环扫描工作方式。PLC 的扫描周期越长，滞后现象越严重。一般扫描周期只有十几毫秒，最多几十毫秒，因此在慢速控制系统中可以认为输入信号一旦变化就立即能进入输入映像寄存器。

若某些设备需要输出对输入做出快速响应，则可采取快速响应模块、高速计数模块及中断处理等措施来尽量减少滞后。

3. PLC 控制系统与传统继电器控制系统的比较

PLC 控制系统与传统继电器控制系统相比，有许多相似之处，也有许多不同之处。不同之处主要有以下几个方面。

（1）从控制方法上看，传统继电器控制系统的控制逻辑采用硬件接线，利用继电器机械触点的串联或并联等组合成控制逻辑，其连线多且复杂、体积大、功耗大，系统构成后，想再改变或增加功能较为困难。另外，继电器的触点数量有限，所以传统继电器控制系统的灵活性和可扩展性受到了很大限制。而 PLC 控制系统采用了计算机技术，其控制逻辑是以程序的方式存放在存储器中，要改变控制逻辑只需要改变程序，因而可以很容易改变或增加系统功能。PLC 控制系统连线少、体积小、功耗小，而且 PLC 中所谓的软继电器实质上是存储器单元的状态，所以软继电器的触点数量是无限的。PLC 控制系统的灵活性和可扩展性好。

（2）从工作方式上看，在传统继电器控制电路中，当电源接通时，电路中所有继电器都处于受制约状态，即该吸合的继电器都同时吸合，不该吸合的继电器受某种条件限制不能吸合，这种工作方式称为并行工作方式。而 PLC 的用户程序是按一定顺序循环执行的，所以各软继电器都处在周期性循环扫描接通中，受同一条件制约的各个继电器的动作次序取决于程序扫描顺序，这种工作方式称为串行工作方式。

（3）从控制速度上看，传统继电器控制系统依靠机械触点的动作以实现控制，工作频率低，机械触点还会出现抖动问题。而 PLC 控制系统是通过程序指令控制半导体电路的，速度快，程序指令执行时间在微秒级，且不会出现触点抖动问题。

（4）从定时和计数控制上看，传统继电器控制系统采用时间继电器的延时动作进行时间控制，时间继电器的延时时间易受环境温度变化的影响，定时精度不高，而 PLC 控制系统采用半导体集成电路作为定时器，时钟脉冲由晶体振荡器产生，精度高、定时范围宽，用户可根据需要在程序中设定定时值，修改方便，不受环境的影响。且 PLC 控制系统具有计数功能，而传统继电器控制系统一般不具备计数功能。

（5）从可靠性和可维护性上看，由于传统继电器控制系统使用了大量的机械触点，因此存在机械磨损、电弧烧伤、寿命短、系统的连线多等缺点，可靠性和可维护性都较差。而 PLC 控制系统大量的开关动作均由无触点的半导体电路来完成，因此其寿命长、可靠性高。PLC 控制系统还具有自诊断功能，能查出自身的故障，随时展示给操作人员，并能动态地监视控制程序的执行情况，为现场调试和维护提供了方便。

▦【项目实施】

教师通过课件讲解 PLC 的基础知识，重点是 PLC 的硬件结构、编程语言特点、扫描工作原理，使学生理解从传统继电器控制到 PLC 控制的转换过程。

▦【评定激励】

针对 PLC 的分类、特点、应用、硬件的结构组成、软件构成及各种编程语言的特点、工作原理，传统继电器控制与 PLC 控制的区别等内容，教师在上课过程中让学生进行分组抢答，记下各组成绩，激发学生的学习动力、兴趣。

思考与练习

（1）简述 PLC 的定义。

（2）PLC 有哪些主要特点？

（3）PLC 分为哪几类？

（4）PLC 可以应用在哪些领域？

（5）PLC 的内部结构由哪几部分构成？

（6）数字量输入接口有哪几种类型？各有哪些特点？

（7）数字量输出接口有哪几种类型？各有哪些特点？

（8）PLC 的编程语言有哪些？各有什么特点？

（9）详细说明 PLC 的工作原理。在扫描工作过程中，输入映像寄存器和输出映像寄存器各起什么作用？

（10）有哪些因素影响 PLC 的 I/O 滞后时间？

（11）与传统继电器控制系统相比，PLC 控制系统有哪些优点？

S7-200 PLC 的认识

【项目目标】

通过本项目的学习，使学生对西门子 PLC 的软、硬件构成有一个初步的认识，掌握 S7-200 PLC 的供电方式、I/O 地址分配及 I/O 接线方法，理解 S7-200 PLC 的内存结构，掌握其寻址方法。

【学习目标】

（1）了解西门子 PLC 的分类及其工业软件组成。

（2）熟悉 S7-200 PLC 的硬件配置与主要技术参数。

（3）理解 S7-200 PLC 存储空间的构成与作用。

（4）掌握 S7-200 PLC 的 I/O 地址分配与 I/O 接线方法。

（5）理解 S7-200 PLC 的数据类型及寻址方式。

【相关知识】

一、概述

西门子（SIEMENS）公司生产的 PLC 在我国的应用相当广泛，在冶金、化工、印刷生产线等领域都有应用。西门子公司的 PLC 产品包括 LOGO1、S7-200、S7-300、S7-400、工业网络、人机界面（HMI）、工业软件等。

西门子 S7 系列的 PLC 体积小、速度快、标准化，并具有网络通信能力，其功能更强、可靠性更高。S7 系列的 PLC 可分为微型 PLC（如 S7-200 PLC），小规模性能要求的 PLC（如 S7-300 PLC）和中、高性能要求的 PLC（如 S7-400 PLC）等。

1. S7-200 PLC

S7-200 PLC 是微型 PLC，适用于各行各业、各种场合中的自动检测、监测及控制等。S7-200 PLC 的强大功能使其无论是单机运行还是连成网络都能实现复杂的控制功能。

S7-200 PLC 有 4 个不同的基本型号与 8 种 CPU 可供选择。

2. S7-300 PLC

S7-300 PLC 是小规模性能要求的 PLC，能满足中等性能要求的应用，其各种单独的模块之间可进行广泛组合，构成不同要求的系统。与 S7-200 PLC 相比，S7-300 PLC 有以下几个优点：采用模块化结构，具备高速（0.6～0.1μs）的指令运算速度；采用浮点数运算，比较有效地实现了更为复杂的算术运算；一个带标准用户接口的软件工具方便用户给所有模块进行参数赋值；方便的人机界面服务已经集成在 S7-300 PLC 操作系统中，对人机对话的编程要求大大减少。人机界面从 S7-300 PLC 中取得数据后，S7-300 PLC 按用户指定的刷新速度传送这些数据；S7-300 PLC 操作系统自动处理数据的传送；CPU 智能化的诊断系统会连续监控系统的功能是否正常，并记录错误和特殊系统事件；多级口令保护可以使用户有效地保护其技术机密，防止未经允许的复制和修改；S7-300 PLC 设有操作方式选择开关，操作方式选择开关像钥匙一样可以拔出，当钥匙拔出时，就不能改变操作方式，这样就可以防止非法删除或改写用户程序；S7-300 PLC 具备强大的通信功能，可以通过编程软件 STEP 7 的用户界面提供通信组态功能，这使得组态非常容易、简单；S7-300 PLC 具有多种不同的通信接口，并通过多种通信处理器来连接 AS-I 总线接口和工业以太网总线系统，串行通信处理器用来连接点到点的通信系统；多点接口（MPI）集成在 CPU 中，用于同时连接编程器、PC、人机界面系统及其他 SIMATIC S7/M7/C7 等自动化控制系统。

3．S7-400 PLC

S7-400 PLC 是有中、高档性能要求的 PLC。

S7-400 PLC 采用模块化无风扇的设计，可靠、耐用，同时可以选择多种级别（功能逐步升级）的 CPU，并配有多种通用功能的模板，这使用户能根据需要组合成不同的专用系统。当控制系统规模扩大或升级时，只要适当地增加一些模板，就能使系统升级和充分满足需要。

4．工业通信网络

工作通信网络是自动化系统的支柱，西门子的全集成自动化网络平台提供了从控制级一直到现场级的一致性通信。"SIMATIC NET"是全部网络系列产品的总称，它们能在工厂的不同部门、不同的自动化站，以及通过不同的级交换数据，有标准的接口并且相互之间完全兼容。

5．人机界面硬件

人机界面硬件配合 PLC 使用，为用户提供数据、图形和事件显示，主要有文本操作面板 TD200（可显示中文）、OP3、OP7、OP17 等；图形/文本操作面板 OP27、OP37 等；触摸屏操作面板 TP7、TP27/37、TP170A/B 等；SIMATIC 面板型 PC670 等。个人计算机（PC）也可以作为人机界面硬件使用。人机界面硬件需要经过软件（如 Protool）组态才能配合 PLC 使用。

6．SIMATIC S7 工业软件

西门子的工业软件分为 3 个不同的种类。

1）编程和工程工具

编程和工程工具包括所有基于 PLC 或 PC 用于编程、组态、模拟和维护等控制所需的工具。STEP 7 标准软件包——SIMATIC S7 是 S7-300/400、C7 PLC 和 SIMATIC WinAC 基于 PC 控制产品的组态编程和维护的项目管理工具，STEP7-Micro/WIN32 是在 Windows 平台上运行的 S7-200 PLC 的编程和在线仿真软件。

2）基于 PC 的控制软件

基于 PC 的控制系统 WinAC 允许使用 PLC 作为 PLC 运行用户的程序，运行在安装了 Windows NT 4.0 操作系统的 SIMATIC 工控机或其他任何商用机中。WinAC 提供两种 PLC，一种是软件 PLC，在用户计算机上作为视窗任务运行；另一种是插槽 PLC（在用户计算机上安装一个 PC 卡），具有硬件 PLC 的全部功能。WinAC 与 SIMATIC S7 系列处理器完全兼容，其编程采用统一的 SIMATIC 编程工具（如 STEP 7），编制的程序既可运行在 WinAC 上，也可

运行在 S7 系列处理器上。

3）人机界面软件

人机界面软件为用户自动化项目提供人机界面或 SCADA 系统，支持大范围的平台。人机界面软件有两种，一种是应用于机器级的 Protool，另一种是应用于监控级的 WinCC。

（1）Protool 适用于大部分人机界面硬件的组态，从操作员面板到标准 PC 都可用集成在 STEP 7 中的 Protool 有效地完成组态。Protool/lite 用于文本显示的组态，如 OP3、OP7、OP17、TD17 等。Protool/Pro 用于组态标准 PC 和所有西门子人机界面产品，Protool/Pro 不只是组态软件，其运行版也用于 Windows 平台的监控系统。

（2）WinCC 是一个真正开放的，面向监控与数据采集的 SCADA（Supervisory Control and Data Acquisition）软件，可在任何标准 PC 上运行。WinCC 操作简单，系统可靠性高，与 STEP 7 功能集成，可直接进入 PLC 的硬件故障系统，节省项目开发时间。它的设计适用于广泛的应用，可以连接到已存在的自动化环境中，有大量的通信接口、全面的过程信息和数据处理能力，其最新的 WinCC 5.0 支持在办公室通过 IE 浏览器动态监控生产过程。

二、S7-200 PLC 的硬件配置

本书以 S7-200 PLC 为目标机型，介绍西门子 PLC 的特点，为今后更好地学习和掌握 S7-300/400 PLC 打下基础。S7-200 PLC 作为西门子 SIMATIC PLC 家族中的最小成员，以其超小体积、灵活的配置、强大的内置功能，在各个领域中得到了广泛的应用。

1. S7-200 PLC 的基本硬件组成

S7-200 PLC 可提供 4 种不同的基本单元和 6 种型号的扩展单元，其系统构成包括基本单元、扩展单元、编程器、程序存储卡、写入器、人机界面等。

1）基本单元

S7-200 PLC 可提供 4 种不同的基本型号的 8 种 CPU 供选择使用。S7-200 PLC 的 I/O 点数分配如表 4-1 所示。

表 4-1   S7-200 PLC 的 I/O 点数分配

型　　号	输 入 点 数	输 出 点 数	可带扩展模块数
S7-200 CPU221	6	4	—
S7-200 CPU222	8	6	2 个扩展模块 78 路数字量 I/O 点或 10 路模拟量 I/O 点
S7-200 CPU224	14	10	7 个扩展模块 168 路数字量 I/O 点或 35 路模拟量 I/O 点
S7-200 CPU226	24	16	2 个扩展模块 248 路数字量 I/O 点或 35 路模拟量 I/O 点
S7-200 CPU226XM	24	16	2 个扩展模块 248 路数字量 I/O 点或 35 路模拟量 I/O 点

基本单元（S7-200 CPU 模块）也称为主机，包括一个 CPU、电源、数字量 I/O 单元。基本单元可以构成一个独立的控制系统。S7-200 CPU 模块的外部结构大体相同，如图 4-1 所示。其外部结构主要由以下几部分组成。

（1）CPU 模块的顶部端子盖内：电源与输出端子。

（2）底部端子盖内：输入端子与传感器电源端子。

（3）中部右侧前盖内：CPU 工作方式开关 RUN/STOP、模拟调节电位器和扩展 I/O 接口。

（4）左侧：状态指示灯 LED、存储卡接口及通信接口。存储卡（EEPOM 卡）可以存储 CPU 程序。

（5）状态指示灯 LED：显示 CPU 的工作方式、本机 I/O 的状态、系统错误状态。

（6）RS485 的串行通信接口：PLC 主机用于实现人—机对话、机—机对话的通道，实现 PLC 与上位计算机的连接，实现 PLC 与 PLC、编程器、彩色图形显示器、打印机等外部设备的连接。

（7）扩展接口：PLC 主机与 I/O 扩展模块的接口，作为扩展系统用。主机与扩展模块之间由导轨固定，并用扩展电缆连接。

图 4-1　S7-200 CPU 模块的外部结构

2）扩展单元

S7-200 PLC 主要有 6 种扩展单元，扩展单元本身没有 CPU，只能与基本单元相连接使用，用于扩展 I/O 点数。S7-200 PLC 扩展单元型号及 I/O 点数如表 4-2 所示。

表 4-2　S7-200 PLC 扩展单元型号及 I/O 点数

类　型	型　号	输入点数	输出点数
数字量扩展模块	EM221	8	无
	EM222	无	8
	EM223	4/8/16	4/8/16
模拟量扩展模块	EM231	3	无
	EM232	无	2
	EM235	3	1

3）编程器

PLC 在正式运行时，不需要编程器。编程器主要用来进行用户程序的编制、存储和管理等，并将用户程序送入 PLC，并在调试过程中，进行监控和故障检测。S7-200 PLC 可采用多种编程器，编程器一般可分为简易型和智能型。

简易型编程器是袖珍型的，简单实用、价格低廉，是一种很好的现场编程及监测工具，但显示功能较差，只能用指令表方式输入，使用不够方便。智能型编程器采用计算机进行编程操作，将专用的编程软件装入计算机，可直接采用梯形图编程，实现在线监测，非常直观，且功能强大。S7-200 PLC 的专用编程软件为 STEP7-Micro/WIN32。

PLC 用来与 PC 通过通信电缆进行通信。通信电缆可以用 PC/PPI 电缆（RS232、RS485），也可以用一个通信处理器（CP）和多点接口（MP1）电缆，或者用一块 MPI 卡及随 MP1 卡提供的一根通信电缆。

4）程序存储卡

为了保证程序及重要参数的安全，一般小型 PLC 设有外接 EEPROM 卡盒接口，通过该接口可以将卡盒的内容写入 PLC，也可以将 PLC 中的程序及重要参数传到外接 EEPROM 卡盒中作为备份。程序存储卡 EEPROM 有 6ES 7291-8GC00-0XA0 和 6ES 7291-8GD00-0XA0 两种，程序容量分别为 8K 和 16K 程序步。

5）写入器

写入器的功能是实现 PLC 和 EPROM 之间的程序传送，是将 PLC 中 RAM 区的程序通过写入器固化到程序存储卡，或者将 PLC 程序存储卡中的程序通过写入器传送到 RAM 区。

6）人机界面

人机界面主要指专用操作员界面，如操作员面板、触摸屏、文本显示器等，这些设备可以使用户通过友好的操作界面轻松地完成各种调整和控制任务。操作员面板和触摸屏用于过程状态和过程控制的可视化，可以采用 Protool 软件组态的显示与控制功能。文本显示器 TD200 不仅是一个用于显示系统信息的显示器，可以扩展 PLC 的 I/O 端子数，还可以作为控制单元对某个量的数值进行修改，或者直接设置 I/O 量。文本信息的显示用选择/确认的方法，最多可以显示 80 条信息，每条信息最多有 4 个变量的状态。过程参数可以在显示器上显示，并可以随时修改。TD200 面板上的 8 个可编程序的功能键，每个都分配了一个存储器位，这些功能键在启动和测试系统时，可以进行参数设置和诊断。

2．S7-200 PLC 的主要技术性能

下面以 S7-200 CPU224 为例说明 S7 系列 PLC 的主要技术性能。

1）一般性能

S7-200 CPU224 的一般性能如表 4-3 所示。

表 4-3　S7-200 CPU224 的一般性能

电源电压	DC 24V，AC 100~230V
电源电压波动	DC 20.4~28.8V，AC 84~264V（47~63Hz）
环境温度、湿度	水平安装 0~55℃，垂直安装 0~45℃，5%~95%
大气压	860~1080kPa
保护等级	IP20 到 IEC529
输出给传感器的电压	DC 24V（20.4~28.8V）
输出给传感器的电流	280mA，电子式短路保护（600mA）
为扩展模块提供的输出电流	660mA

程序存储器	8K 字节/典型值为 2.6K 条指令
数据存储器	2.5K 字
存储器子模块	1 个可插入的存储器子模块
数据后备	整个 BD1 在 EEPROM 中无须维护 在 RAM 当前的 DB1 标志位、定时器、计数器等中通过高能电容或电池维持，后备时间 190h（40℃时 120h），插入电池后备 200 天
编程语言	LAD，FBD，STL
程序结构	一个主程序块（可以包括子程序）
程序执行	自由循环，中断控制，定时控制（1～255ms）
子程序级	8 级
用户程序保护	3 级口令保护
指令集	逻辑运算、应用功能
位操作执行时间	0.37μs
扫描时间监控	300ms（可重启动）
内部标志位	256，可保持：EEPROM 中 0～112
计数器	0～256，可保持：256，6 个高速计数器
定时器	可保持：256 4 个定时器，1ms～30s 16 个定时器，10ms～5min 236 个定时器，100ms～54min
接口	一个 RS485 通信接口
可连接的编程器/PC	PG740PII，PG760PII，PC（AT）
本机 I/O	数字量输入：14，其中 4 个可用于硬件中断，14 个可用于高速功能 数字量输出：10，其中 2 个可用于本机功能 模拟电位器：2 个
可连接的 I/O	数字量 I/O：最多 94/74 模拟量 I/O：最多 28/7（或 14） AS 接口 I/O：496
最多可接扩展模块	7 个

2）输入特性

S7-200 CPU224 的输入特性如表 4-4 所示。

表 4-4　S7-200 CPU224 的输入特性

类　　型	源型或汇型
输入电压	DC 24V，"1 信号"：14～35A，"0 信号"：0～5A
隔离	光耦隔离，6 点和 8 点
输入电流	"1 信号"：最大 4mA
输入延迟（额定输入电压）	所有标准输入：全部 0.2～12.8ms（可调节） 中断输入：（I0.0～0.3）0.2～12.8ms（可调节） 高速计数器：（I0.0～0.5）最大 30kHz

3）输出特性

S7-200 CPU224 的输出特性如表 4-5 所示。

表 4-5 S7-200 CPU224 的输出特性

类　　型	晶体管输出型	继电器输出型
额定负载电压	DC 24V（20.4～28.8V）	DC 24V（4～30V） AC 24～230V（20～250V）
输出电压	"1 信号"：最小 DC 20V	L+/L−
隔离	光耦隔离，5 点	继电器隔离，3 点和 4 点
最大输出电流	"1 信号"：0.75A	"1 信号"：2A
最小输出电流	"0 信号"：10μA	"0 信号"：0mA
输出开关容量	阻性负载：0.75A 灯负载：5W	阻性负载：2A 灯负载：DC 30W，AC 200W

4）扩展单元的主要技术特性

S7-200 PLC 是模块式结构，可以通过配接各种扩展模块来达到扩展功能和扩大控制能力的目的。目前，S7-200 PLC 主要有三大类扩展模块。

（1）I/O 扩展模块。

S7-200 CPU 已经集成了一定数量的数字量 I/O 点，但若用户需要多于 CPU 单元的 I/O 点时，则必须对系统做必要的扩展。CPU221 无 I/O 扩展能力，CPU222 最多可连接 2 个扩展模块（数字量或模拟量），而 CPU224 和 CPU226 最多可连接 7 个扩展模块。

S7-200 PLC 系列目前总共提供五大类扩展模块：数字量输入扩展模块 EM221（8 路扩展输入）；数字量输出扩展模块 EM222（8 路扩展输出）；数字量 I/O 混合扩展模块 EM223（8I/O，16I/O，32I/O）；模拟量输入扩展模块 EM231，每个 EM231 可扩展 3 路模拟量输入通道，A/D 转换时间为 25μs，12 位；模拟量 I/O 混合扩展模块 EM235，每个 EM235 可同时扩展 3 路模拟输入和 1 路模拟量输出通道，其中 A/D 转换时间为 25μs，D/A 转换时间为 100μs，位数均为 12 位。

基本单元通过其右侧的扩展接口用总线连接器（插件）与扩展单元左侧的扩展接口相连接。扩展单元正常工作需要 DC +5V 工作电源，此电源由基本单元通过总线连接器提供，扩展单元的 DC 24V I/O 点电源，可由基本单元的 DC 24V 电源供电，但要注意基本单元所提供的最大电流能力。

（2）热电偶、热电阻扩展模块。

热电偶、热电阻模块（EM231）是为 CPU222、CPU224、CPU226 设计的，S7-200 PLC 与多种热电偶、热电阻的连接备有隔离接口。用户通过模块上的 DIP 开关来选择热电偶或热电阻的类型、接线方式、测量单位和开路故障的方向。

（3）通信扩展模块。

除 CPU 集成通信口外，S7-200 PLC 还可以通过通信扩展模块连接成更大的网络。S7-200 PLC 目前有两种通信扩展模块：Profibus-DP 扩展从站模块（EM277）和 AS-i 接口扩展模块（CP243-2）。

S7-200 PLC I/O 扩展模块的主要技术性能如表 4-6 所示。

表 4-6 S7-200 PLC I/O 扩展模块的主要技术性能

类 型	数字量扩展模块			模拟量扩展模块		
型号	EM221	EM222	EM223	EM231	EM232	EM235
输入点数	8	无	4/8/16	3	无	3
输出点数	无	8	4/8/16	无	2	1
隔离组点数	8	2	4	无	无	无
输入电压	DC 24V		DC 24V			
输出电压		DC 24V 或 AC 24~230V	DC 24V 或 AC 24~230V			
A/D 转换时间				<250μs		<250μs
分辨率				12bit A/D 转换	电压：12bit 电流：11bit	12bit A/D 转换

3. S7-200 PLC 的工作方式

S7-200 PLC 的工作方式有 3 种：RUN（运行）、STOP（停止）、TERM（终端）方式，可用 CPU 模块上的方式开关改变工作方式，方式开关在 STOP 或 TERM 位置时上电，自动进入 STOP 方式；在 RUN 位置时上电，自动进入 RUN 方式，在该方式下的一个扫描周期包括 5 个阶段。RUN 方式的一个扫描周期如图 4-2 所示。

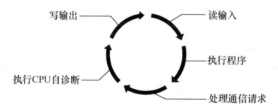

图 4-2 RUN 方式的一个扫描周期

RUN 方式执行用户程序，"RUN" LED 亮，通过执行用户程序实现控制功能。STOP 方式不执行用户程序，可将用户程序和硬件设置信息下载到 PLC。TERM 方式与通信有关。

PC 与 PLC 之间建立通信连接后，若方式开关在 RUN 或 TERM 位置，则可用编程软件改变 CPU 的工作方式，也可在程序中插入 STOP 指令，使 CPU 由 RUN 方式进入 STOP 方式。实验中向 PLC 中编写自己的程序时应把 PLC 方式设置为 STOP 方式。

三、S7-200 PLC 的编程元件

PLC 中的每个 I/O、内部存储单元、定时器和计数器等都称为软元件，各个软元件都有其不同的功能和固定的地址。软元件的数量决定了 PLC 的规模和数据处理能力，每种 PLC 的软元件是有限的。在编程时，用户只需要记住软元件的地址即可。每个软元件都有一个地址与之相对应，软元件的地址编排采用区域号加区域内编号的方式。

1. S7-200 PLC 的存储器空间

S7-200 PLC 的存储器空间大致分为 3 个，即程序空间、数据空间和参数空间。

1）程序空间

程序空间主要用于存放用户应用程序，程序空间容量在不同的 CPU 中是不同的。另外，CPU 中的 RAM 与内置 EEPROM 上都有程序存储器，它们互为映像，且空间大小一样。

2）数据空间

数据空间的主要部分用于存放工作数据，称为数据存储器；另一部分作为寄存器使用，称为数据对象。

（1）数字量输入映像寄存器和输出映像寄存器。

输入映像寄存器是 PLC 接收外部输入的开关量信号的窗口，是 S7-200 CPU 为输入端信号开辟的一个存储区，它的每位都对应一个数字量输入接点。在每个扫描周期开始时，PLC 依次对各个输入接点采样，并把采样结果送入输入映像寄存器。PLC 在执行用户程序的过程中，不再理会输入接点的状态，它所处理的数据为输入映像寄存器中的值。

微课：输入映像寄存器

输出映像寄存器是 S7-200 CPU 为输出端信号开辟的一个存储区，每位对应一个数字输出量接点。PLC 在执行用户程序的过程中，并不把输出信号随时送到输出接点，而是送到输出映像寄存器，只有到了每个扫描周期的末尾，才会将输出映像寄存器的输出信号几乎同时送到各输出接点。

微课：输出映像寄存器

映像寄存器的优点：同步地在扫描周期开始采样所有输入接点，并在扫描的执行阶段冻结所有输入值；在程序执行完后再从映像寄存器中刷新所有输出接点，使被控系统能获得更好的稳定性；存取映像寄存器的速度高于存取 I/O 的速度，使程序执行得更快；I/O 点只能以位为单位存取，但映像寄存器则能以位、字节、双字为单位存取。因此，映像寄存器提供了更高的灵活性。另外，对于控制系统中个别 I/O 点要求实时性较高的情况下，可用 I/O 指令直接存取 I/O 点。

（2）模拟量输入映像寄存器和输出映像寄存器。

① 模拟量输入映像寄存器（AI 区）。

模拟量输入映像寄存器是 S7-200 CPU 为模拟量输入端信号开辟的一个存储区。S7-200 PLC 的模拟量输入电路将外部输入的模拟量（如温度、电压）等转换成 1 个字长（16 位）的数字量，存入模拟量输入映像寄存器。

微课：模拟量输入映像寄存器

模拟量输入映像寄存器用标识符（AI）、数据长度（W）及字节的起始地址表示。AI 编址范围为 AIW0，AIW2，…，AIW62，起始地址采用偶数字节地址，共有 32 个模拟量输入点。模拟量输入值为只读数据。

② 模拟量输出映像寄存器（AQ 区）。

模拟量输出映像寄存器是 S7-200 CPU 为模拟量输出端信号开辟的一个存储区。S7-200 PLC 的模拟量输出电路将模拟量输出映像寄存器的 1 个字长（16 位）数字值转换为模拟电流或电压输出。

微课：模拟量输出映像寄存器

模拟量输出映像寄存器用标识符（AQ）、数据长度（W）及字节的起始地址表示。AQ 编址范围为 AQW0，AQW2，…，AQW62，起始地址采用偶数字节地址，共有 32 个模拟量输出点。

（3）变量存储器（V 区）。

PLC 在执行程序的过程中，会存在一些控制过程的中间数据，这些中间数据

微课：变量存储器

也需要用存储器来保存。变量存储器就是根据这个实际要求设计的。变量存储器是 S7-200 CPU 为保存中间数据而建立的一个存储区，用 V 表示。

（4）位存储器区（M 区）。

PLC 在执行程序的过程中，可能会用到一些标志位，这些标志位也需要用存储器来保存。位存储器就是根据这个要求设计的。位存储器是 S7-200 CPU 为保存标志位数据而建立的一个存储区，用 M 表示，该区虽然叫位存储器，但是其中的数据不仅可以是位，还可以是字节、字或双字。

微课：位存储器区

（5）顺序控制继电器区（S 区）。

PLC 在执行程序的过程中，可能会用到顺序控制。顺序控制继电器就是根据顺序控制的特点和要求设计的。顺序控制继电器区是 S7-200 CPU 为存储顺序控制继电器的数据而建立的一个存储区，用 S 表示。在顺序控制过程中，顺序控制继电器区用于组织步进过程的控制。

（6）局部存储器区（L 区）。

S7-200 PLC 有 64 个字节的局部存储器区，编址范围为 L0.0～L63.7，其中 60 个字节可以用作暂时存储器或给子程序传递参数，最后 4 个字节为系统保留字节。

局部存储器区和变量存储器区很相似，主要区别是变量存储器区是全局有效的，而局部存储器区是局部有效的。全局是指同一个存储器区可以被任何程序存取（如主程序、子程序或中断程序），局部是指存储器区和特定的程序相关联。

（7）定时器存储器区（T 区）。

S7-200 CPU 中的定时器是对内部时钟累计时间增量的设备，用于时间控制，编址范围为 T0～T255（22X）或 T0～T127（21X）。

（8）计数器存储器区（C 区）。

PLC 在工作时，有时不仅需要计时，还可能需要计数。计数器就是 PLC 具有计数功能的计数设备，主要用来累计输入脉冲的个数，有 16 位预置值和当前值寄存器各一个，以及 1 位状态位，当前值寄存器用以累计脉冲个数，当计数器当前值大于或等于预置值时，状态位置 1。S7-200 CPU 提供 3 种类型的计数器：增计数、减计数，增 / 减计数为编址范围 C0～C255（22X）或 C0～C127（21X）。

（9）高速计数器区（HSC 区）。

高速计数器用来累计比 CPU 扫描速率更快的事件。S7-200 PLC 各个高速计数器的计数频率高达 30kHz。

CPU 22X 提供了 6 个高速计数器 HC0，HC1，…，HC5（每个计数器的最高频率为 30kHz），用来累计比 CPU 扫描速率更快的事件。高速计数器的当前值为双字长的符号整数。

（10）累加器区（AC 区）。

S7-200 CPU 提供了 4 个 32 位累加器（AC0、AC1、AC2、AC3）。

可以按字节、字或双字的形式来存取累加器中的数据。但是，如果以字节的形式读/写累加器中的数据，那么只能读/写累加器 32 位数据中的最低 8 位数据；如果以字的形式读/写累加器中的数据，那么只能读/写累加器 32 位数据中的低 16 位数据。只有采取双字的形式读/写累加器中的数据，才能一次读写全部的 32 位数据。

微课：特殊存储器区

（11）特殊存储器区（SM 区）。

特殊存储器区用于 CPU 与用户之间交换信息，如 SM0.0 一直为"1"状态，SM0.1

仅在执行用户程序的第一个扫描周期时为"1"状态。SM0.4 和 SM0.5 分别提供周期为 1min 和 1s 的时钟脉冲。SM1.0、SM1.1 和 SM1.2 分别是零标志、溢出标志和负数标志。

3）参数空间

参数空间是用于存放有关 PLC 组态参数的区域，如保护口令、PLC 站地址、停电记忆保持区、软件滤波、强制操作的设定信息等，存储器为 EEPROM。

2．S7-200 PLC 中的数据类型

1）数据在存储器中存取的方式

二进制数的 1 位（bit）只有 0 和 1 两种不同的取值，可用来表示开关量（或称数字量）的两种不同状态，如触点的断开和接通、线圈的通电和断电等。若该位为 1，则表示梯形图中对应的编程元件的线圈"得电"，其常开触点闭合、常闭触点断开，以后称该编程元件为 1 状态，或者称该编程元件为 ON。若该位为 0，则表示梯形图中对应的编程元件的线圈"失电"，其常开触点断开、常闭触点闭合，以后称该编程元件为 0 状态，或者称该编程元件为 OFF。

微课：存取方式

（1）位存取方式：位存储单元的地址由字节地址和位地址组成，如 I3.2，其中的区域标识符"I"表示输入（Input），字节地址为 3，位地址为 2。位存储单元的地址组成如图 4-3 所示。

图 4-3　位存储单元的地址组成

（2）字节存取方式：输入字节 IB3（Byte）由 I3.0～I3.78 位组成，如图 4-4（a）所示。

（3）字存取方式：相邻的两个字节组成一个字，一个字中的两个字节的地址必须连续，且低位字节在一个字中应该是高 8 位，高位字节在一个字中应该是低 8 位。IW14 表示由 IB14 和 IB15 组成的 1 个字。IW14 中的 I 为区域标识符，W 表示字（Word），14 为起始字节的地址，IW14 中的 IB14 是高 8 位，IB15 是低 8 位，如图 4-4（b）所示。

（4）双字存取方式：相邻的 4 个字节表示一个双字，4 个字节的地址必须连续。最低位字节在一个双字中应该是最高 8 位。ID12 表示由 IB12～IB15 组成的双字，I 为区域标识符，D 表示双字（Double Word），12 为起始字节的地址，ID12 中的 IB12 是最高 8 位，IB15 是最低 8 位，如图 4-4（c）所示。

图 4-4　数据的存放

2）数据类型及范围

S7-200 PLC 数据类型可以是布尔型、整型和实型（浮点数）。实数采用 32 位单精度数表示，其数值有较大的表示范围：正数为+1.175495E-38～+3.402823E+38，负数为-1.175495E-38～-3.402823E+38。基本数据类型的特点如表 4-7 所示。

微课：数据类型

表 4-7　基本数据类型的特点

基本数据类型	存储空间大小	说　明	数据表示范围
BOOL	1 位	布尔	0～1
BYTE	8 位	不带符号的字节	0～255
BYTE	8 位	带符号的字节（SIMATIC 模式仅限用于 SHRB 指令）	−128～+127
WORD	16 位	不带符号的整数	0～65535
INT	16 位	带符号的整数	−32768～+32767
DWORD	32 位	不带符号的双整数	0～4294967295
DINT	32 位	带符号的双整数	−2147483648～+2147483647
REAL	32 位	实数，IEEE 32 位浮点数	+1.175495E-38～+3.402823E+38 -1.175495E-38～-3.402823E+38

3）常数及变量

在编程中会用到一些数据，它们保存在数据存储器中，能以位、字节、字和双字的形式进行访问。若这些存储单元的值在系统运行期间一直不变，则把这些存储单元称为常量，否则称为变量。为便于管理，对变量所对应的存储单元进行编址。编址形式前已述及。

常数的数据长度可为字节、字和双字，在机器内部的数据都以二进制存储，但常数的书写可以为二进制、十进制、十六进制、ASCII 码或浮点数（实数）等多种形式。常数形式如表 4-8 所示。

表 4-8　常数形式

进　制	书 写 格 式	举　例
十进制	进制数值	608
十六进制	16#十六进制值	16#6F2A
二进制	2#二进制值	2#10010010
ASCII 码	'ASCII 码文本'	'Stars Shine'
浮点数（实数）	ANSI/IEEE 754-1985 标准	+1.165468E−36，−1.165468E−36

3．S7-200 PLC 中数据的寻址方式

指令是用来进行数据处理的，操作数就是指要处理的数据。有不同的寻址方式可以找到这些数据。寻址方式就是寻找操作数或操作数地址的方式。S7-200 PLC 数据寻址方式有立即数寻址、直接寻址和间接寻址三大类。

1）立即数寻址

指令中直接给出立即数作为参与运算的数据，如 MOVB　#100，VB100。

2）直接寻址

编程时直接给出存有所需数据的单元的地址，可以是位、字节、字、双字单元。例如，I2.1、VB100、VW100、VD100。

3）间接寻址

间接寻址方式是指数据存放在存储器或寄存器中，指令中只出现所需数据所在单元的内存地址的地址，存储单元地址的地址又称为地址指针。间接寻址方式与计算机的间接寻址方式相同。间接寻址在处理内存连续地址中的数据时非常方便，而且可以缩短程序所生成的代码的长度，使编程更加灵活。

用间接寻址方式存取数据需要做的工作有 3 种：建立指针、间接存取和修改指针。

（1）建立指针必须用双字传送指令（MOVD），将存储器所要访问的单元的地址装入用来作为指针的存储器或寄存器单元，装入的是地址而不是数据本身，如：

```
MOVD &VB200, VD302
MOVD &MB10, AC2
```

注意：建立指针用 MOVD 指令。

（2）间接存取指令时在操作数的前面加"*"表示该操作数为一个指针。

下面两条指令是建立指针和间接存取的应用方法：

```
MOVD &VB200, AC0
MOVW *AC0, AC1
```

第一条指令表示把 VB200 的地址作为数据存入 AC0，VW200、VD200 的地址都用 VB200 的地址表示；第二条指令是以 AC0 的值为地址找到 VB200、VB201，把它们的值装入 AC1，AC1 可存储 32 位二进制数，也就是 4 个字节，这里只用到了低 16 位。建立指针和间接存取的执行过程如图 4-5 所示，V 区中的数据是用十六进制表示的。

注意：在 S7-200 PLC 中数据存取是按照数据的高位放在低地址字节单元中的规则进行的。

图 4-5　建立指针和间接存取的执行过程

（3）修改指针。下面两条指令可以修改指针：

```
INCD AC0
INCD AC0
MOVW *AC0, AC1
```

修改指针的执行过程如图 4-6 所示。

图 4-6　修改指针的执行过程

四、S7-200 PLC 的 I/O 地址分配及接线

1. S7-200 PLC 的 I/O 地址分配原则

数字量和模拟量分别编址，数字量输入地址冠以字母"I"，数字量输出地址冠以字母"Q"；模拟量输入地址冠以字母"AI"，模拟量输出地址冠以字母"AQ"。数字量模块的编址是以字节为单位的，如 IB0、QB1，也可位寻址，如 I0.0、Q0.1；模拟量模块的编址是以字为单位（以双字节为单位）的，如 AIW0、AQW2。

数字量扩展模块的地址分配从最靠近 CPU 模块的数字量模块开始，在本机数字量地址的基础上从左到右按字节连续递增，本模块高位实际位数未满 8 位的，未用位不能分配给 I/O 连接的后续模块；模拟量扩展模块的地址从最靠近 CPU 模块的模拟量模块开始，在本机模拟量地址的基础上从左到右按字递增。

例如，CPU224 扩展一个 4 入/4 出的数字量混合模块、一个 8 入的数字量模块和一个 4 入/1 出的模拟量混合模块 3 个扩展模块。第一个扩展模块的输入地址为 I2.0~I2.3，输出地址为 Q2.0~Q2.3；第二个扩展模块的输入地址为 I3.0~I3.7；第三个扩展模块的输入地址为 AIW0、AIW2、AIW4、AIW6，输出地址为 AQW0。CPU224 扩展模块的地址分配如图 4-7 所示。

图 4-7　CPU224 扩展模块的地址分配

2. S7-200 PLC CPU 的 I/O 接线

I/O 接口电路是 PLC 与被控对象间传递 I/O 信号的接口部件。各 I/O 点的通/断状态用发光二极管（LED）显示，外部接线一般接在 PLC 的接线端子上。

S7-200 CPU22X 主机的输入电路为直流双向光耦合输入电路，输出有继电器和晶体管两种类型。其中，CPU226 的主机有 24 个数字量输入点和 16 个数字量输出点，CPU226 的主机分为 CPU226 CN DC/DC/DC 和 CPU226 CN AC/DC/RELY。

1）CPU226 CN DC/DC/DC 接线

24 个数字量输入点分成两组：第一组由输入端子 I0.0~I0.7、I1.0~I1.4 共 13 个输入点组

成，每个外部输入的开关信号均由各输入端子接入，使用公共端 1M；第二组由输入端子 I1.5～I1.7、I2.0~-I2.7 共 11 个输入点组成，各输入端子的接线与第一组类似，公共端为 2M。16 个数字量输出点分成两组，分别以 1L+、2L+为公共端，只能以不同电压等级的直流电源为负载供电。PLC 由 24V 直流供电。CPU226 CN DC/DC/DC 的接线如图 4-8 所示。

图 4-8　CPU226 CN DC/DC/DC 的接线

　　2）CPU226 CN AC/DC/RELY 接线

　　24 个数字量输入点的分组情况跟 CPU226 CN DC/DC/DC 的相同，16 个数字量输出点分成三组：第一组由输出端子 Q0.0～Q0.3 共 4 个输出点与公共端 1L 组成；第二组由输出端子 Q0.4～Q0.7、Q1.0 共 5 个输出点与公共端 2L 组成；第三组由输出端子 Q1.1～Q1.7 共 7 个输出点与公共端 3L 组成。每个负载的一端与输出点相连，另一端经电源与公共端相连。各组之间可接入不同电压等级和不同电压性质的负载电源。CPU226 CN AC/DC/RELY 的接线如图 4-9 所示。

图 4-9　CPU226 CN AC/DC/RELY 的接线

　　继电器的输出方式既可带直流负载，也可带交流负载。负载的激励源由负载性质确定。输出端子排的右端 N、L1 端子是 CPU 供电电源 AC 120/240V 的输入端，该电源电压允许范围为 AC 85～264V。

【项目实施】

1．布线安装

按照布线工艺要求，根据图 4-9 进行 CPU226 CN AC/DC/RELY 的布线安装。

2．电路断电检查

（1）在断电的情况下，按图 4-9 从电源端开始，逐段核对接线及接线端子处是否正确，有无漏接、错接之处。

（2）用万用表检查电路的通断情况。

3．通电试车及故障排除

在指导教师现场监护及遵守安全规程的前提下，通电试车，按下输入按钮，观察 PLC 上对应的输入信号灯是否点亮。

【评定激励】

按以下标准开展小组自评、互评，成绩填入项目评分细则表，如表 4-9 所示，要求如下。

（1）在规定时间内按工艺要求完成安装接线，且通电试验成功。

（2）安装工艺应达到基本要求，线头长短应适当且接触良好。

（3）遵守安全规程，做到文明生产。

表 4-9　项目评分细则表

考核内容	配分	等级	评分细则	考评记录	得分
根据考核图进行线路安装	35 分	A	线路接线规范、步骤完全正确		
		B	不符合接线规范 1～2 处		
		C	不符合接线规范 3～4 处		
		D	线路接线错误或不会接线		
通电调试	35 分	A	通电调试结果完全正确		
		B	调试未达到要求，能自行修改，通电后结果基本正确		
		C	调试未达到要求，经提示 1 次后能修改，通电后结果基本正确		
		D	通电调试失败		
标准化作业	20 分	A	标准化作业规范，符合要求		
		B	不规范作业 1～2 处		
		C	不规范作业 3～4 处		
		D	不规范作业超过 5 处		
安全无事故发生	10 分	A	完全符合操作规程		
		B	操作基本规范		
		C	经提示后能规范操作		
		D	不符合操作规程		
总成绩					

思考与练习

（1）S7 系列 PLC 的硬件分为哪几类？用在什么场合？

（2）S7-200 PLC 的基本硬件组成有哪些？

（3）S7-200 PLC 的数据存储器分为哪几类？

（4）S7-200 PLC 的数据类型有哪些？

（5）S7-200 PLC 的寻址方式有哪些？

（6）S7-200 PLC 的间接寻址是如何操作的？

（7）S7-200 PLC 是如何进行 I/O 地址分配的？

（8）简述 CPU226 CN AC/DC/RELY 的接线方法。

STEP7-Micro/WIN32 编程软件使用

【项目目标】

STEP7-Micro/WIN32 是西门子公司专为 S7-200 PLC 研制开发的编程软件，是基于 Windows 的应用软件，功能强大，既可用于开发用户程序，又可实时监控用户程序的执行状态。本项目将学习该软件的安装、基本功能，以及应用编程软件进行编程、调试和运行监控的方法等内容。

【学习目标】

（1）了解 STEP7-Micro/WIN32 编程软件的安装过程。
（2）掌握 S7-200 PLC 与 PC 通信参数的设置。
（3）了解 S7-200 PLC 系统的工作方式，掌握其外部接线方法。
（4）学会程序的输入和编辑方法。
（5）初步了解程序调试步骤。

【相关知识】

STEP7-Micro/WIN32 编程软件的基本功能是协助用户完成应用软件的开发，主要可以实现以下功能。

（1）在脱机（离线）方式下创建用户程序，修改和编辑原有的用户程序。在脱机方式时，计算机与 PLC 断开连接，此时能完成大部分的基本功能，如编程、编译、调试和系统组态等，但所有的程序和参数都只能存放在计算机的磁盘上。

（2）在联机（在线）方式下可以对与计算机建立通信关系的 PLC 直接进行各种操作，如上载、下载用户程序和组态数据等。

（3）在编辑程序的过程中进行语法检查，可以避免一些语法错误和数据类型方面的错误。经语法检查后，梯形图中错误处的下方自动加红色波浪线，语句表的错误行前自动画上红色叉，且在错误处加上红色波浪线。

（4）对用户程序进行文档管理、加密处理等。

（5）设置 PLC 的工作方式、参数和运行监控等。

一、STEP7-Micro/WIN32 编程软件的安装

1. 系统要求

对运行 STEP7-Micro/WIN32 编程软件的计算机系统要求如下。

（1）计算机配置：IBM 486 以上的兼容机，内存 8MB 以上，VGA 显示器，至少 50MB 以

微课：软件安装与设置

上的硬盘空间。

（2）操作系统：Windows95 以上的操作系统。

2．软件安装

STEP7-Micro/WIN32 编程软件可以从西门子公司的网站上下载，也可以用光盘安装，安装步骤如下。

（1）双击 STEP7-Micro/WIN32 的安装程序 setup.exe，系统自动进入安装向导。

（2）在安装向导的帮助下完成软件的安装。软件安装路径可以使用默认的子目录，也可以使用"浏览"按钮，在弹出的对话框中任意选择或新建一个子目录。

（3）在安装过程中，若出现 PG/PC 接口对话框，则可单击"取消"按钮进行下一步。

（4）安装结束时，会出现下面的选项：

是，我现在要重新启动计算机（默认选项）；

否，我以后再启动计算机。

建议用户选择默认项，单击"完成"按钮，结束安装。

二、STEP7-Micro/WIN32 编程软件的主要功能介绍

1．主界面的各部分功能

STEP7-Micro/WIN32 编程软件的主界面一般可以分成几个区：标题栏、菜单条（包含 8 个主菜单项）、工具条（快捷按钮）、浏览条（快捷操作窗口）、指令树（快捷操作窗口）、输出窗口、状态条和用户窗口（可同时或分别打开 5 个用户窗口）等。STEP7-Micro/WIN32 软件主界面如图 5-1 所示。

图 5-1　STEP7-Micro/WIN32 软件主界面

除菜单条外，用户可以根据需要决定其他窗口的取舍和样式。

1）菜单条

在菜单条中共有 8 个主菜单项，各主菜单项的功能如下。

（1）文件（File）菜单项可以完成如新建、打开、关闭、保存文件、导入和导出、上传和下载程序、文件的页面设置、打印预览和打印设置等操作。

（2）编辑（Edit）菜单项提供编辑程序用的各种工具，如选择、剪切、复制、粘贴程序块或数据块的操作，以及查找、替换、插入、删除和快速光标定位等功能。

（3）检视（View）菜单项可以设置编程软件的开发环境，如打开和关闭其他辅助窗口（如引导窗口、指令树窗口、工具条按钮区），执行浏览条窗口的所有操作项目，选择不同语言的编程器（LAD、STL 或 FBD），设置 3 种程序编辑器的风格（如字体、指令盒的大小等）。

（4）PLC 菜单项用于实现与 PLC 联机时的操作，如改变 PLC 的工作方式、在线编译、清除程序和数据、查看 PLC 的信息、PLC 的类型选择和通信设置等。

（5）调试（Debug）菜单项用于联机调试。

（6）工具（Tools）菜单项可以调用复杂指令（如 PID 指令、NETR/NETW 指令和 HSC 指令），安装文本显示器 TD200，改变用户界面风格（如设置按钮及按钮样式、添加菜单项），用"选项"子菜单可以设置 3 种程序编辑器的风格（如语言模式、颜色等）。

（7）窗口（Windows）菜单项的功能是打开一个或多个窗口，并进行窗口间的切换，可以设置窗口的排放方式（如水平、垂直或层叠）。

（8）帮助（Help）菜单项可以方便地检索各种帮助信息，还可以提供网上查询功能，而且在软件操作过程中，可以随时按 F1 键来显示在线帮助。

2）工具条

将 STEP7-Micro/WIN32 编程软件中最常用的操作以按钮形式设定到工具条，提供简便的鼠标操作。可以用"检视"菜单项中的"工具"项来显示或隐藏 3 种按钮：标准、调试和指令。

3）浏览条

在编程过程中，浏览条提供窗口快速切换的功能，可以用"检视"菜单项中"框架"下的"浏览条"项来选择是否打开浏览条，用"指令树"窗口或"检视"菜单项中的选项也可以实现各编程窗口的切换。

浏览条包含"检视"和"工具"两个菜单项："工具"项包含指令向导、文本显示向导、EM235 控制面板、以太网向导、PID 调节控制面板等，可以对指令及相关 PLC 模块的应用进行配置；"检视"项下有以下 8 种组件。

（1）程序块（Program Block）由可以执行的程序代码和注释组成。程序代码由主程序（OB1）、可以选的子程序（SBR0）和中断程序（INT0）组成。

（2）符号表（Symbol Table）用来建立自定义符号与直接地址间的对应关系，并可以附加注释，用户可以使用具有实际意义的符号作为编程元件，增加程序的可读性。例如，若系统的停止按钮的输入地址是 I0.0，则可以在符号表中将 I0.0 的地址定义为 stop，这样梯形图所有地址为 I0.0 的编程元件都由 stop 代替。当编译后，将程序下载到 PLC 中时，所有的符号地址都将被转换成绝对地址。

（3）状态图（Status Chart）用于联机调试时监视各变量的状态和当前值，也称为状态表，只要在地址栏中写入变量地址，在数据格式栏中标明变量的类型，就可以在运行时监视这些变量的状态和当前值。

（4）数据块（Data Block）可以对变量寄存器 V 进行初始数据的赋值或修改，并可以附加必要的注释。

（5）系统块（System Block）主要用于系统组态。系统组态主要包括设置数字量或模拟量输入滤波、设置脉冲捕捉、配置输出表、定义存储器保持范围、设置密码和通信参数等。

（6）交叉引用（Cross Reference）可以提供交叉引用信息、字节使用情况和位使用情况信息，使 PLC 资源的使用情况一目了然。只有在程序编辑完成后，才能看到交叉引用表中的内容。在交叉引用表中双击某个操作数时，可以显示含有该操作数的那部分程序。

（7）通信（Communications）可以用来建立计算机与 PLC 之间的通信连接，以及通信参数的设置和修改。

（8）设置 PG/PC 接口。

在浏览条中单击"设置 PG/PC 接口"图标，将出现"PG/PC"接口对话框，此时可以安装或删除通信接口，检查各参数设置是否正确，其中波特率的默认值是 9600。

4）指令树

指令树提供编程所用到的所有命令和 PLC 指令的快捷操作。可以用"检视"菜单项中的"指令树"项来决定其是否打开。

5）输出窗口

输出窗口用来显示程序编译的结果信息，如各程序块的信息、编译结果有无错误、错误代码和位置等。

6）状态条

状态条也称为任务栏，用来显示软件执行情况，在编辑程序时显示光标所在的网络号、行号和列号，在运行程序时显示运行的状态、通信波特率、远程地址等信息。

7）程序编辑器

可以用梯形图、语句表或功能表图程序编辑器编写和修改用户程序。

8）局部变量表

每个程序块都对应一个局部变量表，在带参数的子程序调用中，参数的传递就通过局部变量表进行。

2．系统组态

1）数字量输入滤波

允许为部分或全部数字量输入点设置输入滤波。可以用"检视"→"组件"→"系统块"菜单下的"输入滤波器"项中的"数字量"标签进行设置，延时时间范围为 0.2~12.8ms，默认值为 6.4ms，如图 5-2 所示。

2）模拟量输入滤波

S7-200 CPU222、224 和 226 在模拟量输入信号变化缓慢的场合，可以对不同的模拟量输入选择软件滤波。可以用"检视"→"组件"→"系统块"菜单下的"输入滤波器"项中的"模拟量"标签进行设置，系统默认参数为模拟量输入点全部滤波、采样数为 64、死区值为 320，如图 5-3 所示。

图 5-2　数字量输入滤波

图 5-3　模拟量输入滤波

3）设置脉冲捕捉

若数字量输入点有一个持续时间小于扫描周期的脉冲，则 CPU 不能捕捉到此脉冲，S7-200 CPU 为每个主机数字量输入点提供脉冲捕捉功能。可以用"检视"→"组件"→"系统块" 菜单下的"脉冲捕捉位"项进行设置，如图 5-4 所示。

图 5-4　设置脉冲捕捉

4）数字量输出表的设置

可以在 RUN-to-STOP （运行至停止）转换后将数字量输出设置为安全状态，或者保持在 转换为 STOP（停止）模式之前存在的输出状态。数字量输出表是下载和存储到 S7-200 CPU 的系统块的一部分。可以用"检视"→"组件"→"系统块"菜单下"输出表"项中的"数字 量"标签进行设置。所有输出的默认状态为"关断"（0），勾选"将输出冻结在最后的状态" 复选框，就可以在 PLC 进行 RUN-to-STOP 转换时，将所有数字量输出冻结在其最后的状 态，如图 5-5 所示。否则，单击希望设置为"接通"（1）的每个输出的复选框，就可以在 PLC 进行 RUN-to-STOP 转换时，选中输出点的状态为 1，其他的状态为 0，如图 5-6 所示。CPU210 型号不支持输出表功能。

图 5-5　数字量输出表的设置 1　　　　　　　　图 5-6　数字量输出表的设置 2

　5）模拟量输出表的设置

　　可以在 RUN-to-STOP 转换后将模拟量输出设置为安全数值，或者保持在转换为 STOP（停止）模式之前存在的输出数值。模拟量输出表是下载和存储到 S7-200 CPU 的系统块的一部分。可以用"检视"→"组件"→"系统块"菜单下"输出表"项中的"模拟量"标签进行设置。所有输出的默认状态为"关断"（0），勾选"将输出冻结在最后的状态"复选框，就可以在 PLC 进行 RUN-to-STOP 转换时，将所有模拟量输出冻结在其最后的数值，如图 5-7 所示。否则，选中希望设置的模拟量，输入−32768～32767 中的某个数值，就可以在 PLC 进行 RUN-to-STOP 转换时，将模拟量输出设置为该数值，如图 5-8 所示。模拟量输出表只有 CPU224 和 CPU226 型号支持。

图 5-7　模拟量输出表的设置 1　　　　　　　　图 5-8　模拟量输出表的设置 2

　6）PLC 断电后的数据保持方式

　　CPU 用 EEPROM 保持用户程序、程序数据及 CPU 组态数据，用一个超级电容器，使 PLC 在掉电时保持整个 RAM 存储器中的信息。S7-200 PLC 还可以选用存储器卡保持用户程序。CPU 模块在 STOP 方式下，单击菜单"PLC"中的"存储卡编程"项就可以将用户程序、CPU 组态信息及 V、M、T、C 的当前值复制到存储器卡中。用"检视"→"组件"→"系统块"菜单下的"断电数据保持"项，可以选择 PLC 断电时希望保持的存储区，最多可以定义 6 个要保持的存储区范围，设置保持的存储区有 V、M、C 和 T。对于定时器，只能保持定时器 TONR，而且只能保持定时器和计数器的当前值，定时器位和计数器位不能保持，在上电时定时器位和计数器位均被消除。对于 M 存储区的前 14 个字节，系统默认设置为不保持。断电数据保持如图 5-9 所示。

图 5-9　断电数据保持

7）CPU 密码的设置

CPU 密码的设置默认是 1 级，相当于关闭了密码功能。CPU 密码的设置是在"系统块"对话框中，单击"密码"选项，首先选择适当的权限级别（如 2、3 级），须输入密码（密码不区分大小写）并确认密码，要使密码设置生效，必须先运行一次程序。若忘记了密码，则必须清除存储器，重新下载程序。CPU 密码的设置如图 5-10 所示。

图 5-10　CPU 密码的设置

三、STEP7-Micro/WIN32 编程软件的使用

1. 硬件连接

利用一根 PC/PPI（个人计算机点对点接口）电缆可建立 PC 与 PLC 之间的通信。这是一种单主站通信方式，不需要其他硬件，把 PC/PPI 电缆的 PC 端与计算机的 RS232 通信端口（COM1 或 COM2）连接，把 PC/PPI 电缆的 PPI 端与 PLC 的 RS485 通信端口连接即可。PC

与 PLC 的硬件连接如图 5-11 所示。

计算机

S7-200 CPU

RS232

RS485

PC/PPI电缆

图 5-11　PC 与 PLC 的硬件连接

微课：通信端
口设置

2. 通信参数的设置和修改

1) PC 端的 RS232 通信端口设置

在 PC 端的桌面上右击"我的电脑"，在快捷菜单中单击"设备管理器"，在"设备管理器"对话框中找到与 PLC 连接的计算机（如 COM1）并双击，在出现的新窗口中单击"端口设置"选项卡，然后进行通信参数的设置，如图 5-12 所示。

2) PLC 端的 RS485 通信端口设置

（1）在浏览条中单击"通信"图标，就会出现一个"通信"对话框，如图 5-13 所示，双击其中的"PC/PPI"电缆图标或单击"设置 PG/PC 接口"按钮，将出现"设置 PG/PC 接口"对话框，如图 5-14 所示，这时可安装或删除通信接口、设置检查通信接口参数等操作。

（2）设置好参数后，就可建立与 PLC 的通信联系。双击"通信"对话框中的"刷新"图标，STEP7-Micro/WIN32 将检查所有已连接的 S7-200 PLC 的 CPU 站（默认站地址为 2），并为每个站建立一个 CPU 图标。

（3）建立计算机与 PLC 的通信联系后，可设置 PLC 的通信参数。单击浏览条中"系统块"图标，将出现"系统块"对话框，单击"通信端口"选项，如图 5-15 所示，检查和修改各参数，注意要与 PC 端设置的参数一致。确认无误后，单击"确认"按钮。最后单击工具条中的"下载"按钮，即可把确认后的参数下载到 PLC 主机。

图 5-12　PC 端的 RS232 通信①端口设置

图 5-13　"通信"对话框

---

① 图中"通讯"的正确用法为"通信"。

图 5-14　"设置 PG/PC 接口"对话框

图 5-15　设置 PLC 的通信参数

3．基本设置

1）指令集和编辑器的选择

写程序之前，用户必须选择指令集和编辑器。

S7-200 PLC 支持的指令集有 SIMATIC 和 IEC1131-3 两种。SIMATIC 是专为 S7-200 PLC 设计的，专用性强，采用 SIMATIC 指令编写的程序执行时间短，可用语句表（STL）、梯形图（LAD）或功能块图（FBD）3 种编辑器。对"工具"→"选项"菜单中的"常规"项进行设置即可，也可通过"查看"菜单完成语句表、梯形图和功能块图 3 种编程语言（编辑器）之间的任意切换。

2）设定 PLC 类型

执行菜单命令"PLC"→"类型"→"读取 PLC"。

4．建立项目

一个项目包含程序块、数据块、系统块等。项目文件的来源有 3 个：新建项目文件、打开已有的项目文件和从 PLC 上载项目文件。

1）新建项目文件

可以用"文件"菜单中的"新建"项或工具条中的"新建"项新建一个项目文件。在新建项目文件的初始设置中，文件以"Project1（CPU221）"命名，CPU221 是系统默认的 PLC 的 CPU 型号。

2）打开已有的项目文件

可以用"文件"菜单中的"打开"项或工具条中的"打开"项打开已有的项目文件。

3）从 PLC 上载项目文件

可以用"文件"菜单中的"上载"项或工具条中的"上载"项或按快捷键组合 Ctrl+U 调出"上载"对话框，单击"选项"按钮，选中"程序块""系统块""数据块"等所需内容，若通信正常，单击"确定"按钮后，则会把保存在 PLC 中的用户程序、用户数据、系统设置等信息复制到当前打开的项目中。

5．编辑项目

指令树中一个项目文件包含 7 个相关的块（程序块、符号表、状态图、数据块、系统块、交叉索引及通信），其中程序块包含一个主程序（OB1）、一个可选的子程序（SBR_0）和一个中断服务程序（INT_0）。

建立项目之后，可以根据实际需要对项目文件的各个组成部分进行设置或修改。

1）程序块编辑

微课：输入和
编辑程序

主程序是唯一的、必不可少的，PLC 在每个扫描周期都会执行一次主程序。子程序和中断服务程序可以有 0 个或多个，需要时用"编辑"菜单中的"插入"→"子程序"或"插入"→"中断程序"项来生成。

双击指令树中当前项目下的程序块，列出所包含的各个程序块，想编辑哪个，就双击哪个，进入程序编辑器（显示在屏幕的右方），输入或编辑程序。

进入程序编辑器后，可以输入或修改程序。首先单击"查看"菜单的"语句表"或"梯形图"或"功能块图"选择编程语言。若选择语句表，则用键盘输入指令；若选择梯形图，则通过指令树或指令工具按钮输入指令。

以梯形图编辑器为例说明编辑过程，语句表和功能块图编辑器的操作类似。

（1）输入编程元件。

梯形图的编程元件（编程元素）主要有线圈、触点、指令盒、标号及连接线。输入方法：①在指令树窗口中双击要输入的指令，就可以在矩形光标处放置一个编程元件；②找到工具条上的指令按钮，如图 5-16 所示，单击触点、线圈或指令盒，从弹出的窗口下拉菜单所列出的指令中选择要输入的指令并单击即可。

图 5-16　工具条上的指令按钮

（2）插入和删除。

在编辑区右击要进行操作的位置，弹出如图 5-17 所示的下拉菜单，选择"插入"或"删除"项，弹出子菜单，单击要插入或删除的项，然后进行编辑。也可用菜单"编辑"中相应的"插入"或"删除"项完成相同的操作。

（3）符号表。

将梯形图中的直接地址编号用具有实际含义的符号代替。一种方法是在编程时使用直接地址（如 I0.0），然后打开符号表，编写与直接地址对应的符号（如与 I0.0 对应的符号为 start），编译后由软件自动转换名称；另一种方法是在编程时直接使用符号名称，然后打开符号表，编写与符号对应的直接地址，编译后得到相同的结果。

例如，打开指令树中的"符号表"→"用户定义 1"的符号表，设置 I0.1、I0.2 和 Q0.0 的符号地址为"长动""点动"和"电动机"，如图 5-18 所示。双击"主程序"项，执行菜单命令"查看"→"符号寻址"，切换主程序，是否显示符号地址。

图 5-17　插入和删除

图 5-18　符号表

2）数据块编辑

数据块包括局部变量与全局变量。程序中的每个 POU（Program Organizational Unit，程序组织单元）都有 64KB L 存储器组成的局部变量表。局部变量只在它被创建 POU 时有效，全局变量在各 POU 中均有效，但只能在全局变量表中做定义。

（1）局部变量的设置。

将光标移到编辑器的程序编辑区的上边缘，向下拖动上边缘，则自动出现局部变量表，此时可为子程序和中断服务程序设置局部变量。可进行如图 5-19 所示的局部变量设置。

微课：数据块编辑

（2）全局变量的设置。

数据块仅允许对 V 存储区进行数据初始值或 ASCII 字符赋值，可对 V 存储区的字节（V 或 VB）、字（VW）或双字（VD）赋值。注释（前面带双斜线//）是可选项。

数据块的第一行必须包含一个显性地址赋值（绝对或符号地址），其后的行可包含显性或隐性地址赋值。当在对单个地址键入多个数据值赋值，或者键入仅包含数据值的行时，编辑器会自动进行隐性地址赋值。编辑器根据先前的地址分配及数据值大小（字节、字或双字）指定适当的 V 存储区数量。

数据块编辑器是一种自由格式的文本编辑器，对特定类型的信息没有规定具体的输入域。键入一行后，按 Enter 键，数据块编辑器自动格式化行（对齐地址列、数据、注释；大写 V 存储区地址标志），并重新显示行。数据块编辑器接受大小写字母，并允许使用逗号、制表符或空格作为地址和数据值之间的分隔符。

在完成一个赋值行后按 Ctrl+Enter 组合键，会令地址自动增加至下一个可用地址。

方法：双击"数据块"→"用户定义 1"，进入全局变量表，输入"VB100 5，6，220"分别对 VB0、VB1、VB2 三个字节单元赋值，如图 5-20 所示。

3）系统块编辑

系统块可用于配置 S7-200 CPU 选项。

使用下列方法之一查看和编辑系统块，设置 CPU 选项。

（1）单击浏览条中的"系统块"选项。

（2）选择"查看"→"组件"→"系统块"菜单命令。

（3）打开指令树中的"系统块"文件夹，然后打开某配置页。

图 5-19　局部变量设置　　　　　　　　　　图 5-20　全局变量设置

当项目的 CPU 类型和版本能够支持特定选项时，这些系统块配置选项将被启用。

在下载或上载系统块之前，必须成功建立 PC（STEP 7-Micro/WIN32 的位置）与 CPU 之间的通信。然后即可下载一个修改的系统块，以便为 CPU 提供新系统配置，也可从 CPU 上载一个现有系统块，以便使 STEP 7-Micro/WIN32 项目配置与 CPU 相匹配。

单击系统块树上分支即可修改项目配置。

4）注释

PLC 程序的每个 POU 都可以有自己的程序注释，程序中的每个网络又可以有自己的网络标题和网络注释。单击"查看"→"POU 注释"或"查看"→"网络注释"，可打开或关闭相关的注释文本框，若已打开，则可在相应文本框外键入所需内容，即可添加标题或注释，如图 5-21 所示。

6．程序的编译

程序编辑完成后，可用菜单"PLC"中的"编译"项进行离线编译，编译结束后输出窗口会显示程序中语法错误的数量、各条错误的原因和错误在程序中的位置。双击输出窗口中的某条错误，程序编辑器中的矩形光标将会移到程序中该错误所在的位置。必须改正程序中的所有错误，编译成功后才能下载程序。

图 5-21　添加标题或注释

7．程序的下载和清除

下载程序之前，PLC 应处于停止状态。单击工具栏中的"停止"项，或者选择菜单命令"PLC"中的"停止"项，可以进入停止状态。若不在停止状态，则可将 CPU 模块上的方式开关扳到停止位置。

为了使下载的程序能正确执行，下载前必须将 PLC 存储器中的原程序清除。清除方法：单击菜单"PLC"中的"清除"，会出现清除对话框，选择"清除全部"选项即可。

8．程序的调试与监控

在运行 STEP 7-Micro/WIN 32 编程设备和 PLC 之间建立通信并向 PLC 下载程序后，便可运行程序、收集状态进行监控和调试程序。

1）选择工作方式

PLC 有运行和停止两种工作方式。在不同的工作方式下，PLC 进行调试的操作方法也不同。单击工具栏中的"运行"或"停止"选项可以进入相应的工作方式。

当选择停止工作方式时，PLC 进行调试的操作方法如下。

（1）使用图状态或程序状态监视操作数的当前值。因为程序未执行，所以这个步骤等同于执行"单次读取"。

（2）可以使用图状态或程序状态强制输入。使用图状态写入数值。

（3）写入或强制输出。

（4）执行有限次扫描，并通过图状态或程序状态观察结果。

当选择运行工作方式时，PLC 进行调试的操作方法如下。

（1）使用图状态收集 PLC 数据值的连续更新。若希望使用单次更新，则图状态必须关闭，才能使用"单次读取"命令。

（2）使用程序状态收集 PLC 数据值的连续更新。使用运行工作方式中的"程序编辑"编辑程序，并将改动下载至 PLC。

2）程序状态

（1）启动程序状态。

单击"程序状态监控"选项或选择菜单命令中的"调试"→"开始程序状态监控"，在梯形图中显示各元件的状态。进入"程序状态"的梯形图后，用彩色块表示位操作数的线圈得电或触点闭合状态。

在菜单命令"工具"→"选项"打开的窗口中，可设置梯形图中功能块的大小、显示的方式和彩色块的颜色等。

（2）用程序状态模拟进程条件。

① 写入操作数，直接单击操作数，然后右击操作数，并从弹出菜单中选择"写入"选项。

② 强制单个操作数，直接右击操作数。

③ 单个操作数取消强制，直接右击操作数。

④ 强制数值全部取消强制，从"调试"工具条中单击"全部取消强制"图标。

（3）识别强制图标。

① 黄色锁定图标表示显示强制，即该数值已经被"明确"或直接强制为当前正在显示的数值。

② 灰色隐去锁定图标表示隐含强制，即该数值已经被"隐含"强制，不对地址进行直接

强制，但内存区落入另一个被明确强制的较大区域中。例如，若 VW0 被显示强制，则 VB0 和 VB1 被隐含强制，因为它们包含在 VW0 中。

③ 半块图标表示部分强制。例如，若 VB1 被明确强制，则 VW0 被部分强制，因为其中的一个字节 VB1 被强制。

3）状态表

将程序下载至 PLC 之后，通过状态表可以监控和调试程序操作。可以建立一个或多个状态表，打开状态表可以查看或编辑表中的内容。启动状态表监控，就可以采集状态信息。

（1）状态表的两种方式。

在控制程序的执行过程中，状态表中数据的动态改变可以用两种不同方式查看。

① 表状态。

在一个表格中显示状态数据：每行指定一个要监视的 PLC 数据值，可以指定存储区地址、格式、当前值及新值（如果使用写入命令）。

② 趋势图显示。

用随时间而变的 PLC 数据绘图跟踪状态数据，可以对现有的状态表在表格视图和趋势视图之间切换（使用右键快捷菜单）。新的趋势数据也可以在趋势视图中直接赋值。

（2）状态表的操作。

① 打开状态表。

单击浏览条中的"状态表"选项或选择"查看"→"组件"→"状态表"菜单命令。

微课：使用状态表

② 状态表的创建和编辑。

增加希望监控的 PLC 数据地址。将所关心的程序数据（操作数）放在"地址"列中，并为"格式"列中的每个数据选择数据类型，以"建立"一个状态表。

③ 状态表的启动与监控。

打开状态表并不意味着自动开始查看状态。必须启动状态表监控，才能采集状态信息。若 PLC 位于运行模式，则程序在连续扫描的状况下执行。可以启动状态表监控，连续更新状态表数值，还可以使用"单次读取"功能，采集状态表数值的单个"快照"。可以使用以下方法启动在状态表中载入 PLC 数据的通信。

（I）要连续采集状态表信息，可以开启状态表：使用菜单命令"调试"→"状态表监控"（或使用工具栏中的"状态表监控"选项。

（II）要获得单个数值的"快照"，可以使用"单次读取"功能：使用菜单命令"调试"→"单次读取"（或使用工具栏中的"单次读取"）。但是，若已经开启状态表监控，则"单次读取"功能被禁止。

4）执行有限次扫描

可以指定 PLC 对程序执行有限次扫描（1～65535 次扫描），通过指定 PLC 运行的扫描次数，可以监控程序过程中变量的改变。当第一次扫描时，SM0.1 数值为 1。

（1）执行单次扫描。

单次扫描使 PLC 从停止转变成运行。执行单次扫描，然后转回停止，与第一次相关的状态信息不会消失。操作步骤如下。

① PLC 必须位于停止模式。若不在停止模式，则将 PLC 转换成停止模式。

② 使用菜单"调试"→"首次扫描"。

（2）执行多次扫描。

PLC 必须位于停止模式。若在运行模式，则将 PLC 转换成停止模式。

① 使用菜单"调试"→"多次扫描"→出现"执行扫描"对话框。

② 输入所需的扫描次数数值，单击"确定"。

5）交叉引用

（1）交叉引用表的作用及分类。

交叉引用表的形式有以下 3 种。

① 交叉引用表。

当希望了解程序中是否已经使用和在何处使用某个符号名或存储区赋值时，可以使用交叉引用表。交叉引用表可以识别在程序中使用的全部操作数，并指出 POU、网络或行位置，以及每次使用的操作数指令上下文。必须编译程序才能查看交叉引用表。

② 字节使用表。

允许查看程序中使用了哪些字节及在哪些存储区使用，还可以帮助识别重复赋值错误。

③ 位使用表。

允许查看程序中已经使用的存储区地址，可以精确至位级别，还可以帮助识别重复赋值错误。

在字节使用表或位使用表中，b 表示已经指定一个存储区位；B 表示已经指定一个存储区字节；W 表示已经指定一个字（16 位）；D 表示已经指定一个双字（32 位）；X 表示定时器和计数器。

（2）查看交叉引用。

可以使用下列一种方法查看交叉引用。

① 选择菜单命令"查看"→"交叉引用"。

② 单击浏览条中的"交叉引用"选项。

③ 打开指令树中的"交叉引用"文件夹，然后双击某参考或使用图标。

要访问交叉引用表、字节使用表或位使用表，需要单击位于"交叉引用"窗口底部的适当标签。

9. 项目管理

1）打印

（1）打印程序和项目文档的方法。

单击"打印"按钮，选择菜单命令"文件"→"打印"，或者按 Ctrl+P 快捷组合键。

（2）打印单个项目元件网络和行。

例如，仅选择"打印内容 / 顺序"下方的"符号表"复选框及"范围"下方的"用户定义 1"复选框，定义打印范围为 6～20；或者在符号表中增亮 6～20 行，并单击"打印"按钮。

2）复制项目

STEP 7-Micro/WIN 32 项目可以复制文本或数据域、指令、单个网络、多个相邻的网络、POU 中的所有网络、状态图行或列或整个状态图、符号表行或列或整个符号表、数据块。

3）导入文件

从 STEP 7-Micro/WIN 32 之外导入程序，可以使用"导入"命令导入 ASCII 文本文件（内含 PLC 程序）。"导入"命令不允许导入数据块。打开新的或现有的项目，才能使用"文件"→

"导入"命令 。

4）导出文件

将程序导出到 STEP 7-Micro/WIN 32 之外的编辑器，可以使用"导出"命令创建 ASCII 文本文件。默认文件扩展名为".awl"，可以指定任何文件名称。程序只有成功通过编译才能执行"导出"操作。"导出"命令不允许导出数据块。只有打开一个新项目或旧项目，才能使用"导出"命令。

使用"导出"命令按下列方法导出现有 POU（主程序、子例行程序和中断例行程序）。

（1）若导出 OB1（主程序），则所有现有项目 POU 均作为 ASCII 文本文件组合和导出。

（2）导出子例行程序或中断例行程序，当前打开编辑的单个 POU 作为 ASCII 文本文件导出。

【项目实施】

1. 布线安装

在断电的情况下，按照布线工艺要求，进行 PLC 的布线安装。PLC 的外部接线图可以参考图 5-22。PLC 输出量的状态用各输出点对应的 LED 来观察，在调试程序时，一般可以不接实际的外部负载。用编程电缆连接 PLC 和计算机的串行通信接口。

2. 电路断电检查

（1）在断电的情况下，按图 5-22 从电源端开始，逐段核对接线及接线端子处有无漏接、错接之处。

图 5-22　电动机单向运行控制

（2）用万用表检查电路的通断情况。

3. 通电试车及故障排除

在指导教师现场监护及遵守安全规程的前提下，通电试车，按下输入按钮，观察 PLC 上对应的输入信号灯是否点亮。若硬件接线没有问题，则进入下一步。

4. 编程的准备工作

（1）打开 STEP7-Micro/WIN32 编程软件，单击工具条上最左边的"新建项目"图标，生成一个新的项目。

（2）执行菜单命令"PLC"→"类型"，设置 PLC 的型号。设置通信参数，建立计算机与 PLC 的通信连接。

（3）执行菜单命令"工具"→"选项"，在"一般"对话框的"一般"选项卡中，选择 SIMATIC 指令集和"国际"助记符集，将梯形图编辑器设置为默认的程序编辑器。

5. 编程软件的使用练习

（1）用"查看"菜单选择梯形图语言，在主程序 OB1 中输入图 5-22 所示的梯形图程序。可以故意输入错误的参数，在错误参数的下面将会出现提醒操作者注意的红色波浪线。改正错误后，波浪线消失。

（2）单击工具条中的"编译"或"全部编译"按钮，编译输入的程序。若程序没有错误，则显示"0 错误"。否则，改正程序中的错误后才能下载程序。在下载用户程序之前，编程软件将首先自动执行编译操作。

（3）编译成功后，双击指令树中的"交叉引用"图标，观察出现的交叉引用表。

（4）打开指令树中的"符号表"文件夹中名为"用户定义 1"的符号表，如图 5-23 所示，设置 I0.1、I0.2 和 Q0.0 符号地址为"启动""停止"和"电动机"。执行菜单命令"查看"→"符号表"→"将符号应用于项目"，如图 5-24 所示。然后执行菜单命令"查看"→"符号寻址"，可以切换到显示符号地址。

图 5-23　符号表

图 5-24　显示符号地址

（5）下载程序与调试程序。计算机与 PLC 建立连接后，将 CPU 模块上的模式开关放在 RUN 位置，单击工具条中的"下载"按钮，在下载对话框中单击"选项"按钮，选择要下载的块，一般只下载程序块。单击"下载"按钮，开始下载。

下载成功后，单击"运行"按钮，"RUN"LED 亮，用户程序开始运行。断开数字量输入的全部输入开关，CPU 模块上输入侧的 LED 全部熄灭。用接在端子 I0.1 和 I0.2 的开关模拟启动按钮和停止按钮的操作，将开关接通后马上断开。通过观察各输出点对应的 LED 的状态变化，了解程序的执行情况。

（6）用程序状态功能调试程序。在程序编辑器中，单击工具条上的"程序状态监控"按钮，用外接的小开关改变各输入点的状态，观察梯形图中有关的触点、线圈当前值的变化，如图 5-25 所示。执行菜单命令"查看"→"STL"，切换到语句表显示方式，在运行模式下单击"程序状态监控"按钮，改变输入信号，观察各变量的状态变化，如图 5-26 所示。

图 5-25　梯形图程序的状态监控　　　　　　　图 5-26　语句表程序的状态监控

（7）用状态表调试程序。打开指令树中"状态表"中的"用户定义 1"，在状态表中输入 I0.1、I0.2 和 Q0.0，以及二进制格式的 IB0、QB0，单击工具条上的"状态表监控"按钮，启动监控功能，用外接的小开关模拟各输入点的状态，改变开关的状态，观察状态表中有关元件状态的变化，如图 5-27 所示。通过监控，分析程序的执行是否正确，发现问题，然后改正、重新下载、运行、监控。

图 5-27　状态表监控

【评定激励】

按以下标准开展小组自评、互评，成绩填入项目评分细则表，如表 5-1 所示。

表 5-1　项目评分细则表

考核内容	配分	考核要求	扣分标准	扣分记录	得分
设备安装	30 分	能正确与 PC 相连	（1）PLC 接线错误，扣 10 分 （2）通信端口连接错误，扣 10 分 （3）通信波特率设置错误，扣 10 分		
程序编辑	30 分	（1）正确输入梯形图 （2）会进行程序编辑 （3）正确保存文件	（1）输入梯形图错误，每处扣 2 分 （2）保存文件错误，扣 4 分		
运行操作	30 分	（1）运行系统，分析操作结果 （2）正确监控梯形图	（1）系统通电操作错误，每处扣 3 分 （2）分析操作结果错误，每处扣 2 分 （3）监控梯形图错误，扣 10 分		
安全、文明工作	10 分	（1）安全用电，无人为损坏仪器、元件和设备 （2）保持环境整洁，秩序井然，操作习惯良好 （3）小组成员协作和谐，态度正确 （4）不迟到、不早退、不旷课	（1）发生安全事故，扣 10 分 （2）人为损坏设备、元器件，扣 10 分 （3）现场不整洁、工作不文明、团队不协作，扣 5 分 （4）不遵守考勤制度，每次扣 2~5 分		
总成绩					

项目名称：STEP 7-Micro/WIN32 编程软件使用　　　组别：

思考与练习

（1）如何建立项目？

（2）如何下载程序？

（3）如何在程序编辑器中显示程序状态？

（4）如何建立状态表？

（5）如何执行有限次扫描？

（6）如何打开交叉引用表？交叉引用表的作用是什么？

（7）如何将编程软件的语言设置为中文？

（8）如何进行 PPI 通信电缆的连接与通信参数的设置？

（9）程序状态监控和状态表监控有什么作用，在什么场合下使用？

（10）强制有什么作用？

（11）如何进行 PLC 断电数据保持的设置？

第二单元　PLC 的基本应用

项目六

三相异步电动机的单向点动与自锁混合控制

■【项目目标】

用 S7-200 PLC 实现三相异步电动机的单向点动与自锁混合控制，运用 STEP7-Micro/WIN32 软件对单向运行控制系统进行联机调试。

■【学习目标】

（1）掌握触点指令与线圈指令的用法。
（2）掌握 PLC 的接线方法。
（3）掌握继电器电路转换法建立控制系统的方法。
（4）熟练运用 S7-200 PLC 的编程软件 STEP7-Micro/WIN32 进行程序的下载与调试。
（5）学会利用 PLC 程序仿真软件进行 PLC 程序仿真调试。

■【相关知识】

一、标准触点与输出指令

触点指令与线圈指令属于位逻辑指令。位逻辑指令在语句表中是指对位存储单元的简单逻辑运算，在梯形图中是指对触点的简单连接和对标准线圈的输出。

PLC 的程序从计算机语言的角度进行理解可写成语句表形式。当然还可写成其他形式，本书主要使用以上两种形式。

一般来说，语句表更适合熟悉 PLC 和逻辑编程方面有经验的编程人员，用语句表可写出梯形图或功能框图无法实现的程序。

1. 标准触点指令

S7-200 系列的标准触点指令如表 6-1 所示。

微课：标准触
点指令

表 6-1　S7-200 系列的标准触点指令

指 令 名 称	语句表形式	梯形图形式	功　　能	操 作 数
取	LD　bit	⊢ bit ⊣├	读入逻辑行或电路块的第一个常开接点	bit: 为 I，Q，M，SM，T，C，V，S 型
取反	LDN　bit	⊢ bit ⊣/├	读入逻辑行或电路块的第一个常闭接点	
与	A　bit	I0.0　bit	串联一个常开接点	
与非	AN　bit	I0.0　bit	串联一个常闭接点	bit: 为 I，Q，M，SM，T，C，V，S 型
或	O　bit	I0.0 / bit	并联一个常开接点	
或非	ON　bit	I0.0 / bit	并联一个常闭接点	

对于表 6-1 中的 bit，它是 PLC 内部的编程元件。如果以梯形图的形式编程，那么它可以理解为 PLC 内部的继电器。当地址是 bit 的继电器线圈有电时，继电器常开触点闭合、常闭触点断开。如果以语句表的形式编程，那么它可以理解为 PLC 内部的存储位。当地址是 bit 的存储位的值为 1 时，相当于相应的继电器线圈有电，值为 0 时则相当于无电。PLC 本质上是按语句表的逻辑来运行程序的，执行过程中要用堆栈。PLC 中的堆栈与计算机中的堆栈结构相同，堆栈是一组能够存储和取出数据的暂时存储单元。堆栈的存取特点是"后进先出"，S7-200 PLC 的主机逻辑堆栈结构如表 6-2 所示。

表 6-2　S7-200 PLC 的主机逻辑堆栈结构

S0	STACK0	第 1 个堆栈（栈顶）
S1	STACK1	第 2 个堆栈
S2	STACK2	第 3 个堆栈
S3	STACK3	第 4 个堆栈
S4	STACK4	第 5 个堆栈
S5	STACK5	第 6 个堆栈
S6	STACK6	第 7 个堆栈
S7	STACK7	第 8 个堆栈
S8	STACK8	第 9 个堆栈

例如，程序 LD I0.1，A I0.2。先执行 LD I0.1，再执行 A I0.2。若 I0.1 的值为 1，则执行 LD I0.1，就是将 I0.1 的值装入栈顶，如表 6-3 所示。若 I0.2 的值为 0，则执行 A I0.2，就是将 I0.2 的值与原栈顶值做与运算，指令的执行结果放入栈顶，代替原值，如表 6-4 所示。或运算指令是与原栈顶值做或运算，指令的执行结果同样放入栈顶，过程是相似的。

表 6-3　指令 LD I0.1 的执行

名　　称	执 行 前	执 行 后	说　　明
STACK0	S0	1	
STACK1	S1	S0	
STACK2	S2	S1	
STACK3	S3	S2	新值 I0.1=1 装入堆栈，原值依次下移一个单元，S8 丢失
STACK4	S4	S3	
STACK5	S5	S4	
STACK6	S6	S5	
STACK7	S7	S6	
STACK8	S8	S7	

表 6-4　指令 A I0.2 的执行

名　　称	执 行 前	执 行 后	说　　明
STACK0	1	0	
STACK1	S1	S1	
STACK2	S2	S2	将 I0.2 的值 0 与原栈顶值 1 做与运算，指令的执行结果 0 代替原栈顶值
STACK3	S3	S3	
STACK4	S4	S4	
STACK5	S5	S5	
STACK6	S6	S6	
STACK7	S7	S7	
STACK8	S8	S8	

2．输出指令

S7-200 系列的输出指令如表 6-5 所示。

表 6-5　S7-200 系列的输出指令

指 令 名 称	语句表形式	梯形图形式	功　　能	操 作 数
输出	= bit	bit —( )	输出逻辑行的运算结果	bit：Q，M，SM，T，C，V，S（立即指令时只能为 Q）
置位	S bit，N	bit —(S) N	置继电器状态为接通	bit：Q，M，SM，V，S（立即指令时只能为 Q）
复位	R bit，N	bit —(R) N	使继电器复位为断开	

1）输出

写成（）或= ，例如，程序 LD I0.0 = Q0.1，当 I0.0 为 1 时，Q0.1 线圈有电，也就是输出映像寄存器 Q0.1=1。

2）置位和复位

置位即置 1，复位即置 0。置位和复位指令可以将位存储区的某位开始的一个或多个（最多可达 255 个）同类存储器位置 1 或置 0。这两条指令在使用时须指明 3 点：操作性质、开始位和位的数量。

（1）S——置位指令。

将位存储区的指定位（位 bit）开始的 N 个同类存储器位置位。

（2）R——复位指令。

将位存储区的指定位（位 bit）开始的 N 个同类存储器位复位。当使用复位指令时，若是对定时器 T 位或计数器 C 位进行复位，则定时器位或计数器位被复位，同时，定时器或计数器的当前值被清零。

微课：置位和复位指令

程序及结果如图 6-1 所示。PLC 循环扫描执行程序，若本次执行这段程序时，I0.1 常开触点闭合，则指令 S Q0.3,1 得以执行，Q0.3 的值置位为 1；若下次执行程序时，I0.1 常开触点断开，则指令 S Q0.3,1 不执行，那么 I0.1 对 Q0.3 无影响，Q0.3 的值仍为 1，所以置位指令有自锁（保持）功能，复位指令也一样。

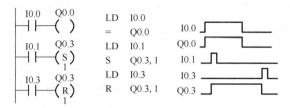

图 6-1　程序及结果

3．立即指令

S7-200 PLC 的立即指令如表 6-6 所示。

表 6-6　S7-200 PLC 的立即指令

指 令 名 称	语句表形式	梯形图形式	功　　能	操　作　数
取	LDI bit	⊢ I ⊢ bit	读入逻辑行或电路块的第一个常开接点	bit：只能为 I 型，如 LDI I0.0
取反	LDNI bit	⊢ /I ⊢ bit	读入逻辑行或电路块的第一个常闭接点	
与	AI bit	⊢ I0.0 ⊢ I ⊢ bit	串联一个常开接点	
与非	ANI bit	⊢ I0.0 ⊢ /I ⊢ bit	串联一个常闭接点	bit：只能为 I 型，如 LDI I0.0
或	OI bit	I0.0 / I bit	并联一个常开接点	
或非	ONI bit	I0.0 / /I bit	并联一个常闭接点	
输出	=I bit	─(I) bit	输出逻辑行的运算结果	
置位	SI bit，N	─(SI) bit N	置继电器状态为接通	bit：只能为 Q 型，如 SI Q0.5,1
复位	RI bit，N	─(RI) bit N	使继电器复位为断开	

1）立即触点指令

立即触点指令只能用于输入触点，执行立即读入物理输入点的值，根据该值决定触点的接通/断开状态，但是并不更新该物理输入点对应的映像寄存器。

2）=I——立即输出指令

在执行立即输出指令时，结果会立即复制到物理输出点和相应的输出映像寄存器。例如，程序 LD I0.0 = Q0.1，当 I0.0 为 1 时，Q0.1 线圈有电，也就是输出映像寄存器 Q0.1=1，同时，在 Q0.1 的输出端立即产生有效输出。

3）SI——立即置位指令

用立即置位指令访问输出点时，从指令所指出的位（bit）开始的 N 个（最多为 128 个）物理输出点被立即置位，同时，相应的输出映像寄存器的内容也被刷新。

注意：bit 只能是 Q 类型。

4）RI——立即复位指令

用立即复位指令访问输出点时，从指令所指出的位（bit）开始的 N 个（最多为 128 个）物理输出点被立即复位，同时，相应的输出映像寄存器的内容也被刷新。

注意：bit 只能是 Q 类型，同 SI 指令。

立即 I/O 指令是直接访问物理 I/O 点的，比一般指令访问 I/O 映像寄存器占用 CPU 时间要长，因此不能盲目地使用立即 I/O 指令，否则，会加长扫描周期时间，反而对系统造成不利影响。

微课：其他指令

4．取反及跳变指令

S7-200 系列的取反及跳变指令如表 6-7 所示。

表 6-7　S7-200 系列的取反及跳变指令

指 令 名 称	语句表形式	梯形图形式	功　能
取反	NOT	—|NOT|—	当能流到达取反触点时，能流停止；当能流未到达取反触点时，能流通过
正跳变指令	EU	—| P |—	每次检测到正跳变信号后，让能流通过一个扫描周期的时间
负跳变指令	ED	—| N |—	每次检测到负跳变信号后，让能流通过一个扫描周期的时间

1）取反

取反触点将它左侧电路的逻辑运算结果取反，运算结果若为 1 则变为 0，运算结果若为 0 则变为 1。由于运算结果在栈顶，因此相当于对栈顶值取反。

从继电器（或能流）的角度看，能流到达该触点时即停止，若能流未到达该触点，则该触点给右侧供给能流。

2）正跳变指令

正跳变触点-|P|-检测到左边的逻辑运算结果的一次正跳变（触点的左边输入信号由 0 变为 1），触点接通一个扫描周期。

3）负跳变指令

负跳变触点-|N|-检测到左边的逻辑运算结果的一次负跳变（触点的左边输入信号由 1 变为 0），触点接通一个扫描周期。

程序及结果如图 6-2 所示。

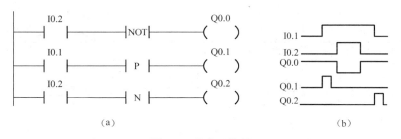

图 6-2　程序及结果

例如，某台设备有两台电动机 M1 和 M2，其交流接触器分别连接 PLC 的输出继电器 Q0.1 和 Q0.2，总启动按钮使用常开按钮，接输入继电器 I0.0 端口，总停止按钮使用常闭按钮，接输入继电器 I0.1 端口。为了减小两台电动机同时启动对供电电路的影响，M2 稍微延迟片刻启动。

控制要求：当按下启动按钮时，M1 立即启动；当松开启动按钮时，M2 才启动；当按下停止按钮时，M1、M2 同时停止。电动机控制程序如图 6-3 所示。电动机控制程序的时序图如图 6-4 所示。

图 6-3　电动机控制程序

图 6-4　电动机控制程序的时序图

二、复杂逻辑指令

复杂逻辑指令没有梯形图形式，只有语句表形式，一般在梯形图形式中体现不出来，但是在把梯形图形式的程序写成语句表形式的程序时就要用到复杂逻辑指令。由于 PLC 本质上是按语句表形式的逻辑来运行的，因此有必要理解复杂逻辑指令的特点，并掌握其用法。

1. 栈装载与指令

ALD：栈装载与指令（与块），在梯形图中用于将电路块进行串联连接。

ALD 的执行如表 6-8 所示。

2. 栈装载或指令

OLD：栈装载或指令（或块），串联电路块（两个以上触点串联形成的支路称为串联电路块）的并联连接。OLD 不需要地址，它相当于要并联的两块电路右端的一段垂直连线。

OLD 的执行如表 6-9 所示。

表6-8 ALD 的执行

名　称	执行前	执行后	说　明
STACK0	1	0	假设执行前，S0=1，S1=0。本指令对堆栈中的第一层S0和第二层S1的值进行逻辑与运算，结果放回栈顶，即S0=S0×S1=1×0=0。执行完本指令后堆栈串行上移1格，深度减1
STACK1	0	S2	
STACK2	S2	S3	
STACK3	S3	S4	
STACK4	S4	S5	
STACK5	S5	S6	
STACK6	S6	S7	
STACK7	S7	S8	
STACK8	S8	X	

表6-9 OLD 的执行

名　称	执行前	执行后	说　明
STACK0	1	1	假设执行前，S0=1，S1=0。本指令对堆栈中的第一层S0和第二层S1的值进行逻辑或运算，结果放回栈顶，即S0=S0+S1=1+0=1。执行完本指令后堆栈串行上移1格，深度减1
STACK1	0	S2	
STACK2	S2	S3	
STACK3	S3	S4	
STACK4	S4	S5	
STACK5	S5	S6	
STACK6	S6	S7	
STACK7	S7	S8	
STACK8	S8	X	

3．逻辑推入栈指令

LPS：逻辑推入栈指令（分支或主控指令），在梯形图的分支结构中，用于生成一条新的母线，当左侧为主控逻辑块时，第一个完整的逻辑行从此处开始。

注意：在使用LPS时，LPS为分支的开始，后面必须有分支结束指令LPP，即LPS与LPP必须成对出现。

LPS的执行如表6-10所示。

4．逻辑弹出栈指令

LPP：逻辑弹出栈指令（分支结束或主控复位指令），在梯形图的分支结构中，用于将LPS生成的新母线进行恢复。

注意：在使用LPP时，LPP必须出现在LPS的后面，与LPS成对出现。

LPP的执行如表6-11所示。

表6-10 LPS 的执行

名　称	执行前	执行后	说　明
STACK0	1	1	假设执行前，S0=1。本指令对堆栈中的栈顶S0进行复制，并将这个复制值由栈顶压入堆栈。执行完本指令后堆栈串行下移1格，深度加1，原来的栈底S8内容将自动丢失
STACK1	S1	1	
STACK2	S2	S1	
STACK3	S3	S2	
STACK4	S4	S3	
STACK5	S5	S4	
STACK6	S6	S5	
STACK7	S7	S6	
STACK8	S8	S7	

表6-11 LPP 的执行

名　称	执行前	执行后	说　明
STACK0	0	1	假设执行前，S0=0，S1=1。本指令将堆栈中的栈顶S0弹出，则第二层S1的值上升进入栈顶，即S0=S1=1。执行完本指令后堆栈串行上移1格，深度减1，栈底S8内容将生成一个随机值
STACK1	1	S1	
STACK2	S1	S2	
STACK3	S2	S3	
STACK4	S3	S4	
STACK5	S4	S5	
STACK6	S5	S6	
STACK7	S6	S7	
STACK8	S7	X	

5．逻辑读栈指令

LRD：逻辑读栈指令，在梯形图的分支结构中，当左侧为主控逻辑块时，从第二个逻辑块开始，后边更多的是从逻辑块。

LRD的执行如表6-12所示。

6．装入堆栈指令

LDS：装入堆栈指令，本指令在编程时较少使用。

指令格式：LDS n（n 为 0~8 的整数），如 LDS 4。

LDS 的执行如表 6-13 所示。

表 6-12 LRD 的执行

名　　称	执行前	执行后	说　　明
STACK0	1	0	假设执行前，S0=1，S1=0。本指令将堆栈中的第二层 S1 的值进行复制，然后将这个复制值放入栈顶 S0，本指令不对堆栈进行压入和弹出操作，即 S0=S1=0。执行完本指令后堆栈不串行上移或下移，除栈顶值之外，其他部分的值不变
STACK1	0	0	
STACK2	S2	S2	
STACK3	S3	S3	
STACK4	S4	S4	
STACK5	S5	S5	
STACK6	S6	S6	
STACK7	S7	S7	
STACK8	S8	S8	

表 6-13 LDS 的执行

名　　称	执行前	执行后	说　　明
STACK0	1	0	假设执行前，S0=1，S4=0。本指令将堆栈中的第 5 层 S4 的值进行复制，并将这个复制值由栈顶压入堆栈，即 S0=S4=0。执行完本指令后堆栈串行下移 1 格，深度加 1，原来的栈底 S8 内容将自动丢失
STACK1	S1	1	
STACK2	S2	S1	
STACK3	S3	S2	
STACK4	0	S3	
STACK5	S5	0	
STACK6	S6	S5	
STACK7	S7	S6	
STACK8	S8	S7	

应用举例：图 6-5 是复杂逻辑指令在实际应用中的一段程序的梯形图。

图 6-5　复杂逻辑指令的实际应用

三、PLC 程序的继电器电路转换法

PLC 程序设计常用的方法主要有继电器电路转换为梯形图法、经验设计法、顺序控制设计法等。下面介绍 PLC 程序的继电器电路转换法。

梯形图与继电器电路图极为相似，若用 PLC 改造继电器控制系统，则根据继电器电路图设计梯形图是一条捷径。这是因为原有的继电器控制系统经过长期使用和考验，已经被证明能完成系统要求的控制功能，而继电器电路图又与梯形图有很多相似之处，因此可以将继电器电

路图"翻译"成梯形图，即用 PLC 的外部硬件接线图和梯形图软件来实现继电器控制系统的功能，这就是 PLC 程序的继电器电路转换法。

这种设计方法一般不需要改动控制面板，保持了系统原有的外部特性，操作人员不用改变长期养成的操作习惯。

在分析 PLC 控制系统的功能时，可以将它想象成一个继电器控制系统中的控制箱，其外部接线图描述了这个控制箱的外部接线，梯形图是这个控制箱的内部"线路图"，梯形图中的输入位（I）和输出位（Q）是这个控制箱与外部世界联系的"输入继电器和输出继电器"，这样就可以用分析继电器电路图的方法来分析 PLC 控制系统。在分析时可以将梯形图中输入位的触点想象成对应的外部输入器件的触点，将输出位的线圈想象成对应的外部负载的线圈。外部负载的线圈除可能受梯形图的控制外，还可能受外部触点的控制。

继电器电路图中的交流接触器和电磁阀等执行机构如果用 PLC 的输出位来控制，那么它们的线圈接在 PLC 的输出端。按钮、控制开关、限位开关、光电开关等用来给 PLC 提供控制命令和反馈信号，它们的触点接在 PLC 的输入端。继电器电路图中的中间继电器和时间继电器的功能用 PLC 内部的存储器位和定时器来完成，它们与 PLC 的输入位和输出位无关。

1. 继电器电路图转换为功能相同的 PLC 的外部接线图和梯形图的步骤

（1）了解和熟悉被控设备的工艺过程和机械的动作情况。

（2）确定 PLC 的输入信号和输出负载，画出 PLC 的外部接线图。

（3）确定与继电器电路图的中间继电器、时间继电器对应的梯形图中的存储器位和定时器的地址。

（4）根据上述对应关系，在继电器电路图的基础上改画出梯形图。

（5）优化梯形图。

2. 根据继电器电路图设计 PLC 的外部接线图和梯形图时应注意的问题

（1）确定 PLC 的输入信号和输出负载。

热继电器（FR）的触点可以放在输入回路，若是需要手动复位的热继电器，则它的常闭触点也可以放在输出回路，与相应的接触器的线圈串联。

时间继电器（KT）的功能用 PLC 内部定时器实现，它们的线圈不应在输出回路中出现。

（2）输入触点类型的选择。

应尽可能用常开触点提供输入信号，但有的信号使用常闭触点可能更可靠一些，若使用极限开关的常开触点来防止机械设备冲出限定的区域，则常开触点接触不好时起不到保护作用，使用常闭触点会更安全一些。

（3）硬件互锁电路。

例如，将电动机的正转、反转接触器的常闭触点串联在对方的线圈回路中。

（4）梯形图结构的选择。

在梯形图中，为了简化电路和分离各线圈的控制电路，可以在梯形图中增加类似"中间继电器"的存储器位。将继电器电路图"翻译"成梯形图后，进一步将梯形图加以优化或简化。

（5）应考虑 PLC 的工作特点。

继电器电路可以并行工作，而 PLC 的 CPU 是串行工作的，即 CPU 只能同时处理 1 条指令，且 PLC 在处理指令时有先后次序。

（6）时间继电器瞬动触点的处理。

时间继电器的瞬动触点在时间继电器的线圈通电的瞬间动作，它们的触点符号上无表示延时的圆弧。PLC 的定时器触点虽然与普通触点的符号相同，但它们是延时动作。

在梯形图中，可以在时间继电器对应的定时器功能块的两端并联存储器位的线圈，用存储器位的触点模拟时间继电器的瞬动触点。

（7）尽量减少 PLC 的输入信号和输出信号。

减少 PLC 的输入信号和输出信号的点数是降低硬件费用的主要措施。

如具有手动复位功能的热继电器的常闭触点可以采用与继电器电路相同的方法，可以将它放在 PLC 的输出回路中，与相应接触器的线圈串联，而不是将它作为 PLC 的输入信号，这样可以节约 PLC 的一个输入点。

（8）梯形图的优化设计。

① 在触点的串联电路中，单个触点应放在右边。

② 在触点的并联电路中，单个触点应放在下面。

③ 在线圈的并联电路中，单个线圈应放在线圈与触点串联电路的上面。

（9）外部负载的额定电压。

PLC 的继电器输出模块和双向晶闸管的输出模块只能驱动额定电压 AC 220V 的负载，如原有的交流接触器线圈电压为 380V，应将线圈换成 220V 的，或者设置外部中间继电器。

【项目分析】

对于三相异步电动机的单向点动、自锁混合控制，已有非常成熟的继电器电路，所以采用继电器电路转换法是一个不错的选择。

三相异步电动机主电路如图 6-6 所示，继电器电路如图 6-7 所示，可以实现三相异步电动机的单向点动、自锁混合控制。

图 6-6　三相异步电动机主电路

图 6-7　继电器电路

按下按钮 SB3，交流接触器 KM 线圈有电、常开触点闭合，三相交流电动机运转；松开按钮 SB3，交流接触器 KM 线圈没电、常开触点断开，三相交流电动机停止。按下按钮 SB2，中间继电器 KA 线圈有电、常开触点闭合并保持自锁，交流接触器 KM 线圈保持有电；松开按钮 SB2，由于中间继电器 KA 自锁，常开触点一直闭合，交流接触器 KM 线圈保持有电不变，三相交流电动机一直保持运转。按下按钮 SB1，交流接触器 KM 线圈没电、常开触点断开，三相交流电动机停止。继电器单向点动、自锁混合控制电路分析如图 6-8 所示。

图 6-8　继电器单向点动、自锁混合控制电路分析

采用 PLC 控制后，主电路沿用图 6-6 所示的电路，把图 6-7 所示的继电器控制电路 "翻译" 成梯形图，即用 PLC 的外部硬件接线图和梯形图来实现继电器控制电路的功能。

【项目实施】

1．分配 I/O 地址

按钮 SB1、SB2、SB3 给 PLC 提供控制命令，它们的触点接在 PLC 的输入端。用 PLC 的输出位 Q0.0 来控制交流接触器 KM，交流接触器 KM 的线圈接在 PLC 的输出端。I/O 点分配如表 6-14 所示。

表 6-14　I/O 点分配

元 件 名 称	形　　式	I/O 点	说　　明
SB1	常闭按钮	I0.0	停止按钮
SB2	常开按钮	I0.1	长动按钮
SB3	常开按钮	I0.2	点动按钮
KM	交流接触器	Q0.0	触点容量扩大

2．画出 PLC 的外部接线图

根据 I/O 类型及点数，CPU221 有 6 个数字量输入点、4 个数字量输出点，由于需要驱动交流接触器 KM，因此选择继电器输出型的 CPU221，画出如图 6-9 所示的 PLC 外部接线图，主电路不变。

3．确定中间继电器、时间继电器的替代者

继电器电路图的中间继电器 KA 用 PLC 中的存储器位 M0.0 来代替。

4. 设计梯形图

将继电器电路图"翻译"成梯形图，如图 6-10 所示。

图 6-9　PLC 外部接线图

图 6-10　梯形图

5. 优化梯形图

将图 6-10 所示的梯形图写成语句表形式，如下所示：

```
LD     I0.0
LPS
LD     I0.1
O      M0.0
ALD
=      M0.0
LPP
LD     I0.2
O      M0.0
ALD
=      Q0.0
```

PLC 梯形图的优化规则：当几个串联电路并联时，应将串联触点多的回路放在上方；当几个并联电路串联时，应将并联触点多的回路放在左方，这样编制的程序简洁明了、语句较少。将图 6-10 中的 I0.0 放在串联电路的右方，并保证功能相同，优化梯形图如图 6-11 所示。

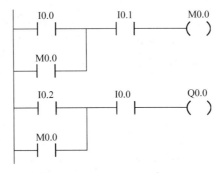

图 6-11　优化梯形图

将图 6-11 所示的优化梯形图写成语句表形式，如下所示：

```
LD     I0.1
O      M0.0
```

```
A     I0.0
=     M0.0
LD    I0.2
O     M0.0
A     I0.0
=     Q0.0
```

可以看出第二个语句表形式的程序简单得多，为了减少语句条数，提高程序执行速度，应对梯形图形式的程序进行优化。

图 6-12 是图 6-11 优化梯形图的一部分，称为启保停电路。

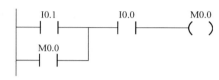

图 6-12　启保停电路

下面结合图 6-9 的任务分析一下启保停电路的特点。

一般情况下，停止按钮 SB1 一直是闭合的，I0.0 常开触点也是闭合的。按下按钮 SB2，I0.1 常开触点闭合，中间继电器 M0.0 线圈有电、常开触点闭合；松开按钮 SB2，I0.1 常开触点断开，但由于 M0.0 常开触点是闭合的，因此 M0.0 线圈仍然保持有电，电动机一直保持运转；按下按钮 SB1，I0.0 常开触点断开，M0.0 线圈没电并将保持下去。图 6-12 所示为启保停电路，是最简单的启保停电路。该启保停电路的启动电路是 I0.1 常开触点，启动条件是启动电路只在启动的瞬间闭合；停止电路是 I0.0 的常开触点，停止条件是停止电路只在停止的瞬间断开，其他时间是闭合的；保持电路是 M0.0 的常开触点，它与启保停电路中的线圈属于同一个继电器。启保停电路的启动条件和停止条件可以是很复杂的电路，但是必须满足上面所说的特点。

结合启保停电路的特点，同学们思考一下：停止信号使用常开按钮和常闭按钮在软件编程上有何不同？

6．运行调试

微课：硬件接线

（1）在断电的情况下，按图 6-9 进行 PLC 控制线路接线，主电路接法不变。用编程电缆连接 PLC 和计算机的串行通信接口，接通计算机和 PLC 的电源。

（2）运行计算机上的 STEP7-Micro/WIN32 编程软件，若是英文界面，则执行菜单命令"Tools"→"Options"，在"General"对话框的"General"选项卡中，选择"Chinese"，确认后退出，重新运行编程软件，可转换为中文界面。单击工具条上最左边的"新建项目"，生成一个新的项目。

（3）执行菜单命令"PLC"→"类型"，设置 PLC 的型号。设置通信参数，建立计算机与 PLC 的通信连接。

（4）执行菜单命令"工具"→"选项"，在"一般"对话框的"一般"选项卡中，选择 SIMATIC 指令集和"国际"助记符集，将"梯形图编辑器"设置为默认的程序编辑器。

（5）用"查看"菜单选择"梯形图"语言，用"查看"菜单选择"框架"→"指令树"可打开（或关闭）指令树窗口，找到其中的"项目 1"→"程序块"→"主程序"，双击"主程序"，在右边"主程序"的编辑窗口中输入图 6-11 所示的梯形图程序。

在"主程序"的编辑窗口中按 F4 键（也可以单击工具条上的"┤├"或指令树中的"项目 1"→"指令"→"位逻辑"）选中"┤├"后按回车键，输入"I0.1"后按回车键，可故意输入错误的参数，在错误参数的下面将会出现提醒操作者注意的红色波浪线，改正后，波浪线消失。用同样的方法完成 I0.1 常开触点的输入，按 F6 键（也可单击工具条中的"─( )"或指令树中的"项目 1"→"指令"→"位逻辑"）选中"─( )"后按回车键，输入"M0.0"后按回车键，这样第一行程序输入完毕。在第一行程序 I0.1 常开触点的下方单击，然后按上面的方法输入 M0.0 的常开触点，单击 M0.0 常开触点，单击程序输入窗口上方工具条中的"┴"，完成 I0.1 常开触点与 M0.0 常开触点的并联。单击"网络 2"的输入区域中的"├─→"，按上面的方法完成网络 2 程序的输入，全部程序完成后，单向点动、自锁混合控制程序如图 6-13 所示。

（6）单击工具条中的"编译"或"全部编译"，编译输入的程序。若程序没有错误，则显示"0 错误"。否则，改正程序中的错误后才能下载程序。在下载程序之前，编程软件将首先自动执行编译操作。

（7）编译成功后，找到指令树中的"项目 1"→"交叉引用"→"交叉引用"，双击"交叉引用"，观察出现的交叉引用表。

（8）打开指令树中的"符号表"→"用户定义 1"的符号表，将 I0.1、I0.2 和 Q0.0 设置符号地址"长动""点动"和"电动机"，符号表如图 6-14 所示。双击"主程序"，执行菜单命令"查看"→"符号寻址"，可以切换在主程序中是否显示符号地址。

图 6-13　单向点动、自锁混合控制程序

图 6-14　符号表

（9）下载与调试程序。下载是从计算机中将程序装入 PLC，上传则相反，是将 PLC 中存储的程序上传到计算机。计算机与 PLC 建立连接后，将 CPU 模块上的模式开关放在运行位置，单击菜单栏中"文件"→"下载"，或者单击工具条中的"▼"，出现如图 6-15 所示的下载对话框。在下载对话框中单击"选项"，选择要下载的块。单击"下载"，开始下载。

（10）运行与调试程序。下载成功后，单击"运行"，"RUN" LED 亮，用户程序开始运行。断开数字量输入的全部输入开关，CPU 模块上输入侧的 LED 全部熄灭。用接在端子 I0.2、I0.1 和 I0.0 的开关模拟长动按钮、点动按钮和停止按钮的操作。通过观察各输出点对应的 LED 的状态变化，了解程序的执行情况。

图 6-15　下载对话框

（11）程序运行监控。单击程序状态监控""或用菜单命令"调试"→"开始程序状态监控"，在梯形图中显示各元件的状态。在进入"程序状态"的梯形图中，用彩色块表示位操作数的线圈得电或触点闭合状态。

由于停止按钮为常闭按钮，接在输入端子 I0.0 上，因此 I0.0 线圈有电、常开触点闭合，I0.0 对应的指示灯亮。闭合 I0.2 的开关，Q0.0 指示灯亮，电动机进入点动模式，如图 6-16 所示；断开 I0.2 的开关，Q0.0 指示灯灭，电动机不运行。在 I0.2 开关断开的情况下，接通 I0.1 的开关，Q0.0 指示灯亮，断开 I0.1 的开关，Q0.0 指示灯仍亮，表明长动运行正常，如图 6-17 所示。按下停止按钮，Q0.0 指示灯灭，电动机停止运行。

微课：运行调试

图 6-16　点动模式

图 6-17　长动运行

7. 仿真运行

1）导出程序文本文件

执行菜单命令"文件"→"导出程序块"，出现如图 6-18 所示的导出程序文本文件对话框，输入"单向点动、自锁混合控制"，单击"保存"，导出后缀为".awl"的文件，即"单向点动、自锁混合控制.awl"。仿真程序只支持 STEP7-Micro/WIN32 V3.1、V3.2 版导出的程序文件，若编程软件用的是 STEP7-Micro/WIN32 V4.0 版，则导出后用记事本打开"单向点动、自锁混合控制.awl"文件，将第一行中的"主程序"用"MAIN"代替，保存，这样仿真程序就可以使用该程序文件了。

图 6-18　导出程序文本文件对话框

2）启动仿真程序

双击"S7_200 汉化版.exe"，输入密码，启动仿真程序，如图 6-19 所示。

图 6-19　启动仿真程序对话框

3）选择 CPU 型号

执行菜单命令"配置"→"CPU 型号"，弹出如图 6-20 所示的选择 CPU 型号对话框，选择"CPU 221"。单击"确定"后出现如图 6-21 所示的 CPU 221 仿真图形对话框。

图 6-20　选择 CPU 型号对话框

图 6-21　CPU 221 仿真图形对话框

4）装入待仿真的程序

执行菜单命令"程序"→"装载程序"，出现如图 6-22 所示的选中逻辑块对话框，选中逻辑块，单击"确定"后出现如图 6-23 所示的选择程序文件对话框，找到上一步保存的"单向点动、自锁混合控制.awl"文件，单击"打开"，进入如图 6-24 所示的装入待仿真的程序对话框。

图 6-22　选中逻辑块对话框

图 6-23　选择程序文件对话框

图 6-24　装入待仿真的程序对话框

5）仿真运行

执行菜单命令"PLC"→"运行"或单击工具条上的" ▷ "，出现如图 6-25 所示的切换运行模式对话框，单击"是"，切换到运行模式。

6）仿真调试

闭合 I0.0 的开关，用来模拟用作停止功能的常闭按钮，I0.0 对应的指示灯亮。闭合 I0.2 的开关，Q0.0 指示灯亮，电动机进入点动模式；断开 I0.2 的开关，Q0.0 指示灯灭，电动机不运行，点动运行正常。在 I0.2 开关断开的情况下，接通 I0.1 的开关，Q0.0 指示灯亮，断开 I0.1 的开关，Q0.0 指示灯仍亮，长动运行正常。单击" 📊 "，输入 I0.0、I0.1、I0.2、Q0.0，进行内存变量监控，如图 6-26 所示。

图 6-25　切换运行模式对话框

图 6-26　内存变量监控对话框

【评定激励】

按以下标准开展小组自评、互评，成绩填入项目评分细则表，如表 6-15 所示。

表 6-15　项目评分细则表

项目名称					组别	
开始时间				结束时间		
考核内容	考核要求	配分	评分标准		扣分	得分
电路设计	（1）I/O 分配表正确 （2）I/O 电路图正确 （3）主电路正确 （4）联锁、保护齐全	30 分	（1）I/O 分配表每错一处，扣 5 分 （2）I/O 电路图每错一处，扣 5 分 （3）主电路每错一处，扣 5 分 （4）联锁、保护每缺一项，扣 5 分			
安装接线	（1）元件选择、布局合理，安装符合要求 （2）布线合理美观	10 分	（1）元件选择、布局不合理，扣 3 分/处；元件安装不牢固，扣 3 分/处 （2）布线不合理、不美观，扣 3 分/处			
编程调试	（1）程序可实现控制功能 （2）操作步骤正确 （3）试车成功	50 分	（1）输入梯形图错误，扣 2 分/处 （2）不会设置及下载，分别扣 5 分 （3）一个功能未实现，扣 10 分 （4）操作步骤每错一步，扣 5 分 （5）显示运行不正常，扣 5 分/处			
安全文明工作	（1）安全用电，无人为损坏仪器、元件和设备 （2）保持环境整洁，秩序井然，操作习惯良好 （3）小组成员协作和谐，态度正确	10 分	（1）发生安全事故，扣 10 分 （2）人为损坏设备、元器件，扣 10 分 （3）现场不整洁、工作不文明、团队不协作，扣 5 分 （4）不遵守考勤制度，每次扣 2～5 分			
总成绩						

思考与练习

（1）简述立即输入指令、立即输出指令的执行过程。

（2）分别简述 6 条复杂逻辑指令的执行过程。

（3）正跳变与负跳变指令各有什么用途？

（4）写出图 6-27 所示梯形图的语句表程序。

图 6-27　梯形图

（5）根据如下语句表写出梯形图程序。

```
LDN    C22              ON     Q0.4
O      M1.3             ALD
O      M3.5             O      I1.4
LD     M2.1             LPS
AN     I0.4             EU
A      T21              S  Q3.3, 1
LD     I0.2             LPP
AI     I2.7             A M2.2
OLD                     TON    T37, 100
```

（6）在某个控制系统中，SB0 为停止按钮，SB1、SB2 为点动按钮，当 SB1 按下时，电动机 M1 启动，此时再按下 SB2，电动机 M2 启动，而电动机 M1 仍然工作，若按下 SB0，则两个电动机都停止工作，试用 PLC 实现这个控制功能。

（7）简述继电器电路图转换为功能相同的 PLC 的外部接线图和梯形图的步骤。

（8）图 6-28 为某机床基本控制电路，采用继电器电路转换法将其改为 PLC 控制，试进行 I/O 分配，画出相应的控制电路 I/O 接线图、梯形图及对应的语句表程序并上机调试。

图 6-28　某机床基本控制电路

三相异步电动机 Y/△ 降压启动的控制

【项目目标】

用 S7-200 PLC 实现三相异步电动机 Y/△ 降压启动的控制，控制要求如下。

（1）按下启动按钮，电动机做星形连接启动；6s 后电动机转为三角形运行方式运行。

（2）按下停止按钮，电动机立即停止。

【学习目标】

（1）掌握 PLC 接通延时定时器的用法。

（2）通过 Y/△ 降压启动控制的学习，进一步掌握继电器电路转换为梯形图法建立 PLC 控制系统的方法，提高编程能力。

（3）熟练运用 STEP7-Micro/WIN32 软件对 PLC 控制系统进行联机调试。

（4）学会利用 PLC 仿真软件进行 PLC 程序的仿真调试。

【相关知识】

定时器是 PLC 的重要元件，S7-200 PLC 共有 3 种定时器：接通延时定时器（TON）、断开延时定时器（TOF）、带有记忆接通延时定时器（TONR）。定时器号与分辨率如表 7-1 所示。本项目学习 TON、TONR。

表 7-1　定时器号与分辨率

类　　型	分辨率/ms	定时范围/s	定 时 器 号
TONR	1	32.767	T0 和 T64
	10	327.67	T1～T4 和 T65～T68
	100	3276.7	T5～T31 和 T69～T95
TON TOF	1	32.767	T32 和 T96
	10	327.67	T33～T36 和 T97～T100
	100	3276.7	T37～T63 和 T101～T255

1. TON

1）梯形图符号及语句表格式

在图 7-1 中，TON 为接通延时定时器的标识符，IN 为定时器的启动电平输入端，PT 为时间设定值（可用整数型的常量或变量赋值），Tn 为定时器编号。

微课：接通延
时定时器

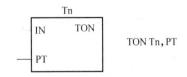

图 7-1　TON 的梯形图符号及语句表格式

2）功能

当定时器的启动电平输入端 IN 的状态为 0 时，定时器的当前值 SV=0，定时器的状态也为 0（常开触点断开，常闭触点闭合），定时器没有工作。

当定时器的状态由 0 变为 1 时，定时器开始工作，每过一个时基时间，定时器的当前值为 SV=SV+1；当定时器的当前值 SV 等于或大于定时器的设定值 PT 时，定时器的延时时间就到了，这时定时器的状态由 0 转换为 1。在定时器输出状态改变后，定时器继续计时，直到 SV=32767（最大值），才停止计时，SV 将保持不变。只要 SV≥PT，定时器的状态就为 1，若不满足这个条件，则定时器的状态应为 0。

3）举例

在图 7-2 中，当 I0.0=0 时，T33=0，T33 的当前值 SV=0。

当 I0.0=1 时，T33 开始计时，SV 在增加，当 SV=3（计时到 30ms）时，T33 由 0 变为 1。当 I0.0 由 1 变为 0 以后，这时 SV=0，T33 由 1 变为 0，当 SV 没有到 3 时，T33 不会出现 1 状态。执行结果如图 7-3 所示。

图 7-2　TON 定时器程序

图 7-3　执行结果

2. TONR

1）梯形图符号及语句表格式

在图 7-4 中，TONR 为带有记忆接通延时定时器的标识符，IN 为定时器的启动电平输入端，PT 为时间设定值（可用整数型的常量或变量赋值），Tn 为定时器编号。

图 7-4　TONR 的梯形图符号及语句表格式

微课：保持型接
通延时定时器

2）功能

TONR 的基本原理与 TON 的相同，不同之处在于 TONR 可以对许多时间间隔累计定时。当首次使能输入接通时，定时器位为 OFF，当前值从 0 开始计数。当使能输入断开时，定时器位和当前值保持最后状态。当使能输入再次接通时，当前值从上次的保持值继续计数，当累计当前值达到预设值时，定时器位为 ON，当前值连续计数到 32767。

TONR 只能用复位指令进行复位操作。

3）举例

图 7-5 梯形图程序的 I/O 执行时序关系如图 7-6 所示。TONR 与 TON 的不同在于，TONR 可以实现累计定时，IN 端不再具有复位功能。

图 7-5　TONR 定时器程序　　　　　　图 7-6　I/O 执行时序关系

【项目分析】

对于三相异步电动机 Y/△ 降压启动的控制电路，已有非常成熟的继电器电路，所以采用继电器电路转换法是一个不错的选择。

图 7-7 为三相异步电动机 Y/△ 降压启动的控制主电路和继电器电路。

继电器的工作原理：按下启动按钮 SB2，KM1、KT、KM3 通电并自保，电动机接成星形启动，6s 后，KT 动作，使 KM3 断电，KM2 通电吸合，电动机接成三角形运行。按下停止按钮 SB1，电动机停止运行。

图 7-7　三相异步电动机 Y/△ 降压启动的控制主电路和继电器电路

采用 PLC 控制后，主电路沿用图 7-7 所示的电路，继电器电路图"翻译"成梯形图，即用 PLC 的外部硬件接线图和梯形图软件来实现继电器电路的功能。

【项目实施】

1. 分配 I/O 地址

按钮 SB1、SB2 及热继电器常闭触点 FR 给 PLC 提供控制命令，它们接在 PLC 的输入端。用 PLC 的输出位 Q0.0、Q0.1、Q0.2 控制 KM1、KM2、KM3，它们的线圈接在 PLC 的输出端。I/O 点分配如表 7-2 所示。

表 7-2　I/O 点分配

元 件 名 称	形　式	I/O 点	说　明
SB1	常闭按钮	I0.0	停止按钮
SB2	常开按钮	I0.1	启动按钮
FR	常闭触点	I0.2	过载保护
KM1	交流接触器	Q0.0	触点容量扩大
KM2	交流接触器	Q0.1	触点容量扩大
KM3	交流接触器	Q0.2	触点容量扩大

2. 画出 PLC 的外部接线图

PLC 根据 I/O 类型及点数，选择输出型为 CPU222，交流接触器线圈的额定电压要不大于 AC 220V 的继电器，画出如图 7-8 所示的 PLC 的外部接线图，主电路不变。

3. 确定中间继电器、时间继电器的替代者

继电器电路图的时间继电器 KT 用 PLC 中的接通延时定时器 T38 来代替，T38 的启动电平输入端在接通 6s 后，其常开触点闭合，常闭触点断开。

4. 设计梯形图

继电器电路图"翻译"成梯形图，如图 7-9 所示。由于停止按钮采用常闭按钮，在没有按下时始终处于闭合状态，因此该按钮使 I0.0 线圈有电，常开触点闭合，程序中用 I0.0 的常开触点对应继电器电路图中的常闭按钮 SB1。同理，用 I0.2 的常开触点对应继电器电路图中 FR 的常闭触点。程序中的其他部分对照着继电器电路图一一对应地翻译过来即可。

图 7-8　PLC 的外部接线图

图 7-9　梯形图

5. 优化梯形图

将图 7-9 的梯形图写成语句表形式，如下所示：

```
LD    I0.0              AN    T38
A     I0.2              =     Q0.2
LD    I0.1              LPP
O     Q0.0              TON   T38, 60
ALD                     LPP
LPS                     AN    Q0.2
=     Q0.0              LD    T38
AN    Q0.1              O     Q0.1
LPS                     ALD
                        =     Q0.1
```

为了简化电路，当多个线圈都受某个串并联电路控制时，可在梯形图中设置该电路控制的存储器位，如 M0.0。再参考 PLC 梯形图的优化规则进行简化，梯形图如图 7-10 所示。

图 7-10　梯形图

将图 7-10 写成语句表形式，如下所示：

```
Network 1 // 网络标题
// 网络注释
LD    I0.1
O     M0.0
A     I0.0
A     I0.2
=     M0.0
Network 2
LD    M0.0
=     Q0.0
Network 3 // 网络标题
// 网络注释
LD    M0.0
AN    Q0.1
TON   T38, 60
```

```
AN      T38
=       Q0.2
Network 4 // 网络标题
// 网络注释
LD      T38
O       Q0.1
A       M0.0
AN      Q0.2
=       Q0.1
```

本质上 PLC 是按语句表的形式执行程序的。对比两个语句表程序，可以看出第二个语句表程序简单，没有复杂的堆栈指令，执行速度快，这是优化后的结果。

6. 运行调试

（1）在断电的情况下，按图 7-8 进行 PLC 的控制线路接线，主电路接法不变。用编程电缆连接 PLC 和计算机的串行通信接口，接通计算机和 PLC 的电源。

微课：硬件接线

（2）运行计算机上的 STEP7-Micro/WIN32 编程软件，单击工具条上最左边的"新建项目"，生成一个新的项目。

（3）执行菜单命令"PLC"→"类型"，设置 PLC 的型号。设置通信参数，建立计算机与 PLC 的通信连接。

（4）执行菜单命令"工具"→"选项"，在"一般"对话框的"一般"选项卡中，选择 SIMATIC 指令集和"国际"助记符集，将"梯形图编辑器"设置为默认的程序编辑器。

（5）用"查看"菜单选择"梯形图"语言，用"查看"菜单选择"框架"→"指令树"可打开（或关闭）指令树窗口，找到其中的"项目 1"→"程序块"→"主程序"，双击"主程序"，在右边"主程序"的编辑窗口中输入图 7-10 所示的梯形图程序。

微课：梯形图优化程序录入

（6）单击工具条中的"编译"或"全部编译"，编译输入的程序。若程序没有错误，则显示"0 错误"。否则，改正程序中的错误后才能下载程序。在下载用户程序之前，编程软件将首先自动执行编译操作。

（7）下载程序。计算机与 PLC 建立连接后，将 CPU 模块上的模式开关放在运行位置，单击菜单栏中的"文件"→"下载"，或者单击工具条中的""，进行程序下载。

（8）运行与调试程序。下载成功后，单击"运行"，"RUN" LED 亮，用户程序开始运行。断开数字量输入的全部输入开关，CPU 模块上输入侧的 LED 全部熄灭。

微课：运行调试

单击程序状态监控"🔲"或用菜单命令"调试"→"开始程序状态监控"，在梯形图中显示出各元件的状态。闭合接在端子 I0.0 和 I0.2 的开关，模拟停止按钮和热继电器的常闭触点。接通 I0.1 上的开关，然后断开，Q0.0、Q0.2 指示灯亮，T38 的启动电平输入端信号由 0 变为 1，定时器开始工作，同时电动机进入星形运行模式，如图 7-11 所示。仔细观察调试窗口，会发现 T38 的当前值不断增加，当前值等于设定值 60 时，6s 时间到，Q0.2 断开，Q0.1 接通，电动机进入三角形运行模式。断开 I0.0 上的开关（相当于按下停止按钮），Q0.0、Q0.1 线圈没电，电动机停止运行。

7．仿真运行

1）导出程序文本文件

执行菜单命令"文件"→"导出…"，导出后缀为".awl"的"星形—三角形降压启动.awl"文件。若编程软件用的是 STEP7-Micro/WIN32 V4.0 版，则导出后用记事本打开"星形—三角形降压启动.awl"文件，将第一行中的"主程序"用"MAIN"代替，保存。

2）启动仿真程序

双击"S7_200 汉化版.exe"，输入密码，启动仿真程序。

3）选择 CPU

执行菜单命令"配置"→"CPU 型号"，选取所需型号的 CPU。

4）装入待仿真的程序

执行菜单命令"程序"→"载入程序"，选中逻辑块，打开"星形—三角形降压启动.awl"文件。

5）仿真调试

执行菜单命令"PLC"→"运行"或单击工具条上的" ▷ "，进入运行模式。单击" ▦ "，输入 I0.0、I0.1、I0.2、Q0.0，进行内存变量监控，如图 7-12 所示。

图 7-11　星形运行

图 7-12　内存变量监控

闭合接在端子 I0.0 和 I0.2 的开关，模拟停止按钮和热继电器的常闭触点。接通 I0.1 上的开关，然后断开，Q0.0、Q0.2 指示灯亮，T38 的启动电平输入端信号由 0 变为 1，定时器开始工作，表示电动机进入星形启动运行模式。仔细观察调试窗口，会发现 T38 的当前值不断增加，当前值等于设定值 60 时，6s 时间到，Q0.2 断开，Q0.1 接通，表示电动机进入三角形运行模式。断开 I0.0 上的开关（相当于按下停止按钮），Q0.0、Q0.1 线圈没电，表示电动机停止运行。

【评定激励】

按以下标准开展小组自评、互评，成绩填入项目评分细则表，如表 7-3 所示。

表 7-3　项目评分细则表

项目名称					组别	
开始时间			结束时间			
考核内容	考核要求	配分	评分标准		扣分	得分
电路设计	（1）I/O 分配表正确 （2）I/O 电路图正确 （3）主电路正确 （4）联锁、保护齐全	30分	（1）I/O 分配表每错一处，扣5分 （2）I/O 电路图每错一处，扣5分 （3）主电路每错一处，扣5分 （4）联锁、保护每缺一项，扣5分			
安装接线	（1）元件选择、布局合理，安装符合要求 （2）布线合理美观	10分	（1）元件选择、布局不合理，扣3分/处；元件安装不牢固，扣3分/处 （2）布线不合理、不美观，扣3分/处			
编程调试	（1）程序可实现控制功能 （2）操作步骤正确 （3）试车成功	50分	（1）输入梯形图错误，扣2分/处 （2）不会设置及下载，分别扣5分 （3）一个功能未实现，扣10分 （4）操作步骤每错一步，扣5分 （5）显示运行不正常，扣5分/处			
安全文明工作	（1）安全用电，无人为损坏仪器、元件和设备 （2）保持环境整洁，秩序井然，操作习惯良好 （3）小组成员协作和谐，态度正确	10分	（1）发生安全事故，扣10分 （2）人为损坏设备、元器件，扣10分 （3）现场不整洁、工作不文明、团队不协作，扣5分 （4）不遵守考勤制度，每次扣2～5分			
总成绩						

思考与练习

（1）写出如图 7-13 所示梯形图的语句表程序。

（2）TON、TONR 中的 IN 和 PT 的输入可取哪些值？

图 7-13　梯形图

（3）简述 TON 的工作过程。

（4）简述 TONR 的工作过程。

（5）定时器号和分辨率有对应关系吗？

（6）图 7-14 为自耦变压器降压启动电路，采用继电器电路转换法将其改为 PLC 控制，试进行 I/O 分配，画出相应的控制电路 I/O 接线图、梯形图及对应的语句表程序并进行调试。

图 7-14 自耦变压器降压启动电路

三相异步电动机的正、反转运行控制

【项目目标】

用 S7-200 PLC 实现三相异步电动机的正、反转运行控制，控制要求如下。

（1）按下正转按钮，若电动机处于停止状态，则立即启动，否则先停止 20s，再正转。

（2）按下反转按钮，若电动机处于停止状态，则立即启动，否则先停止 20s，再反转。

（3）按下停止按钮，电动机立即停止。

【学习目标】

（1）掌握 PLC 定时器的用法。

（2）了解 PLC 程序的经验设计法。

（3）熟练运用 STEP7-Micro/WIN32 软件对电动机正、反转控制系统进行联机调试。

（4）学会利用 PLC 仿真软件进行 PLC 程序的仿真调试。

【相关知识】

微课：断开延
时定时器

1. TOF

1）梯形图符号及语句表格式

在图 8-1 中，TOF 为断开延时定时器的标识符，IN 为定时器的启动电平输入端，PT 为时间设定值（可用整数型的常量或变量赋值），Tn 为定时器编号。TOF 的分辨率及编号分配如表 7-1 所示。

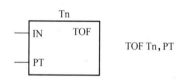

图 8-1 TOF 的梯形图符号及语句表格式

2）功能

当定时器的启动电平输入端 IN 的状态为 1 时，定时器的当前值 SV=0，定时器的状态也为 1（常开触点闭合，常闭触点断开），定时器没有工作。

当定时器的状态由 1 变为 0 时，定时器开始工作，每过一个时基时间，定时器的当前值为 SV=SV+1；当定时器的当前值 SV 等于定时器的设定值 PT 时，定时器的延时时间就到了，这时定时器的状态由 1 转换为 0。在定时器输出状态改变后，定时器停止计时，SV 将保持不变，定时器的状态为 0。

TON 与 TOF 不能共享相同的定时器号，如不能同时对 T37 使用指令 TON 和 TOF。

复位指令可以复位定时器。复位指令使定时器位变为 OFF，定时器当前值被清零。在第一个扫描周期时，所有的定时器位被清零，TON 与 TOF 的当前值也被清零。

3）举例

在图 8-2 中，当 I0.0=1 时，T33=1，T33 的 SV=0；当 I0.0=0 时，T33 开始计时，SV 增加，当 SV=3（计时到 30ms）时，T33 由 1 变为 0。当 I0.0 由 0 变为 1 时，SV=0，T33=1；当 I0.0 由 1 再次变为 0，但 I0.0=0 的时间没达到 30ms 时，T33 不会出现 0 状态。执行结果如图 8-3 所示。

图 8-2　TOF 定时器程序

图 8-3　执行结果

2. PLC 程序的经验设计法

PLC 的发展初期沿用了继电器电路图的设计方法来设计梯形图程序，即在已有的一些典型梯形图程序的基础上，根据被控对象对控制的要求，不断地修改和完善梯形图程序。有时需要多次反复地调试和修改梯形图程序，不断地增加中间编程元件和触点，才能得到一个较为满意的结果。这种方法没有普遍的规律可以遵循，设计所用的时间、质量与编程人员的经验有很大的关系，所以有人把这种设计方法称为经验设计法，它可以用于设计逻辑关系较为简单的梯形图程序。

经验设计法设计 PLC 程序大致可以按下面几步来进行：分析控制要求、选择控制原则；设计主令元件和检测元件，确定 I/O 设备；设计执行元件的控制程序；检查修改和完善程序。

经验设计法设计的梯形图程序是按设计人员的经验和习惯的思路进行设计的。因此，即使是设计人员的同行，要分析这种程序也非常困难，更不用说维修人员了，这给 PLC 系统的维护和改进带来了许多麻烦。

经验设计法对于一些比较简单程序的设计是比较有效的，可以收到快速、简单的效果。但是，由于这种方法主要依靠设计人员的经验进行，因此对设计人员的要求也就比较高，特别是要求设计人员有一定的实践经验，对工业控制系统和工业上常用的各种典型环节比较熟悉。经验设计法没有规律可遵循，具有很大的试探性和随意性，往往需要经过多次反复修改和完善才能符合设计要求，因此设计的结果往往不很规范，因人而异。

经验设计法一般适用于设计一些简单的梯形图程序或复杂系统的某个局部程序（如手动程序等）。若用来设计复杂系统的梯形图程序，则存在以下问题。

1）考虑不周、设计麻烦、设计周期长

用经验设计法设计复杂系统的梯形图程序时，要用大量的中间元件来完成记忆、互锁等功能，需要考虑的因素很多，它们往往又交织在一起，分析起来非常困难，并且很容易遗漏一些问题。当修改某个局部程序时，很可能会对系统其他部分程序产生意想不到的影响，往往花了很长时间，还得不到一个满意的结果。

2）梯形图程序的可读性差、系统维护困难

由于经验设计法没有规律可遵循，具有很大的试探性和随意性，因此会使梯形图程序的可读性差、系统维护困难。

【项目分析】

按钮、接触器双重互锁的电动机正、反转控制电路如图 8-4 所示，采用按钮互锁，将复合按钮动合触点作为启动按钮，而将其动断触点作为互锁触点串联在另一个接触器线圈支路中。这样，要使电动机改变转向，只要直接按正反转按钮就可以，不必先按停止按钮，就可以简化操作、提高工作效率；采用接触器互锁，可以使 KM1 与 KM2 的主触点不会同时接通，防止主电路的相间短路。

图 8-4　按钮、接触器双重互锁的电动机正、反转控制电路

上述电路实现的控制功能如下。

（1）按下正转按钮，电动机连续正转运行；按下反转按钮，电动机连续反转运行；按下停止按钮，电动机立即停止运行。

（2）通过热继电器实现了过载保护。

（3）通过接触器互锁避免了操作引起的相间短路。

（4）通过按钮互锁实现了正、反转即时切换。

用 PLC 控制上述电路，除可以实现上面这些功能外，还要实现下面的功能。

（5）按下正转按钮，若电动机处于停止状态，则立即启动，否则先停止 20s，再启动。

（6）按下反转按钮，若电动机处于停止状态，则立即启动，否则先停止 20s，再启动。

由于上述电路新增了一些功能，控制逻辑不完全一样，因此不能再用继电器电路转换法进行设计，可在参考原有控制逻辑的基础上，用经验设计法进行设计。

【项目实施】

1. 分配 I/O 地址

按钮 SB1、SB2、SB3 给 PLC 提供控制命令，它们的触点接在 PLC 的输入端。热继电器的常闭触点 FR 接在 PLC 的输入端 I0.3，当过载时，程序控制电动机电源断开。I/O 点分配如表 8-1 所示。

2. 画出 PLC 外部接线图

根据 I/O 类型及点数，且考虑到将来的性能扩充，PLC 选择 S7-200 系列的 CPU222，画出如图 8-5 所示的 PLC 外部接线图，为安全起见，控制电路采用了 KM1、KM2 接触器硬件互锁，主电路不变。

表 8-1　I/O 点分配

元件名称	形　式	I/O 点	说　明
SB1	常闭按钮	I0.0	停止按钮
SB2	常开按钮	I0.1	正转按钮
SB3	常开按钮	I0.2	反转按钮
FR	常闭触点	I0.3	热继电器
KM1	交流接触器	Q0.0	正转控制
KM2	交流接触器	Q0.1	反转控制

图 8-5　PLC 外部接线图

3. 设计梯形图程序

采用经验设计法，在启保停典型梯形图的基础上，不断增加中间编程元件和触点，不断修改和完善梯形图。通过上面的分析知道，梯形图程序须实现 6 个功能，由简到难，采用启保停电路分别加以实现。

实现第一个功能（按下正转按钮，电动机连续正转运行；按下反转按钮，电动机连续反转运行；按下停止按钮，电动机立即停止运行），如图 8-6 所示。

在图 8-6 的基础上增加热继电器过载保护功能，如图 8-7 所示。

图 8-6　正、反转梯形图 1

图 8-7　正、反转梯形图 2

图 8-5 实现了接触器的硬件互锁，为安全起见，在程序中增加正、反转的软件互锁，如图 8-8 所示。

在程序中将 I0.1 的常闭触点串入正、反转梯形图程序中，将 I0.2 的常闭触点串入正转梯形图程序中，实现按钮互锁，使正、反转直接切换，如图 8-9 所示。

图 8-8　正、反转梯形图 3

图 8-9　正、反转梯形图 4

增加两个定时时间为 20s 的 TOF，把它们的常闭触点分别串入对方所在的网络，从而实现分析中提到的功能（5）和（6），如图 8-10 所示。但这个程序是有问题的，假设电动机正在正转，只有按下反转按钮并且一直不放开，20s 后电动机才会反转。如果不到 20s 松手了，那么程序不知道你曾经按下过反转按钮，所以要增加一个中间变量，用于记下有无按下过反转按钮。改进后的程序如图 8-11 所示，这是最终程序。

图 8-10　正、反转梯形图 5

图 8-11　正、反转梯形图 6

4．运行调试

（1）在断电的情况下，按图 8-5 进行 PLC 控制线路接线，主电路接法不变。用编程电缆连接 PLC 和计算机的串行通信接口，接通计算机和 PLC 的电源。

（2）运行计算机上的 STEP7-Micro/WIN32 编程软件，若是英文界面，则执行菜单命令"Tools"→"Options"，在"General"对话框的"General"选项卡中，选择"Chinese"，确认后退出，重新运行编程软件，可转换为中文界面。单击工具条上最左边的"新建项目"，生成一个新的项目。

（3）执行菜单命令"PLC"→"类型"，设置 PLC 的型号。设置通信参数，建立计算机与 PLC 的通信连接。

（4）执行菜单命令"工具"→"选项"，在"一般"对话框的"一般"选项卡中，选择 SIMATIC 指令集和"国际"助记符集，将"梯形图编辑器"设置为默认的程序编辑器。

（5）用"查看"菜单选择"梯形图"语言，用"查看"菜单选择"框架"→"指令树"可打开（或关闭）指令树窗口，找到其中的"项目 1"→"程序块"→"主程序"，双击"主程序"，在右边"主程序"的编辑窗口中输入图 8-11 所示的梯形图程序。

微课：程序录入

微课：硬件接线

（6）单击工具条中的"编译"或"全部编译"，编译输入的程序。若程序没有错误，则显示"0 错误"。否则，改正程序中的错误后才能下载程序。在下载用户程序之前，编程软件将首先自动执行编译操作。

（7）编译成功后，找到指令树中的"项目 1"→"交叉引用"→"交叉引用"，双击"交叉引用"，观察出现的交叉引用表。

（8）打开指令树中的"符号表"→"用户定义 1"的符号表，建立如图 8-12 所示的符号表。双击"主程序"，执行菜单命令"查看"→"符号寻址"，可以切换在主程序中是否显示符号地址。

（9）下载程序。计算机与 PLC 建立连接后，将 CPU 模块上的模式开关放在运行位置，单击工具条中的"下载"，在下载对话框中单击"选项"，选择要下载的块，一般只下载程序块。单击"下载"，开始下载。

（10）调试程序。下载成功后，单击"运行"，"RUN" LED 亮，用户程序开始运行。断开数字量输入的全部输入开关，CPU 模块上输入侧的 LED 全部熄灭。用接在端子 I0.1、I0.2、I0.0、I0.3 的开关模拟正转按钮、反转按钮和停止按钮、热继电器。通过观察各输出点对应的 LED 的状态变化，了解程序的执行情况。

微课：运行调试

闭合 I0.0 上的开关，模拟停止按钮的自然状态；闭合 I0.3 上的开关，表示热继电器工作在正常状态；闭合 I0.1 上的开关，然后断开，表示按下了正转按钮，Q0.0 灯一直亮，表示电动机连续正转；单击状态表监控"🖥"或用菜单命令"调试"→"开始状态表监控"，在状态表中输入如图 8-13 所示的信息；闭合 I0.2 上的开关，然后断开，表示按下了反转按钮，观察状态表中正转、反转线圈的值及 T37 状态位及当前值的变化，20s 后 Q0.0 的值为 0、Q0.1 的值为 1，由正转切换到反转。按同样的步骤进行反转到正转的调试。

	符号	地址
1	正转按钮	I0.1
2	反转按钮	I0.2
3	停止按钮	I0.0
4	热继电器	I0.3
5	正转线圈	Q0.0
6	反转线圈	Q0.1
7		

用户定义1 / POU 符号

图 8-12　符号表

状态表

	地址	格式	当前值
1	T37	位	2#1
2	T37	有符号	+0
3	T38	位	2#0
4	T38	有符号	+0
5	正转线圈	位	2#1
6	反转线圈	位	2#0
7		有符号	

用户定义1

图 8-13　状态表

5．仿真运行

1）导出程序文本文件

执行菜单命令"文件"→"导出…"，导出后缀为".awl"的"三相异步电动机的正、反转运行控制.awl"文件。

2）启动仿真程序

启动仿真程序，执行菜单命令"配置"→"CPU 型号"，选取所需型号的 CPU。

3）装入待仿真的程序

执行菜单命令"程序"→"载入程序"，选中逻辑块，打开"三相异步电动机的正、反转运行控制.awl"文件。

4）仿真调试

执行菜单命令"PLC"→"运行"或工具条上的"▷"，进入运行模式。

单击"▦"，输入如图 8-14 所示信息，进行内存变量监控。闭合 I0.0 上的开关，模拟停止按钮的自然状态；闭合 I0.3 上的开关，表示热继电器工作在正常状态；闭合 I0.1 上的开关，然后断开，表示按下了正转按钮，Q0.0 灯一直亮，表示电动机连续正转；闭合 I0.2 上的开关，然后断开，表示按下了反转按钮，观察状态表中正、反转线圈的值，以及 T37 状态位和当前值的变化，20s 后 Q0.0 的值为 0、Q0.1 的值为 1，由正转切换到反转。按同样的步骤进行反转到正转的调试。

图 8-14　内存变量监控

【评定激励】

按以下标准开展小组自评、互评，成绩填入项目评分细则表，如表 8-2 所示。

表 8-2　项目评分细则表

项目名称					组别	
开始时间			结束时间			
考核内容	考核要求	配分	评分标准		扣分	得分
电路设计	（1）I/O 分配表正确 （2）I/O 电路图正确 （3）主电路正确 （4）联锁、保护齐全	30 分	（1）I/O 分配表每错一处，扣 5 分 （2）I/O 电路图每错一处，扣 5 分 （3）主电路每错一处，扣 5 分 （4）联锁、保护每缺一项，扣 5 分			
安装接线	（1）元件选择、布局合理，安装符合要求 （2）布线合理美观	10 分	（1）元件选择、布局不合理，扣 3 分/处；元件安装不牢固，扣 3 分/处 （2）布线不合理、不美观，扣 3 分/处			
编程调试	（1）程序可实现控制功能 （2）操作步骤正确 （3）试车成功	50 分	（1）输入梯形图错误，扣 2 分/处 （2）不会设置及下载，分别扣 5 分 （3）一个功能未实现，扣 10 分 （4）操作步骤每错一步，扣 5 分 （5）显示运行不正常，扣 5 分/处			
安全文明工作	（1）安全用电，无人为损坏仪器、元件和设备 （2）保持环境整洁，秩序井然，操作习惯良好 （3）小组成员协作和谐，态度正确	10 分	（1）发生安全事故，扣 10 分 （2）人为损坏设备、元器件，扣 10 分 （3）现场不整洁、工作不文明、团队不协作，扣 5 分 （4）不遵守考勤制度，每次扣 2～5 分			
总成绩						

思考与练习

（1）TOF 定时器的 IN 和 PT 的输入可取哪些值？

（2）简述 TOF 的工作过程。

（3）图 8-15 是两台电动机顺序启动控制的继电器控制电路，请采用 PLC 实现其控制原理（要求设计外围接线图、分配 I/O 点、编制梯形图）。

图 8-15 两台电动机顺序启动控制的继电器控制电路

（4）设计一个抢答器，要求：有 4 个答题人，出题人提出问题，答题人按动按钮开关，仅是最早按的答题人输出信号，出题人按复位按钮，引出下一个问题，试画出 PLC 的 I/O 接线图并编制梯形图程序。

（5）按钮闭合后，6.5s 后灯亮，按下停止按钮，灯灭。试画出 PLC 的 I/O 接线图并编制梯形图程序。

（6）按钮 SB1 接通后，灯亮，5.5s 后，灯灭。试画出 PLC 的 I/O 接线图并编制梯形图程序。

（7）用 PLC 控制一个工作台运行，其动作程序：工作台由原位开始前进，到终端后自动停止；在终端停留 2min 后自动返回原位停止；在前进或后退途中任意位置都能停止或再次启动；电网停电后再来电时工作台不会自动运行。试画出主电路、PLC 接线图、PLC 梯形图并进行调试（有必要的保护措施）。

第三单元　PLC 的典型应用

交通信号灯的控制

【项目目标】

用 S7-200 PLC 设计交通灯控制系统，用 STEP7-Micro/WIN32 软件对交通灯控制系统进行联机调试。控制要求如下。

（1）接通启动按钮后，交通灯开始工作，南北向红灯、东西向绿灯同时亮。

（2）南北向红灯亮 25s，其间东西向绿灯亮 20s 后闪烁 3s，之后东西向黄灯亮 2s。

（3）接下来东西向红灯亮 25s，其间南北向绿灯亮 20s 后闪烁 3s，之后南北向黄灯亮 2s。

（4）上面两步反复执行，直到按下停止按钮。

【学习目标】

（1）了解 PLC 控制系统设计的基本原则与步骤。

（2）掌握 PLC 的选用方法。

（3）掌握顺序控制梯形图的画法。

（4）掌握以启保停电路的编程方式编制梯形图的方法。

（5）熟练运用 S7-200 PLC 的编程软件 STEP7-Micro/WIN32 进行程序的下载与调试。

【相关知识】

一、PLC 控制系统设计的基本原则与步骤

PLC 控制系统的设计主要包括系统分析、系统设计和安装调试等。

1．PLC 控制系统设计的基本原则

任何一种控制系统都是为了实现被控对象的工艺要求，以提高生产效率和产品质量而设计的。因此，在设计 PLC 控制系统时，应遵循以下几个基本原则。

1）最大限度地满足被控对象的控制要求

充分发挥 PLC 的功能，最大限度地满足被控对象的控制要求，是设计 PLC 控制系统的首要前提，也是设计过程中最重要的一个原则。这就要求设计人员在设计前就要深入现场进行调

查研究，收集控制现场的资料，收集相关先进的国内外技术资料。同时要注意和现场的工程管理人员、工程技术人员、现场操作人员紧密配合，拟定控制方案，共同解决设计中的重点问题和疑难问题。

2）保证 PLC 控制系统安全可靠

保证 PLC 控制系统能够长期安全、可靠、稳定运行，是设计控制系统的重要原则。这就要求设计人员在系统设计、元器件选择、软件编程上要考虑全面，以确保控制系统安全可靠。例如，应该保证 PLC 程序不仅能在正常情况下运行，还能在非正常情况（如突然掉电再上电、按钮按错等）下运行。

3）力求简单、经济，使用及维修方便

一个新的控制系统固然能提高产品的质量和数量，带来巨大的经济效益和社会效益，但新控制系统的投入、技术的培训、设备的维护也会增加运行资金。因此，在满足控制要求的前提下，一方面要注意不断扩大控制系统的效益，另一方面也要注意不断降低控制系统的成本。这就要求设计人员不仅应该使控制系统简单、经济，还应该使控制系统的使用及维护方便、成本低，不宜盲目追求自动化和高指标。

4）适应发展的需要

随着技术的不断发展，人们对控制系统的要求不断提高，设计人员在设计时要适当考虑今后控制系统发展和完善的需要。这就要求设计人员在选择 PLC、I/O 模块、I/O 点数和内存容量时，要适当留有裕量，以满足今后生产的发展和工艺的改进。

2. PLC 控制系统设计与调试的步骤

1）分析被控对象并提出控制要求

详细分析被控对象的工艺过程及工作特点，了解被控对象机、电、液之间的配合，提出被控对象对 PLC 控制系统的控制要求，确定控制方案，拟定设计任务书。

2）确定 I/O 设备

根据控制系统的控制要求，确定控制系统所需的全部输入设备（如按钮、位置开关、转换开关及各种传感器等）和输出设备（如接触器、电磁阀、信号指示灯及其他执行器等），从而确定与 PLC 有关的 I/O 设备，以确定 PLC 的 I/O 点数。

3）选择 PLC

PLC 的选择包括对 PLC 的机型、容量、I/O 模块、电源模块等的选择，接下来在"PLC的选择"中将详细讲解。

4）分配 I/O 点并设计 PLC 的外围硬件线路

（1）分配 I/O 点。

画出 PLC 的 I/O 点与 I/O 设备的连接图或对应关系表。

（2）设计 PLC 的外围硬件线路。

画出控制系统其他部分的电气线路图，包括主电路和未进入 PLC 的控制电路等。

由 PLC 的 I/O 连接图和 PLC 外围电气线路图组成控制系统的电气原理图，到此控制系统的硬件电气线路已经确定。

5）程序设计

（1）程序组成。

根据控制系统的控制要求，采用合适的设计方法来设计 PLC 程序。PLC 程序要以满足控制系统的控制要求为主线，逐一编写实现各控制功能或各子任务的程序，逐步完善控制系统指定的功能。除此之外，程序通常还应包括以下内容。

① 初始化程序。在 PLC 上电后，一般都要做一些初始化操作，为启动做必要的准备，避免系统发生误动作。初始化程序的主要内容：对某些数据区、计数器等进行清零，对某些数据区所需数据进行恢复，对某些继电器进行置位或复位，对某些初始状态进行显示等。

② 检测、故障诊断和显示等程序。这些程序相对独立，一般在程序设计基本完成时再添加。

③ 保护和联锁程序。保护和联锁程序是程序中不可缺少的部分，必须认真加以考虑。它们可以避免由非法操作引起的控制逻辑混乱。

（2）程序模拟调试。

程序模拟调试的基本思想：以方便的形式模拟产生现场的实际状态，为程序的运行创造必要的环境条件。根据产生现场信号的方式不同，程序模拟调试有硬件模拟法和软件模拟法两种形式。

① 硬件模拟法使用一些硬件设备（如用另一台 PLC 或一些输入元器件等）模拟产生现场的信号，并将这些信号以硬接线的方式连接到 PLC 控制系统的输入端。硬件模拟法时效性较强。

② 软件模拟法是在 PLC 中另外编写一套模拟程序，以提供现场信号。软件模拟法简单易行，但时效性不易保证。模拟调试的过程可采用分段调试的方法，并利用编程器的监控功能。

6）硬件实施

硬件实施主要是进行控制柜（台）等硬件的设计及现场施工，主要内容如下。

（1）设计控制柜和操作台等部分的电器布置图及安装接线图。

（2）设计控制系统各部分之间的电气互连图。

（3）根据施工图进行现场接线，并进行详细检查。

由于程序设计与硬件实施可同时进行，因此 PLC 控制系统的设计周期可大大缩短。

7）联机调试

联机调试是将通过模拟调试的程序再进行在线统调。联机调试过程应循序渐进，从 PLC 只连接输入设备，再连接输出设备，到再连接实际负载等逐步进行调试。如不符合要求，则对硬件和程序做出调整。通常只需修改部分程序即可。

全部调试完毕后，交付试运行。程序经过一段时间运行后，若工作正常、不需要修改，则将程序固化到 EPROM 中，以防丢失。

8）整理和编写技术文件

技术文件包括设计说明书、硬件原理图、安装接线图、电气元件明细表、PLC 程序及使用说明书等。

二、PLC 的选择

随着 PLC 技术的发展，PLC 产品的种类也越来越多。不同型号的 PLC，其结构形式、性能、容量、指令系统、编程方式、价格等也各有不同，适用的场合也各有侧重。因此，合理选择 PLC，对于提高 PLC 控制系统的技术经济指标有着重要意义。

PLC 的选择应从 PLC 的机型、容量、I/O 模块、电源模块、特殊功能模块、通信联网能力等方面综合考虑。

1. PLC 机型的选择

PLC 机型选择的基本原则是在满足功能要求，保证可靠和维护方便的前提下，力争最佳的性能价格比。选择时应主要考虑以下几点。

1）合理的结构形式

PLC 主要有整体式和模块式两种结构形式。

整体式 PLC 每个 I/O 点的平均价格比模块式的便宜，且体积相对较小，一般用于系统工艺过程较为固定的小型控制系统中；而模块式 PLC 的功能扩展灵活方便，在 I/O 点数、输入点数与输出点数的比例、I/O 模块的种类等方面选择余地大，且维修方便，一般用在较复杂的控制系统中。

2）安装方式的选择

PLC 控制系统的安装方式分为集中式、远程 I/O 式及多台 PLC 联网的分布式。

集中式不需要设置驱动远程 I/O 硬件，系统反应快、成本低；远程 I/O 式适用于大型控制系统，系统装置的分布范围很广，远程 I/O 式可以分散安装在现场装置附近，连线短，但需要增设驱动器和远程 I/O 电源；多台 PLC 联网的分布式适用于多台设备分别独立控制，又要相互联系的控制系统，可以选择小型 PLC，但必须附加通信模块。

3）相应的功能要求

一般小型（低档）128PLC 具有逻辑运算、定时、计数等功能，对于只需要开关量控制的设备均可满足。

对于以开关量控制为主，带少量模拟量控制的系统，可选择能带 A/D 和 D/A 转换单元、具有加减算术运算、数据传送功能的增强型低档 PLC。

对于控制较复杂，要求实现 PID 运算、闭环控制、通信联网等功能的系统，可视控制规模大小及复杂程度，选择中档或高档 PLC。但是中、高档 PLC 的价格较贵，一般用于大规模过程控制和集散控制系统中。

4）响应速度要求

PLC 是为工业自动化设计的通用控制器，不同档次 PLC 的响应速度一般都能满足其应用范围的需要。若要跨范围使用 PLC，或者当某些功能或信号有特殊的速度要求时，则应慎重考虑 PLC 的响应速度，可选择具有高速 I/O 处理功能的 PLC，或者选择具有快速响应模块和中断输入模块的 PLC 等。

5）系统可靠性的要求

对于一般系统，PLC 的可靠性均能满足要求。对于可靠性要求很高的系统，应考虑是否采用冗余系统或热备用系统。

6）机型尽量统一

一个企业，应尽量做到 PLC 的机型统一，主要考虑以下 3 方面的问题。

（1）机型统一，其模块可互为备用，便于备品、备件的采购和管理。

（2）机型统一，其功能和使用方法类似，有利于技术力量的培训和技术水平的提高。

（3）机型统一，其外部设备通用，资源可共享，易于联网通信，配上位计算机后易于形成一个多级分布式控制系统。

2．PLC 容量的选择

PLC 的容量包括 I/O 点数和用户存储容量两个方面。

1）I/O 点数的选择

应该合理选择 PLC 的 I/O 点数，在满足控制要求的前提下力争使用的 I/O 点数最少，但必须留有一定的裕量。

I/O 点数通常是根据被控对象的输入信号、输出信号的实际需要，再加上 10%～15% 的裕量来确定的。

2）用户存储容量的选择

用户程序所需的存储容量不仅与 PLC 系统的功能有关，还与功能实现的方法、程序编写水平有关。一个有经验的程序员和一个初学者，在完成同一种复杂功能时，其程序量可能相差 25% 之多，所以初学者应该在存储容量估算时多留裕量。

PLC I/O 点数的多少，在很大程度上反映了 PLC 系统的功能要求，因此可在 I/O 点数确定的基础上，按下式估算存储容量后，再加 20%～30% 的裕量。

存储容量（字节）=开关量 I/O 点数×10+模拟量 I/O 通道数×100

另外，在选择存储容量的同时，应注意存储器类型的选择。

3．I/O 模块的选择

一般 I/O 模块的价格占 PLC 价格的一半以上。PLC 的 I/O 模块有开关量 I/O 模块、模拟量 I/O 模块及各种特殊功能模块等。不同的 I/O 模块，其电路及功能也不同，会直接影响 PLC 的应用范围和价格，应当根据实际需要加以选择。

1）开关量输入模块的选择

开关量输入模块用来接收现场输入设备的开关信号，将信号转换为 PLC 内部可接受的低电压信号，并实现 PLC 内外信号的电气隔离。在选择时主要应考虑以下几个方面。

（1）类型及电压等级。

开关量输入模块有直流输入、交流输入和交/直流输入 3 种类型，在选择时主要考虑现场输入信号情况和周围环境因素等。直流输入模块的延迟时间较短，可以直接与接近开关、光电开关等电子输入设备连接；交流输入模块可靠性高，适合在有油雾、粉尘的恶劣环境下使用。

开关量输入模块的电压等级：直流 5V、12V、24V、48V、60V 等，交流 110V、220V 等，在选择时主要根据现场输入设备与输入模块之间的距离来考虑。一般来说，直流 5V、12V、24V 用于传输距离较近的场合，如直流 5V 的输入模块最远不得超过 10m。距离较远时应选择输入电压等级较高的模块。

（2）输入接线方式。

开关量输入模块主要有汇点式和分组式两种接线方式。汇点式的开关量输入模块的所有输入点共用一个公共端（COM）；而分组式的开关量输入模块是将输入点分成若干组，每组（几个输入点）有一个公共端，各组之间是分隔的。分组式开关量输入模块的价格较汇点式高，若输入信号之间不需要分隔，则一般选择汇点式。

（3）注意同时接通的输入点数。

对于高密度的输入模块（如 32 点、48 点等），应注意该模块同时接通的点数一般不要超过输入点数的 60%。

（4）输入门槛电平。

为了提高系统的叮靠性，必须考虑输入门槛电平的大小。输入门槛电平越高，抗干扰能力越强，传输距离也就越远，具体可参阅 PLC 说明书。

2）开关量输出模块的选择

开关量输出模块将 PLC 内部低电压信号转换成驱动外部输出设备的开关信号，并实现 PLC 内外信号的电气隔离。在选择时主要应考虑以下几个方面。

（1）输出方式。

开关量输出模块有继电器输出、晶闸管输出和晶体管输出 3 种方式。

继电器输出的价格较低，既可以用于驱动交流负载，又可以用于驱动直流负载，而且适合的电压大小范围较宽、导通压降小，同时承受瞬时过电压和过电流的能力较强，但其属于有触点元件，动作速度较慢（当驱动感性负载时，触点动作频率不得超过 1Hz）、寿命较短、可靠性较差，只适用于不频繁通断的负载。

对于频繁通断的负载，应该选择晶闸管输出或晶体管输出，它们属于无触点元件。前者适用于高速、小功率的直流负载，后者适用于高速、大功率的交流负载。

（2）输出接线方式。

开关量输出模块主要有分组式和分隔式两种接线方式。分组式的开关量输出模块是几个输出点为一组，一组有一个公共端，各组之间是分隔的，可分别用于驱动不同电源的外部输出设备；分隔式的开关量输出模块是每个输出点有一个公共端，各输出点之间相互隔离。在选择时主要根据 PLC 输出设备的电源类型和电压等级的多少而定。一般来说，整体式 PLC 既有分组式的开关量输出模块，也有分隔式的开关量输出模块。

（3）驱动能力。

开关量输出模块的输出电流（驱动能力）必须大于 PLC 外接输出设备的额定电流。用户应根据实际输出设备的电流大小来选择输出模块的输出电流。若实际输出设备的电流较大，输出模块无法直接驱动，则可增加中间放大环节。

（4）同时接通的输出点数。

在选择开关量输出模块时，还应考虑其能同时接通的输出点数，同时接通输出设备的累计电流值必须小于公共端所允许通过的电流值。例如，一个 220V/2A 的 8 点输出模块，每个输出点可承受 2A 的电流，但输出公共端允许通过的电流并不是 16A（8×2A），通常要比此值小得多。一般来讲，同时接通的点数不要超出同一公共端输出点数的 60%。

（5）输出的最大电流与负载类型、环境温度等因素有关。

开关量输出模块的技术指标与不同的负载类型密切相关，特别是输出的最大电流。另外，晶闸管的最大输出电流随环境温度升高会降低，在实际使用中也应注意。

3）模拟量 I/O 模块的选择

模拟量 I/O 模块的主要功能是数据转换，并与 PLC 内部总线相连，同时为了安全也有电气隔离功能。模拟量输入（A/D）模块是将现场传感器检测产生的连续模拟量信号转换成 PLC 内部可接受的数字量，模拟量输出（D/A）模块是将 PLC 内部的数字量转换为模拟量信号输出。

典型模拟量 I/O 模块的量程为-10～+10V、0～+10V、4～20mA 等，可根据实际需要选择，还应考虑其分辨率和转换精度等因素。

一些 PLC 制造厂家还提供特殊模拟量输入模块，可用来直接接收低电平信号（如 RTD、热电偶等信号）。

4）特殊功能模块的选择

目前，PLC 制造厂家相继推出了一些具有特殊功能的 I/O 模块，有的还推出了自带 CPU 的智能型 I/O 模块，如高速计数器、凸轮模拟器、位置控制模块、PID 控制模块、通信模块等。

4．电源模块及其他外部设备的选择

1）电源模块的选择

电源模块的选择仅对于模块式 PLC 而言，整体式 PLC 不存在电源模块的选择。

电源模块的选择主要考虑电源输出额定电流和电源输入电压。电源模块的输出额定电流必须大于 CPU 模块、I/O 模块和其他特殊模块等消耗电流的总和，还应考虑今后 I/O 模块扩展等因素；电源输入电压一般根据现场的实际需要而定。

2）编程器的选择

小型控制系统或不需要在线编程的控制系统一般选择价格便宜的简易编程器。由中、高档 PLC 构成的复杂控制系统或需要在线编程的 PLC 控制系统，可以选择功能强、编程方便的智能编程器，但智能编程器的价格较高。若有现成的个人计算机，则也可以选择 PLC 的编程软件，在个人计算机上实现编程器的功能。

3）写入器的选择

为了防止由于干扰或锂电池电压不足等原因破坏 RAM 中的用户程序，可选择 EPROM 写入器，通过它将用户程序固化在 EPROM 中。有些 PLC 或其编程器本身就具有 EPROM 写入功能。

三、PLC 程序的顺序控制设计法与顺序功能图

若一个系统可以分解成几个独立的控制动作，且这些动作必须严格按照一定的先后次序执行才能保证生产过程的正常运行，则这种系统被称为顺序控制系统，也被称为步进控制系统。

顺序控制设计法是针对顺序控制系统的一种设计方法，这种设计方法很容易被初学者接受，也会提高有经验的工程师的设计效率，程序的调试、修改和阅读也很方便。

PLC 的设计者们为顺序控制系统的程序编制提供了大量通用和专用的编程元件，开发了专门供编制顺序控制程序用的顺序功能图，使这种先进的设计方法成为当前 PLC 程序设计的主要方法。

1．顺序控制设计法的设计步骤

顺序控制设计法的设计步骤分为步的划分、转换条件的确定、顺序功能图的绘制、梯形图的编制。具体就是用转换条件控制代表各步的编程元件（位存储器 M），让它们的状态按一定的顺序变化，然后用代表各步的编程元件控制 PLC 的输出位。

1）步的划分

将系统的一个工作周期划分为若干个顺序相连的阶段，这些阶段称为步，并且用编程元件代表步。步是根据 PLC 输出状态的变化来划分的，在任何一步内，各输出状态不变，但是相邻步之间的输出状态是不同的。根据输出状态划分如图 9-1 所示。

步也可以根据被控对象工作状态的变化来划分，如图 9-2 所示，但被控对象工作状态的变化应该是由 PLC 输出状态的变化引起的，否则就不能这样划分。例如，从快进到工进与 PLC 输出状态无关，那么快进和工进只能算一步。

图 9-1　根据输出状态划分

图 9-2　根据工作状态划分

2）转换条件的确定

使系统由当前步转入下一步的信号称为转换条件。转换条件可能是外部输入信号，如按钮、指令开关、限位开关的接通/断开等，也可能是 PLC 内部产生的信号，如定时器、计数器触点的接通/断开等，转换条件也可能是若干个信号的与、或、非逻辑组合。

3）顺序功能图的绘制

根据以上分析可知，应根据被控对象的工作内容、步骤、顺序和控制要求绘制顺序功能图。顺序功能图的绘制是顺序控制设计法中最关键的一步。

顺序功能图又称状态转移图，是描述系统的控制过程、功能和特性的一种图。顺序功能图不涉及所描述控制功能的具体技术，是一种通用的技术语言。

各个 PLC 制造厂家都开发了相应的顺序功能图，各国也都制定了国家标准。我国于 1986 年颁布了顺序功能图的国家标准（GB 6988.6-1986）。

顺序功能图主要由步、有向连线、转换、转换条件和动作（命令）组成。顺序功能图的组成如图 9-3 所示。

4）梯形图的编制

根据顺序功能图，按某种编程方式写出梯形图程序。若 PLC 支持顺序功能图，则可直接使用该顺序功能图作为最终程序。

2. 顺序控制设计法中顺序功能图的基本概念

1）步与动作

步：矩形框表示步，方框中是该步的编号。编程时一般用 PLC 内部编程元件来代表各步。

图 9-3　顺序功能图的组成

初始步：与系统的初始状态相对应的步称为初始步。初始步用双线方框表示，每个顺序功能图至少应该有一个初始步。

动作：一个控制系统可以划分为被控系统和施控系统。被控系统在某步中要完成某些"动作"，施控系统在某步中要向被控系统发出某些"命令"，这些"动作"或"命令"简称为动作。

动作的表示：用矩形框中的文字或符号表示，该矩形框应与相应的步的符号相连。

活动步：当系统正处于某步时，该步处于活动状态，称该步为"活动步"。当步处于活动状态时，相应的动作被执行。

保持型动作：若为保持型动作，则该步不活动时，继续执行该动作。

非保持型动作：若为非保持型动作，则该步不活动时，动作也停止执行。在顺序功能图中，保持型动作应该用文字或助记符标注，而非保持型动作无须标注。

步与动作如图 9-4 所示。

图 9-4　步与动作

2）有向连线、转换与转换条件

（1）有向连线：顺序功能图中步的活动状态的顺序进展按有向连线规定的路线和方向进行。步的活动状态的进展方向习惯上是从上到下或从左到右，在这两个方向上有向连线的箭头可以省略。若不是上述的方向，则应在有向连线上用箭头注明进展方向。

（2）转换：用有向连线上与有向连线垂直的短画线来表示。转换将相邻两步分隔开。步的活动状态的进展是由转换实现来完成的，并与控制过程的发展相对应。

（3）转换条件：可以用文字语言、布尔代数表达式或图形符号标注在表示转换的短线旁边。

3）转换实现的基本规则

在顺序功能图中，步的活动状态的进展是由转换实现来完成的。转换实现必须同时满足以下两个条件。

（1）该转换所有的前级步都是活动步。

（2）相应的转换条件得到满足。

4）转换实现应完成的操作

（1）使所有的后续步都变为活动步。

（2）使所有的前级步都变为不活动步。

3．顺序功能图的基本结构

（1）单序列。

单序列由一系列相继激活的步组成，每个步的后面仅接一个转换，每个转换的后面只有一个步。单序列如图 9-5（a）所示。

（2）选择序列。

选择序列的开始称为分支，如图 9-5（b）所示，转换符号只能标在水平连线下。若步 5 是活动步，并且 $e=1$，则发生由步 5→步 6 的进展；若步 5 是活动步，并且 $f=1$，则发生由步 5→步 9 的进展。在某个时刻一般只允许选择一个序列。

选择序列的结束称为合并，如图 9-5（c）所示。若步 5 是活动步，并且 $m=1$，则发生由步 5→步 12 的进展；如果步 8 是活动步，并且 $n=1$，则发生由步 8→步 12 的进展。

（3）并行序列。

当转换条件的实现导致同时激活几个序列时，这些序列称为并行序列。并行序列的开始称为分支。为了强调转换的同步实现，水平连线用双线表示。并行序列的结束称为合并，在表示同步的水平双线之下，只允许有一个转换符号。并行序列的分支与合并如图 9-6 所示。

（a）单序列　　（b）选择序列的开始　　（c）选择序列的结束

图 9-5　单序列与选择序列　　　　　　图 9-6　并行序列的分支与合并

（4）子步。某步可以包含一系列子步和转换，通常这些序列表示整个系统的一个完整的子功能。子步如图 9-7 所示。

图 9-7　子步

子步的使用使系统的设计者在总体设计时容易抓住系统的主要矛盾，可以用更加简洁的方式表示系统的整体功能和概貌，而不是一开始就陷入某些细节之中。

子步中还可以包含更详细的子步，这使设计方法的逻辑性很强，可以减少设计中的错误，缩短总体设计和查错所需要的时间。

4．绘制顺序功能图应注意的问题

两个步绝对不能直接相连，必须用一个转换将它们隔开。两个转换也不能直接相连，必须用一个步将它们隔开。在顺序功能图中，初始步是必不可少的。

只有当某个步所有的前级步都是活动步时，该步才有可能变成活动步。PLC 开始进入运行方式时各步均处于"0"状态，因此必须有初始化信号，将初始步预置为活动步，否则顺序功能图中永远不会出现活动步，系统将无法工作。

四、顺序控制梯形图的编程方法

顺序控制梯形图的编程方法是指根据顺序功能图设计梯形图的方法，主要有使用启保停电路的编程方法、以转换为中心的编程方法、使用 SCR 指令的编程方法。

前面分析过启保停电路，启保停电路主要由启动电路、停止电路和保持电路组成。启动条件是启动电路只在启动的瞬间导通；停止条件是停止电路只在停止的瞬间断开，其他时间是闭合的；保持电路是被控继电器的常开触点，与启保停电路中的线圈一样属于同一个继电器。启保停电路的启动电路和停止电路可以是很复杂的电路，但是必须满足上面所说的特点。

顺序控制设计法就是用转换条件控制代表各步的编程元件（存储器 M），让它们的状态按一定的顺序变化，然后用代表各步的编程元件去控制 PLC 的输出位。可以利用启保停电路控制代表各步的编程元件，启动电路是前级步的常开触点与转换条件串联，停止电路是所有的后续步的常闭触点，再用代表各步的编程元件去控制 PLC 的输出位，这样就可以设计出满足要求的梯形图。

先学习使用启保停电路的编程方法。

1. 单序列的编程方法

小车运动的顺序功能图及梯形图如图 9-8 所示。

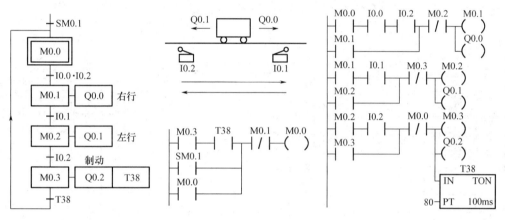

图 9-8　小车运动的顺序功能图及梯形图

设计启保停电路的关键是找出它的启动条件和停止条件。根据转换实现的基本规则，找出各步的启动条件和停止条件，利用上述的编程方法和顺序功能图，就可以很容易地画出梯形图。如图 9-8 所示，以初始步 M0.0 为例，由顺序功能图可知，M0.3 是它的前级步，T38 的常开触点接通是二者之间的转换条件，所以应将 M0.3 和 T38 的常开触点串联，作为 M0.0 的启动电路。PLC 在初始运行时应将 M0.0 置为 ON，否则系统无法工作，故应将仅在第一个扫描周期接通的 SM0.1 的常开触点与上述串联电路并联，启动电路还并联了 M0.0 的自保持触点。后续步只有步 M0.1，M0.1 为 ON 时，M0.0 的线圈"断电"，初始步才能变为不活动步。所以，步 M0.0 启动条件的电路是 M0.3 和 T38 的常开触点串联后与 SM0.1 并联，步 M0.2 停止条件的电路是 M0.1 的常闭触点，保持电路是 M0.0 本身的常开触点。

下面介绍设计顺序控制梯形图的输出电路的方法。由于步是根据输出变量的状态变化来划分的，因此它们之间的关系极为简单，可以分为两种情况来处理。

某个输出量仅在某个步中为 ON，可以将它的线圈与对应步的存储器位的线圈并联。图 9-8 中的各输出 Q 与定时器都是这样处理的。

有人也许会认为，既然如此，不如用这些输出 Q 来代表该步，如用 Q0.1 代替 M0.2。当然这样做可以节省一些编程元件，但是存储器 M 是完全够用的，多用一些不会增加硬件费用，在设计和输入程序时也多花不了多少时间。全部用存储器 M 来代表步具有概念清楚、编程规范、梯形图易于阅读和查错的优点。

某个输出 Q 若在几步中都为 ON，则应将代表这几步的存储器 M 的常开触点并联后，来驱动该输出位的线圈。

综上所述，单序列的编程方法就是把每步存储器 M 的线圈用启保停电路加以驱动，最后用存储器 M 的常开触点控制输出位即可。

2. 选择序列的编程方法

1）选择序列分支的编程方法

选择序列与并行序列如图 9-9 所示，步 M0.0 之后有一个选择序列的分支，设 M0.0 为活动步，当它的后续步 M0.1 或 M0.2 变为活动步时，它都应变为不活动步，即 M0.0 变为 OFF，所以应将 M0.1 和 M0.2 的常闭触点与 M0.0 的线圈串联。

若某个步的后面有一个由 N 条分支组成的选择序列，该步可能转换到不同的 N 步中，则应将这 N 个后续步对应的存储器的常闭触点与该步的线圈串联，作为结束该步的条件。

图 9-9　选择序列与并行序列

2）选择序列合并的编程方法

如图 9-9 所示，步 M0.2 之前有一个选择序列的合并，当步 M0.1 为活动步（M0.1 为 ON），并且满足转换条件 I0.1，或者步 M0.0 为活动步，并且满足转换条件 I0.2 时，步 M0.2 都应变为活动步，即控制该步的存储器位 M0.2 的启保停电路的启动条件应为 M0.1·I0.1+M0.0·I0.2，对应的启动电路由两条并联支路组成。

一般来说，对于选择序列的合并，若某个步之前有 N 个转换，即有 N 条分支进入该步，则控制代表该步的存储器位的启保停电路的启动电路由 N 条支路并联而成，各支路由某个前级步对应的存储器位的常开触点与相应转换条件对应的触点或电路串联而成。

3. 并行序列的编程方法

1）并行序列分支的编程方法

图 9-9 中的步 M0.2 之后有一个并行序列的分支，当步 M0.2 是活动步并且满足转换条件 I0.3 时，步 M0.3 和 M0.5 应同时变为活动步，这是用 M0.2 和 I0.3 的常开触点组成的串联电路分别作为 M0.3 和 M0.5 的启动电路来实现的；与此同时，步 M0.2 应变为不活动步。步 M0.3 和 M0.5 是同时变为活动步的，只需将 M0.3 或 M0.5 的常闭触点与 M0.2 的线圈串联就行了。

2）并行序列合并的编程方法

步 M0.0 之前有一个并行序列的合并，该转换实现的条件是所有的前级步（步 M0.4 和 M0.6）都是活动步和满足转换条件 I0.6。由此可知，应将 M0.4、M0.6 和 I0.6 的常开触点串联，作为控制 M0.0 的启保停电路的启动电路。

任何复杂的顺序功能图都是由单序列、选择序列和并行序列组成的，掌握了单序列的编程方法和选择序列、并行序列的分支、合并的编程方法，就不难快速地设计出任意复杂的顺序功能图描述的数字量控制系统的梯形图。

【项目分析】

图 9-10 是交通信号灯示意图。交叉的道路是南北向及东西向的，每个方向各有红、绿、黄 3 盏信号灯。东西方向的红灯亮 25s，与此同时，南北方向的绿灯亮 20s、闪烁 3s，之后其黄灯亮 2s。南北方向红灯亮时的变化与之正好相反。按这个规律不断循环。

从控制要求可以看出，控制过程可以分解成多个独立的控制动作，这些动作之间严格按照一定的先后次序执行，适宜采用顺序控制设计法解决问题。

画出系统运行的波形图，找出各步的转换条件，采用顺序功能图来描述系统的运行过程，然后按顺序功能图的逻辑要求以启保停电路的编程方式编写梯形图程序。

图 9-10　交通信号灯示意图

【项目实施】

1. 确定 I/O 设备

本系统有两个按钮，一个用于给出启动信号，一个用于给出停止信号，要用到 PLC 的 2 个输入点；有红、绿、黄灯各两盏，分别用作东西、南北方向的信号灯，要用到 PLC 的 6 个输出点；最多要用到 PLC 的 6 个定时器。

2．PLC 的选择

查表 4-1 可知，CPU222 有 8 个数字量输入、6 个数字量输出，CPU224 有 14 个数字量输入、10 个数字量输出、256 个定时器。考虑到将来的性能扩充，要留有余量，所以选择 CPU224 PLC。查表 4-5 可知，晶体管输出型 PLC 与继电器输出型 PLC 的输出电压、电流、功率等情况，每个输出点的功率输出比较小，若负载功率较大且负载较多，则输出端不能直接连负载。若选用直流交通灯，则可选晶体管输出型 PLC，输出端通过固态继电器控制交通灯；若选用交流交通灯，则可选继电器输出型 PLC，输出端通过交流接触器控制交通灯。注意，所选固态继电器控制端或交流接触器线圈的工作电压不能超出 PLC 输出点的额定电压。假设选用交流交通灯，则 PLC 选 CPU224 AC/DC/RELY，输出点接入交流电的额定电压不能超过 AC 220V，交流接触器线圈的额定电压不能超过 AC 220V。

3．分配 I/O 地址及定时器

分配 I/O 地址及定时器如表 9-1 所示。

表 9-1　分配 I/O 地址及定时器

元件名称	I/O 点	说　明	定　时　器	类　型	说　明
SB1	I0.0	启动按钮	T33	TON	南北红灯工作 25s
SB2	I0.1	停止按钮	T34	TON	南北绿灯工作 20s
KM1	Q0.1	南北红灯	T35	TON	南北绿灯闪烁 3s
KM2	Q0.2	东西绿灯	T97	TON	东西红灯工作 25s
KM3	Q0.3	东西黄灯	T98	TON	东西绿灯工作 20s
KM4	Q0.4	东西红灯	T99	TON	东西绿灯闪烁 3s
KM5	Q0.5	南北绿灯			
KM6	Q0.6	南北黄灯			

4．画出 PLC 外部接线图

画出如图 9-11 所示的 PLC 外部接线图。

5．画出波形图

根据项目要求，画出交通信号灯的波形图，如图 9-12 所示。

图 9-11　PLC 外部接线图

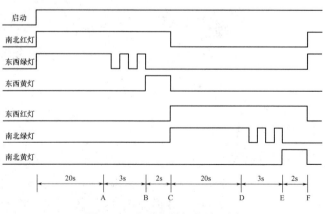

图 9-12　交通信号灯的波形图

6. 画出顺序功能图

根据波形图画出顺序功能图。在波形图中，随着时间的推移，所有输出中只要有一个状态发生了变化，那么就进入了下一步，这个变化时间点的条件（如定时时间到）就是转换条件。将东西与南北方向的交通灯看作两条并行推进的序列，每个序列都按照一个方向 25s 的红灯亮，另一个方向 20s 的绿灯亮、3s 的绿灯闪烁，接着是该方向 2s 的黄灯亮这样的顺序变化，两个序列如此反复循环。划分步，确定相应的转换条件，用转换条件控制代表各步的编程元件（位存储器 M），让它们的状态按一定的顺序变化，然后用代表各步的编程元件控制 PLC 的输出位及定时器。

当 PLC 由停止状态进入运行状态时，SM0.1 将初始步 M0.0 置为 ON，按下启动按钮 I0.0，步 M0.1 和步 M0.2 同时变为活动步，南北红灯和东西绿灯同时亮。

在顺序功能图中，为了避免从并行序列的合并处直接转换到并行序列的分支处，在步 M0.5 和 M1.0 的后面设置了一个虚设步 M1.1，该步没有具体的操作，进入该步后，将马上转移到下一个步。交通信号灯的顺序功能图如图 9-13 所示。

图 9-13　交通信号灯的顺序功能图

7. 设计梯形图程序

使用启保停电路的编程方法编写梯形图程序。启保停电路主要由启动电路、停止电路和保持电路组成。找出每个步的启动电路、停止电路和保持电路，并画出每个步的梯形图，交通信号灯的梯形图程序如图 9-14 所示。

按下按钮 I0.0，交通信号灯将按顺序功能图所示的顺序变化。交通信号灯的闪烁是用周期为 1s 的时钟脉冲 SM0.5 的触点实现的。在梯形图中用启保停电路和启动、停止按钮来控制 M1.6，按下启动按钮 I0.0，M1.6 变为 ON 并保持，按下停止按钮 I0.1，M1.6 变为 OFF，但是系统不会马上返回初始步，因为 M1.6 只在步 M1.1 之后才起作用。按下停止按钮 I0.1，在完成顺序功能图中一个工作周期的最后一个步（虚设步）的工作后返回初始状态，所有的灯熄灭。由于程序中不能出现双线圈输出，因此网络 4、5 中应出现的 Q0.2 的线圈在网络 6 中进行了统一处理。网络 11 的作用与网络 6 相似。

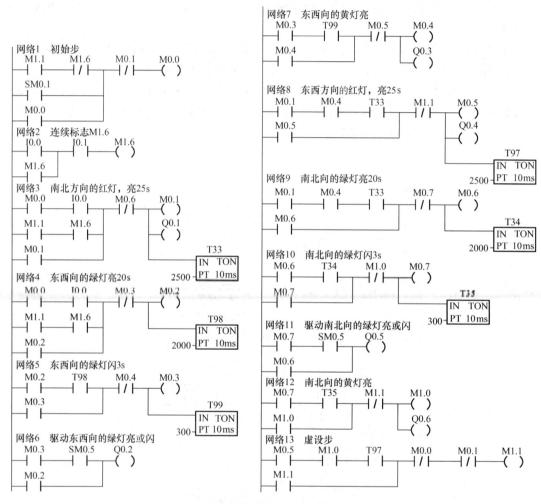

图 9-14　交通信号灯的梯形图程序

8．运行调试

（1）在断电的情况下，按图 9-11 进行 PLC 的控制线路接线。用编程电缆连接 PLC 和计算机的串行通信接口，接通计算机和 PLC 的电源。

（2）运行计算机上的 STEP7-Micro/WIN32 编程软件，单击工具条上最左边的"新建项目"，生成一个新的项目。

（3）执行菜单命令"PLC"→"类型"，设置 PLC 的型号。设置通信参数，建立计算机与 PLC 的通信连接。

微课：硬件接线

（4）执行菜单命令"工具"→"选项"，在"一般"对话框的"一般"选项卡中，选择 SIMATIC 指令集和"国际"助记符集，将"梯形图编辑器"设置为默认的程序编辑器。

（5）用"查看"菜单选择"梯形图"语言，用"查看"菜单选择"框架"→"指令树"可打开（或关闭）指令树窗口，找到其中的"项目 1"→"程序块"→"主程序"，双击"主程序"，在右边"主程序"的编辑窗口中输入图 9-14 所示的梯形图程序。

微课:程序录入

（6）单击工具条中的"编译"或"全部编译"，编译输入的程序。若程序没有错误，则显示"0 错误"。否则，改正程序中的错误后才能下载程序。在下载用户程序之前，编程软件将首先自动执行编译操作。

（7）下载程序。计算机与 PLC 建立连接后，将 CPU 模块上的模式开关放在运行位置，单击工具条中的"下载"，在下载对话框中单击"选项"，选择要下载的块，一般只下载程序块。单击"下载"，开始下载。

（8）调试程序。下载成功后，单击"运行"，"RUN" LED 亮，用户程序开始运行。断开数字量输入端的全部输入开关，CPU 模块上输入侧的 LED 全部熄灭。用接在端子 I0.0、I0.1 的开关模拟启动按钮和停止按钮。接通开关 I0.1，表示停止按钮处于常闭状态。接通开关 I0.0 再断开，表示按下了启动按钮。通过观察 Q0.1～Q0.6 的输出状态灯的情况，了解程序的执行情况。

微课:运行调试

观察 PLC 的输出端是否按题目要求的逻辑发生变化，如不是，进行调试。单击程序状态监控"🖥"或用菜单命令"调试"→"开始程序状态监控"，在梯形图中显示出各元件的状态。单击状态表监控"🖥"或用菜单命令"调试"→"开始状态表监控"，在状态表中输入图 9-15 中所列的信息，观察程序执行中相应值的变化。状态表如图 9-15 所示，定时器 T33 的当前值为+846，其设定值为 2500，所以定时时间不到，T33 的状态位为 0。对以上调试过程加以分析，可以找到问题所在，若有问题，则改正后重新下载调试。

	地址	格式	当前值	新值
1	I0.0	位	2#0	
2	I0.1	位	2#1	
3	Q0.1	位	2#1	
4	Q0.2	位	2#1	
5	Q0.3	位	2#0	
6	Q0.4	位	2#0	
7	Q0.5	位	2#0	
8	Q0.6	位	2#0	
9	T33	位	2#0	
10	T33	有符号	+846	
11	T34	位	2#0	
12	T34	有符号	+0	
13	T35	位	2#0	
14	T35	有符号	+0	
15	T97	位	2#0	
16	T97	位	2#0	
17	T98	位	2#0	
18	T98	有符号	+846	
19	T99	位	2#0	
20	T99	有符号	+0	

用户定义1

图 9-15 状态表

9. 仿真运行

1）导出程序文本文件

执行菜单命令"文件"→"导出..."，导出后缀为".awl"的"交通信号灯的运行控制.awl"文件。

2）启动仿真程序

启动仿真程序，执行菜单命令"配置"→"CPU 型号"，选取所需型号的 CPU。

3）装入待仿真的程序

执行菜单命令"程序"→"载入程序"，选中逻辑块，打开"交通信号灯的运行控制.awl"文件。

4）仿真调试

执行菜单命令"PLC"→"运行"或单击工具条上的"▷"，进入运行模式。单击" STAT "，输入图 9-15 所示的信息，进行内存变量监控，调试过程与 STEP7-Micro/WIN32 软件的相似，不再赘述。

【评定激励】

按以下标准开展小组自评、互评，成绩填入项目评分细则表，如表 9-2 所示。

微课：运行调试

表 9-2　项目评分细则表

| 项目名称 | | | | | 组别 | |
| 开始时间 | | | 结束时间 | | | |
考核内容	考核要求	配分	评分标准		扣分	得分
电路设计	（1）I/O 分配表正确 （2）I/O 电路图正确 （3）主电路正确 （4）联锁、保护齐全	30 分	（1）I/O 分配表每错一处，扣 5 分 （2）I/O 电路图每错一处，扣 5 分 （3）主电路每错一处，扣 5 分 （4）联锁、保护每缺一项，扣 5 分			
安装接线	（1）元件选择、布局合理，安装符合要求 （2）布线合理美观	10 分	（1）元件选择、布局不合理，扣 3 分/处；元件安装不牢固，扣 3 分/处 （2）布线不合理、不美观，扣 3 分/处			
编程调试	（1）程序可实现控制功能 （2）操作步骤正确 （3）试车成功	50 分	（1）输入梯形图错误，扣 2 分/处 （2）不会设置及下载，分别扣 5 分 （3）一个功能未实现，扣 10 分 （4）操作步骤每错一步，扣 5 分 （5）显示运行不正常，扣 5 分/处			
安全文明工作	（1）安全用电，无人为损坏仪器、元件和设备 （2）保持环境整洁，秩序井然，操作习惯良好 （3）小组成员协作和谐，态度正确	10 分	（1）发生安全事故，扣 10 分 （2）人为损坏设备、元器件，扣 10 分 （3）现场不整洁、工作不文明、团队不协作，扣 5 分 （4）不遵守考勤制度，每次扣 2～5 分			
总成绩						

思考与练习

（1）简述 PLC 控制系统设计的基本原则与步骤。

（2）简述 PLC 的机型、容量、I/O 模块、电源模块、特殊功能模块、通信联网模块等方面的选用原则。

（3）简述划分步的原则。

（4）简述转换实现的条件和转换实现时应完成的操作。

（5）分别简述单序列、选择序列及并行序列的启保停电路的编程方法。

（6）液体混合装置如图 9-16 所示，上限位、下限位和中限位传感器被液体淹没时为 ON，阀 A、阀 B 和阀 C 为电磁阀，线圈通电时打开，线圈断电时关闭。开始时容器是空的，各阀门均为 OFF。按下启动按钮后，打开阀 A，液体 A 流入容器，当中限位开关变为 ON 时，关闭阀 A，打开阀 B，液体 B 流入容器。当到达上限位开关时，关闭阀 B，电动机 M 开始运行，搅动液体，60s 后停止搅动，打开阀 C，放出混合液，当降至下限位开关后再过 5s，容器放空，关闭阀 C，打开阀 A，又开始下一个周期的工作。按下停止按钮，在当前工作周期的工作结束后，才停止工作（停在初始状态）。

试用 PLC 对该装置进行控制，试进行 I/O 分配、画出 PLC 外部电路接线图、系统运行波形图、顺序功能图，设计梯形图程序并上机调试。

（7）某组合机床动力头进给运动示意图如图 9-17 所示。假设动力头在初始状态时停在左边，限位开关 I0.1 为 ON。按下启动按钮 I0.0 后，Q0.0 和 Q0.2 为 ON，动力头向右快速进给（简称快进），碰到限位开关 I0.2 后变为工作进给（简称工进），仅 Q0.0 为 ON，碰到限位开关 I0.3 后，暂停 5s；5s 后 Q0.2 和 Q0.1 为 ON，工作台快速退回（简称快退），返回初始位置后停止。

试用 PLC 对该装置进行控制，试进行 I/O 分配，画出 PLC 外部电路接线图、系统运行波形图、顺序功能图，设计梯形图程序并上机调试。

图 9-16 液体混合装置

图 9-17 某组合机床动力头进给运动示意图

停车场管理

【项目目标】

用 S7-200 PLC 构成停车场管理系统，运用 STEP7-Micro/WIN32 软件对控制系统进行联机调试。控制要求如下。

（1）停车场容量为 100 辆车，不允许进入更多；当停车场车停满后，显示车位已满信号，不允许车再进入。

（2）每当进入一辆车时，入口传感器向 PLC 发送一个信号，入口门开启（开启时间为 3s），停车场的当前车辆数加一，30s 后入口门关闭（关闭时间为 3s）。

（3）每当出去一辆车时，出口传感器向 PLC 发送一个信号，出口门开启（开启时间为 3s），停车场的当前车辆数减一，30s 后出口门关闭（关闭时间为 3s）。

【学习目标】

（1）掌握增减计数器的用法。
（2）掌握 PLC 的接线方法。
（3）掌握顺序控制梯形图的画法。
（4）掌握以转换为中心的编程方式编制梯形图程序的方法。
（5）熟练运用 S7-200 PLC 的编程软件 STEP7-Micro/WIN32 进行程序的下载与调试。

【相关知识】

一、计数器

计数器用来累计输入脉冲的次数，是应用非常广泛的编程元件，经常用来对产品进行计数。计数器指令有 3 种：增计数 CTU、减计数 CTD 和增减计数 CTUD。指令操作数有编号、预设值、脉冲输入和复位输入。

1．增计数器

微课：增计数器

CTU 为增计数器指令，首次扫描时计数器位为 OFF，当前值为 0。

当 R=0 时，计数器开始计数。CU 端有一个输入脉冲上升沿到来，计数器的 SV=SV+1。当 SV≥PV 时，Cn 状态位为 1，CU 端再有脉冲到来时，SV 继续累加，直到 SV=32767 时，停止计数。

当 R=1 时，计数器复位，当前值 SV=0，Cn 状态位为 0。

指令格式：CTU C×××，PV。

程序实例：增计数器的程序片断如图 10-1 所示，增计数器的时序图如图 10-2 所示。

图 10-1　增计数器的程序片断　　　　图 10-2　增计数器的时序图

2．减计数器

CTD 为减计数器指令，脉冲输入端 CD 用于递减计数。首次扫描时，计数器位为 OFF，当前值等于预设值 PV。计数器检测到 CD 输入的每个上升沿时，计数器当前值减小 1 个单位，当前值减到 0 时，计数器为 ON。

当 LD=1 时，其计数器的设定值 PV 装入计数器的当前值寄存器，此时 SV=PV，计数器复位，Cn 状态位为 0。当 LD=0 时，计数器开始计数。CD 端有一个输入脉冲上升沿到来，计数器的 SV=SV−1。当 SV=0 时，Cn 状态为 1，并停止计数。

复位输入有效或执行复位指令，计数器自动复位，即计数器位为 OFF，当前值复位为预设值，而不是 0。

指令格式：CTD　C×××，PV。

程序实例：减计数器的程序片断如图 10-3 所示，减计数器的时序图如图 10-4 所示。

微课：减计数器

图 10-3　减计数器的程序片断　　　　图 10-4　减计数器的时序图

3．增减计数器

CTUD 为增减计数器指令，有两个脉冲输入端：CU 输入端用于递增计数，CD 输入端用于递减计数。当前值大于或等于预设值时，计数器位为 ON。复位输入有效或执行复位指令时，计数器复位，即计数器为 OFF，当前值为 0。

微课：增减
计数器

当 R=1 时，当前值 SV=0，计数器复位，Cn 状态位为 0。当 R=0 时，计数器开始计数。

当 CU 端有一个输入脉冲上升沿到来时，计数器的 SV=SV+1。当 SV≥PV 时，Cn 状态位为 1，CU 端再有脉冲到来时，SV 继续累加。

当 CD 端有一个输入脉冲上升沿到来时，计数器的 SV=SV-1。当 SV<PV 时，Cn 状态位为 0，CD 端再有脉冲到来时，计数器的当前值仍不断递减。

当前值为 32767 时，CU 输入端来一个脉冲，当前值变为-32768。当前值为-32768 时，CD 输入端来一个脉冲，当前值变为 32767。

指令格式：CTUD C×××，PV。

程序实例：增减计数器的程序片断如图 10-5 所示，增减计数器的时序图如图 10-6 所示。

图 10-5　增减计数器的程序片断　　　　图 10-6　增减计数器的时序图

二、以转换为中心的顺序控制梯形图设计方法

1. 单序列的编程方法

在顺序功能图中，若某个转换所有的前级步都是活动步，并且满足相应的转换条件，则转换实现，即所有由有向连线与相应转换符号相连的后续步都变为活动步，而所有由有向连线与相应转换符号相连的前级步都变为不活动步。在以转换为中心的编程方法中，用该转换所有的前级步对应的存储器位的常开触点与转换条件对应的触点或电路串联(该串联电路为启保停电路中的启动电路)，用它作为使所有后续步对应的存储器位置位（使用置位指令）和使所有前级步对应的存储器位复位（使用复位指令）的条件。在任何情况下，代表步的存储器位的控制电路都可以用这个原则来设计，每个转换对应一个这样的控制置位和复位的电路块，有多少个转换就有多少个这样的电路块。这种设计方法特别有规律，梯形图与转换实现的基本规则之间有着严格的对应关系，在设计复杂的顺序功能图的梯形图时既容易掌握，又不容易出错。

图 10-7 所示的两条传送带用来传送较长的物体，要求尽可能地减少传送带的运行时间。传送带端部设置了两个光电开关，有物体经过时 I0.0 和 I0.1 为 ON，传送带 A、B 的电动机分别用 Q0.0 和 Q0.1 控制。SM0.1 使初始步 M0.0 为 ON，按下启动按钮 I0.2，传送带 A 开始运行，当被传送物体的前沿使 I0.0 变为 ON 时，系统进入步 M0.2，两条传送带同时运行。当被传送物体的后沿离开光电开关 I0.0 时，传送带 A 停止运行，当被传送物体的后沿离开光电开关 I0.1 时，传送带 B 停止运行，系统返回初始步。

实现图 10-7 中 I0.0 对应的转换需要同时满足两个条件，即满足该转换的前级步是活动步（M0.1=1）和满足转换条件（I0.0=1）。在梯形图中，可以用 M0.1 和 I0.0 的常开触点组成的串联电路来表示上述条件。当该电路接通时，条件满足，此时应将该转换的后续步变为活动步，

即用置位指令"S M0.2, 1"将 M0.2 置位；还应将该转换的前级步变为不活动步，即用复位指令"R M0.1, 1"将 M0.1 复位。

使用这种编程方法时，不能将输出位的线圈与置位指令和复位指令并联，这是因为图 10-7 中控制置位、复位的串联电路接通的时间只有一个扫描周期，转换条件满足后前级步马上被复位，该串联电路断开，而输出位 Q 的线圈至少应该在某个步对应的全部时间内被接通。所以应根据顺序功能图，用代表步的存储器位的常开触点或它们的并联电路来驱动输出位的线圈。

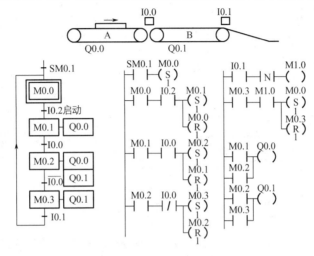

图 10-7　运输带控制系统的顺序功能图与梯形图

当被传送物体的后沿离开限位开关 I0.1 时，应实现步 M0.3 之后的转换。为什么不能用 I0.1 的常闭触点作为转换条件呢？通过分析系统的 I/O 波形图可知，当系统由步 M0.2 转换到步 M0.3 时，I0.1 正处于 0 状态，若在步 M0.3 之后用它的常闭触点作为转换条件，则将使系统马上错误地由步 M0.3 转换到步 M0.0，物体尚未运出，传送带 B 就停下来了。当梯形图中的下降沿检测触点使 M1.0 在 I0.1 由 1 状态变为 0 状态的下降沿时，在一个扫描周期内为 ON，再用 M1.0 的常开触点作为步 M0.3 与步 M0.0 之间的转换条件，可以防止出现上述的错误。

2. 选择序列的编程方法

如果某个转换与并行序列的分支、合并无关，那么它的前级步和后续步都只有一个，需要复位、置位的存储器位也只有一个，因此选择序列的分支与合并的编程方法实际上与单序列的编程方法完全相同。

在图 10-8 所示的选择序列与并行序列左边的顺序功能图中，除 I0.3 与 I0.6 对应的转换以外，其余的转换均与并行序列的分支、合并无关，I0.0～I0.2 对应的转换与选择序列的分支、合并有关，它们都只有一个前级步和一个后续步。与并行序列的分支、合并无关的转换对应的梯形图是非常标准的，每个控制置位、复位的电路块都由前级步对应的一个存储器位的常开触点和转换条件对应的触点组成的串联电路、一条置位指令和一条复位指令组成。

3. 并行序列的编程方法

如图 10-8 所示，步 M0.2 之后有一个并行序列的分支，当 M0.2 是活动步，并且满足转换条件 I0.3 时，步 M0.3 与步 M0.5 应同时变为活动步，这是用 M0.2 和 I0.3 的常开触点组成的串联电路使 M0.3 和 M0.5 同时置位实现的；与此同时，步 M0.2 应变为不活动步，这是用复位指令来实现的。

图 10-8 选择序列与并行序列

I0.6 对应的转换前有一个并行序列的合并，该转换实现的条件是所有的前级步（步 M0.4 和 M0.6）都是活动步和满足转换条件 I0.6。由此可知，应将 M0.4、M0.6 和 I0.6 的常开触点串联，作为使后续步 M0.0 置位和使 M0.4、M0.6 复位的条件。

【项目分析】

从控制要求中可以看出，本项目可以采用顺序控制设计法来解决。先进行分析，找出所用到的 I/O 设备，确定 I/O 点数，进行 PLC 选型，画出电路图；之后根据控制逻辑画出时序波形图，根据时序波形图进行步的划分，画出顺序功能图，描述系统的运行过程；最后按功能图的逻辑要求采用以转换为中心的顺序控制梯形图设计方法编写梯形图程序。

【项目实施】

1. 确定 I/O 设备

停车场入口处有入口传感器、入口开关门电动机、车位已满信号灯，出口处有出口传感器、出口开关门电动机。

要用到的 PLC 内部元件：入口开门时间继电器、入口开门保持时间继电器、入口关门时间继电器、出口开门时间继电器、出口开门保持时间继电器、出口关门时间继电器、增减计数器（对现有车辆数进行增减）。

2. PLC 的内部资源分配

根据 I/O 设备情况，由于现有大多数电动门的电动机为交流电动机，PLC 的输出口功率太小，不能直接控制交流电动机，因此可让其输出口先控制交流接触器，通过交流接触器控制交流电动机。根据 I/O 点数，考虑到将来的扩充，PLC 可选用西门子的 CPU224 AC/DC/RELY。PLC 的内部资源分配如表 10-1 所示。

表 10-1　PLC 的内部资源分配

序　号	PLC 元件	对应 I/O 设备	功 能 说 明
1	I0.0	入口传感器	来车检测
2	Q0.0	KM1（控制入口开关门电动机）	电动机正转
3	Q0.1	KM2（控制入口开关门电动机）	电动机反转
4	I0.1	出口传感器	去车检测
5	Q0.2	KM3（控制出口开关门电动机）	电动机正转
6	Q0.3	KM4（控制出口开关门电动机）	电动机反转
7	Q0.4	信号灯	表示车位满否
8	T41	延时断开时间继电器	入口开门时间
9	T42	延时断开时间继电器	入口关门时间
10	T45	延时断开时间继电器	入口开门保持时间
11	T43	延时断开时间继电器	出口开门时间
12	T44	延时断开时间继电器	出口关门时间
13	T46	延时断开时间继电器	出口开门保持时间
14	C0	增减计数器	对现有车辆数增减

3．画出 PLC 外部接线图及主电路图

　　根据 I/O 类型及点数，且考虑将来的性能扩充，选用 S7-200 系列 PLC 的 CPU224，要求信号灯的额定电流不超过输出点的额定电流，否则要通过继电器或接触器控制信号灯。画出如图 10-9 所示的停车场的 PLC 外部接线图。停车场的主电路如图 10-10 所示。

图 10-9　停车场的 PLC 外部接线图

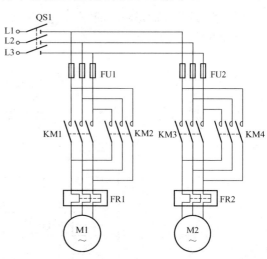

图 10-10　停车场的主电路

4．画出时序波形图

根据项目要求，画出时序波形图。停车场的时序波形图如图 10-11 所示。由于出入停车场的车辆是随机的，因此将二者的时序图分开来画。

图 10-11　停车场的时序波形图

5．画出顺序功能图

从前面的学习中我们可以知道，步是根据 PLC 输出状态的变化来划分的，在任何一个步中，各输出状态不变，但是相邻步之间的输出状态是不同的。下面根据这个原则划分步。用转换条件控制代表各步的编程元件（位存储器 M），让它们的状态按一定的顺序变化，然后用代表各步的编程元件控制 PLC 的输出位。PLC 的输出位只有 Q0.0、Q0.1、Q0.2、Q0.3、Q0.4，I0.0、I0.1 与各定时器是转换条件。图 10-11（a）所示为车辆进入停车场时的时序波形图，图 10-11（b）所示为车辆离开停车场时的时序波形图。在图 10-11（a）中，A 点之前为车辆入库的起始步，用 M0.1 表示；A、B 点之间为第二步，用 M0.3 表示，往下依此类推。在图 10-11（b）中，E 点之前为车辆出库的起始步，用 M0.2 表示；E、F 点之间为第二步，用 M0.6 表示，往下依此类推。据此，可轻松画出顺序功能图。停车场的顺序功能图如图 10-12 所示。由于出入停车场的过程先后是随机的，因此把两部分的顺序功能图作为并行序列来处理，共同的初始步为 M0.0。

图 10-12　停车场的顺序功能图

　　SM0.1 只在 PLC 启动后的第一个扫描周期闭合，在这个周期程序进入 M0.0 这个步，接着无条件前进到 M0.1 和 M0.2。在车库未满的情况下，若 I0.0 出现上升沿，则说明有车辆到来，同时，若计数器 C0 的常闭触点闭合，则说明车位不满，满足这两个条件进入步 M0.3，使输出继电器 Q0.0 常开触点闭合，使入口电动机正转开门，车辆计数器加 1。假设 3s 后入库门打开（T41 计时），入库门保持打开 30s（T45 计时）后关门（关门时间由 T42 计时 3s），然后回到起始步 M0.1。若 I0.1 常开触点闭合，则说明出口有车要走，通过 Q0.2 控制出口门打开（由 T43 计时），车辆计数器减 1，出口门保持打开 30s（T46 计时）后关门（关门时间由 T44 计时 3s），然后回到起始步 M0.2。若检测到计数器 C0 常开触点闭合，使 Q0.4 控制的灯点亮，则表示车位已满，否则使 Q0.4 控制的灯熄灭。

6．设计梯形图程序

　　采用以转换为中心的梯形图编程方法进行设计，编写程序时先实现步，再用步标识驱动动作。停车场的梯形图程序如图 10-13 所示。

7．运行调试

　　（1）在断电的情况下，按图 10-9 进行 PLC 控制线路接线，按图 10-10 进行主电路接线。用编程电缆连接 PLC 和计算机的串行通信接口，接通计算机和 PLC 的电源。

　　（2）运行计算机上的 STEP7-Micro/WIN32 编程软件，单击工具条上最左边的"新建项目"，生成一个新的项目。

　　（3）执行菜单命令"PLC"→"类型"，设置 PLC 的型号。设置通信参数，建立计算机与 PLC 的通信连接。

　　（4）执行菜单命令"工具"→"选项"，在"一般"对话框的"一般"选项卡中，选择 SIMATIC 指令集和"国际"助记符集，将"梯形图编辑器"设置为默认的程序编辑器。

　　（5）用"查看"菜单选择"梯形图"语言，用"查看"菜单选择"框架"→"指令树"可打开（或关闭）指令树窗口，找到其中的"项目 1"→"程序块"→"主程序"，双击"主程序"，在右边"主程序"的编辑窗口中输入图 10-13 所示的梯形图程序。

　　（6）单击工具条中的"编译"或"全部编译"，编译输入的程序。若程序没有错误，则显示"0 错误"。否则，改正程序中的错误后才能下载程序。在下载用户程序之前，编程软件将首先自动执行编译操作。

微课：程序录入

　　（7）下载程序。计算机与 PLC 建立连接后，将 CPU 模块上的模式开关放在运行位置，单击工具条中的"下载"，在下载对话框中单击"选项"，选择要下载的块。单击"下载"，开始下载。

　　（8）调试程序。下载成功后，单击"运行"，"RUN"LED 亮，用户程序开始运行。断开数字量输入的全部输入开关，CPU 模块上输入侧的 LED 全部熄灭。用接在端子 I0.0、I0.1 上的开关模拟入口传感器及出口传感器。接通后再断开，表示有一辆车到达。可以多次通断 I0.0、I0.1，表示先后有不同的车辆要出入停车场。

图 10-13　停车场的梯形图程序

图 10-13 停车场的梯形图程序（续）

单击程序状态监控""或用菜单命令"调试"→"开始程序状态监控"，在梯形图中显示出各元件的状态。梯形图中导通的触点或有电的线圈以高亮蓝背景显示。也可结合状态表进行调试。单击状态表监控""或用菜单命令"调试"→"开始状态表监控"，在状态表中输入表 10-1 中列出的 PLC 的 I/O 点及定时器、计数器的信息，观察程序执行中相应值的变化。通过以上调试过程，查看程序执行过程是否与顺序功能图的描述一致。对执行过程加以分析，可以找到问题语句的所在，若有问题，则改正后重新下载调试。

8．仿真运行

（1）导出程序文本文件。

执行菜单命令"文件"→"导出..."，导出后缀为".awl"的"停车场管理.awl"文件。

（2）启动仿真程序。

启动仿真程序，执行菜单命令"配置"→"CPU 型号"，选取所需型号的 CPU。

（3）装入待仿真的程序。

执行菜单命令"程序"→"载入程序"，选中逻辑块，打开"停车场管理.awl"文件。

（4）仿真调试。

执行菜单命令"PLC"→"运行"或单击工具条上的"▶"，进入运行模式。单击"▦"，输入表 10-1 中所示的信息，进行内存变量监控，调试过程与 STEP7-Micro/WIN32 软件的相似，不再赘述。

微课：运行调试

【评定激励】

按以下标准开展小组自评、互评，成绩填入项目评分细则表，如表 10-2 所示。

表 10-2 项目评分细则表

项目名称					组别	
开始时间			结束时间			
考核内容	考核要求	配分	评分标准		扣分	得分
电路设计	（1）I/O 分配表正确 （2）I/O 电路图正确 （3）主电路正确 （4）联锁、保护齐全	30 分	（1）I/O 分配表每错一处，扣 5 分 （2）I/O 电路图每错一处，扣 5 分 （3）主电路每错一处，扣 5 分 （4）联锁、保护每缺一项扣 5 分			
安装接线	（1）元件选择、布局合理，安装符合要求 （2）布线合理美观	10 分	（1）元件选择、布局不合理，扣 3 分/处；元件安装不牢固，扣 3 分/处 （2）布线不合理、不美观，扣 3 分/处			
编程调试	（1）程序可实现控制功能 （2）操作步骤正确 （3）试车成功	30 分	（1）输入梯形图错误，扣 2 分/处 （2）不会设置及下载分别扣 5 分 （3）一个功能未实现，扣 10 分 （4）操作步骤每错一步，扣 5 分 （5）显示运行不正常，扣 5 分/处			
安全文明工作	（1）安全用电，无人为损坏仪器、元件和设备 （2）保持环境整洁，秩序井然，操作习惯良好 （3）小组成员协作和谐，态度正确	10 分	（1）发生安全事故，扣 10 分 （2）人为损坏设备、器件，扣 10 分 （3）现场不整洁、工作不文明、团队不协作，扣 5 分 （4）不遵守考勤制度，每次扣 2～5 分			
总成绩						

思考与练习

（1）简述增计数器、减计数器、增减计数器的工作过程。

（2）简述以转换为中心的单序列、选择序列、并行序列的编程方法。

（3）用一个按钮控制组合灯，按一下控制按钮，一组灯亮；按两下控制按钮，两组灯亮；按 3 下控制按钮，3 组灯亮；按 4 下控制按钮，灯全灭。计数器 C1～C4 分别对应 4 组灯亮的次数，试设计梯形图程序。

（4）设计一个智力竞赛抢答装置。当出题人说出问题且按下开始按钮 SB1 后，在 10s 之内，4 个参赛者中只有最早按下抢答按钮的人抢答有效，抢答桌上的灯亮 3s，赛场中的音响装置响 2s，10s 后抢答无效。试进行 I/O 分配、画出 PLC 外部电路接线图、系统的顺序功能图，设计梯形图程序并上机调试。

（5）装料小车的工作示意图如图 10-14 所示，小车由交流异步电动机拖动，电动机正转，小车前进；电动机反转，小车后退。对小车的控制要求如下。

① 单循环工作方式：每按一次送料按钮，小车后退至装料处，10s 后装料满，自动前进至卸料处，15s 后卸料完毕，小车返回装料处待命。

② 循环工作方式：按一次送料按钮后，上述动作自动循环进行，当按下停止按钮时，小车要在完成本次循环后，停在装料处。

试用 PLC 对小车进行控制，进行 I/O 分配，画出 PLC 外部电路接线图、系统运行波形图、顺序功能图，设计梯形图程序并上机调试。

图 10-14 装料小车的工作示意图

彩灯的循环控制

【项目目标】

用 PLC 设计 9 盏彩灯循环的彩灯控制系统，控制要求如下。

（1）实现单周期、自动两种工作方式。

单周期工作方式是指彩灯工作一个周期后自动停止，若运行过程中按下停止按钮，则所有彩灯全部熄灭。自动工作方式是指彩灯工作一个周期后，不停止，开始下一个周期，若运行过程中按下停止按钮，则彩灯的运行状态不变，等本周期结束后，再全部熄灭。两种方式用转换开关控制。

（2）彩灯工作一个周期包含单盏彩灯循环点亮、3 盏彩灯循环点亮、9 盏彩灯全灭 3 种方式。

【学习目标】

（1）理解中断的原理，掌握中断指令的用法。

（2）学习用经验设计法进行程序设计，体会这种方法的优缺点。

（3）熟练运用 S7-200 PLC 的编程软件 STEP7-Micro/WIN32 进行程序的下载与调试。

【相关知识】

1. 中断源

1）中断源及种类

中断源即中断事件发出中断请求的来源。S7-200 PLC 最多可有 34 个中断源，每个中断源都分配一个编号用以识别，称为中断事件号。这些中断源大致分为三大类：通信中断、I/O 中断和时基中断（定时中断）。

在自由端口模式下，PLC 接收、发送字符可以产生中断事件，接收和发送中断可由用户完成对通信的控制。

可用定时中断执行一个周期性的操作，以 1ms 为增量，周期的时间可以取 1~255ms。定时中断 0 和定时中断 1 的时间间隔分别写入特殊存储器字节 SMB34 和 SMB35。当定时时间到时，执行相应的定时中断程序。若定时中断事件已被连接到一个定时中断程序，则为了改变定时中断的时间间隔，首先必须修改 SMB34 或 SMB35 的值，然后重新把中断程序连接到定时中断事件上。若退出运行状态或定时中断被分离，则定时中断被禁止。

定时器 T32、T96 中断允许及时地响应一个给定的时间间隔，这些中断只支持 1ms 分辨率的定时器 T32 和 T96。若中断被允许，则当定时器的当前值等于设定值时，在 CPU 的 1ms 定时刷新中，执行被连接的中断程序。

2）中断优先级

中断优先级由高到低依次为通信中断、I/O 中断、时基中断。在上述 3 个优先级范围内，CPU 按照先来先服务的原则处理中断，任何时刻只能执行一个用户的中断程序。一旦一个中断程序开始执行，CPU 要一直执行到完成，即使另一个中断程序的优先级更高，也不能中断正在执行的中断程序，正在处理其他中断时发生的中断事件则排队等待处理。若中断事件的产生过于频繁，使中断产生的速率比可以处理的速率快，或者中断被 DISI 指令禁止，则中断队列溢出状态位被置 1。只应在中断程序中使用这些位，因为当队列变空或返回主程序时这些位会被复位。主机中的所有中断事件及优先级如表 11-1 所示。

表 11-1　主机中的所有中断事件及优先级

中断号	中断描述	优先级分组	按组排列的优先级	中断号	中断描述	优先级分组	按组排列的优先级
8	通信口 0：字符接收	通信（最高）	0	27	HSC0 输入方向改变	I / O（中等）	11
9	通信口 0：发送完成		0	28	HSC0 外部复位		12
23	通信口 0：报文接收完成		0	13	HSC1 的当前值=设定值		13
24	通信口 1：报文接收完成		1	14	HSC1 输入方向改变		14
25	通信口 1：字符接收		1	15	HSC1 外部复位		15
26	通信口 1：发送完成		1	16	HSC2 的当前值=设定值		16
19	PTO0 脉冲输出完成	I / O（中等）	0	17	HSC2 输入方向改变		17
20	PTO1 脉冲输出完成		1	18	HSC2 外部复位		18
0	I0.0 的上升沿		2	32	HSC3 的当前值=设定值		19
2	I0.1 的上升沿		3	29	HSC4 的当前值=设定值		20
4	I0.2 的上升沿		4	30	HSC4 输入方向改变		21
6	I0.3 的上升沿		5	31	HSC4 外部复位		22
1	I0.0 的下降沿		6	33	HSC5 的当前值=设定值		23
3	I0.1 的下降沿		7	10	定时中断 0	定时（最低）	0
5	I0.2 的下降沿		8	11	定时中断 1		1
7	I0.3 的下降沿		9	21	T32 的当前值=设定值		2
12	HSC0 的当前值=设定值		10	22	T96 的当前值=设定值		3

2．中断指令

中断指令如表 11-2 所示。中断允许指令（ENI，Enable Interrupt）全局性地允许所有被连接的中断事件。中断禁止指令（DISI，Disable Interrupt）全局性地禁止所有中断事件，允许中断排队等候，但是不允许执行中断程序，直到全局中断允许指令重新允许中断。

进入运行模式时自动禁止中断，在运行模式下执行全局中断允许指令后，各中断事件发生时是否会执行中断程序，取决于 CPU 是否执行了该中断事件的中断连接指令（ATCH）。

中断连接指令用来建立中断事件（EVNT）和处理此事件的中断程序（INT）之间的联系。中断事件由中断事件号指定，中断程序由中断程序号指定。某个中断事件指定中断程序后，该中断事件被自动地允许处理。

表 11-2　中断指令

梯形图	语句表	描述	梯形图	语句表	描述
—(RETI)	CRETI	从中断程序有条件返回	ATCH EN　ENO INT—INT EVNT—EVNT	ATCH INT, EVNT	连接中断事件和中断程序
—(ENI)	ENI	允许中断	DTCH EN　ENO EVNT—EVNT	DTCH　EVNT	断开中断事件和中断程序的连接
—(DISI)	DISI	禁止中断	CLR_EVNT EN　ENO EVNT—EVNT	CEVNT　EVNT	清除中断事件

中断分离指令（DTCH）用来断开中断事件与中断程序之间的联系，从而禁止单个中断事件。

清除中断事件指令（CEVNT）用来从中断队列中清除所有的中断事件，该指令可以用来清除不需要的中断事件。若用来清除虚假的中断事件，则应先分离事件。否则，在执行该指令之后，新的事件将增加到队列中。

中断程序有条件返回指令（CRETI）在控制它的逻辑条件满足时从中断程序中返回，编程软件自动地为各中断程序添加无条件返回指令。

在启动中断程序之前，应在中断事件和该事件发生时希望执行的中断程序之间，用中断连接指令建立联系，执行该指令后，该中断程序在事件发生时被自动启动。

多个中断事件可以调用同一个中断程序，但是一个中断事件不能同时调用多个中断程序。当中断被允许且中断事件发生时，将执行该中断事件指定的最后一个中断程序。

在中断程序中不能使用 DISI、ENI、HDEF、LSCR 和 END 指令。

执行中断程序之前和之后，系统保存和恢复逻辑堆栈、累加寄存器和指示累加寄存器与指令操作状态的特殊存储器标志位（SM），避免中断程序对主程序可能造成的影响。应在中断程序中尽量使用局部变量，并妥善分配各程序组织单元（POU）使用的全局变量，保证中断程序不会破坏别的程序组织单元使用的全局变量中的数据。

3．中断程序

中断程序不是由程序调用的，而是在中断事件发生时由操作系统调用的，可以使系统对特殊的内部或外部事件做出响应。当系统响应中断时，自动保存逻辑堆栈、累加器和某些特殊标志存储器位，即保护现场；当中断处理完成时，又自动恢复这些单元原来的状态，即恢复现场。因为不能预知系统何时调用中断程序，在中断程序中不能改写其他程序使用的存储器，所以应在中断程序中尽量使用局部变量。在中断程序中可以调用一级子程序，累加器和逻辑堆栈在中断程序和被调用的子程序中是公用的。

中断处理提供对特殊内部事件或外部事件的快速响应。中断程序越短越好，减少中断程序的执行时间，可以避免主程序控制的设备操作异常。

4. 程序实例

（1）在 I0.0 的上升沿通过中断使 Q0.0 立即置位。在 I0.1 的下降沿通过中断使 Q0.0 立即复位，程序如下所示。

```
//主程序 OB1
LD     SM0.1
ATCH   INT_0, 0      //I0.0 在上升沿时执行 INT_0 中断程序
ATCH   INT_1, 3      //I0.1 在下升沿时执行 INT_1 中断程序
ENI                  //允许全局中断
//中断程序 0（INT_0）
LD     SM0.0
SI     Q0.0, 1
//中断程序 1（INT_1）
LD     SM0.0
RI     Q0.0, 1
```

（2）利用定时中断 1 实现周期为 2s 的高精度定时，每 2s 将 QB0 加 1。

由于定时中断的定时时间最长为 255ms，因此可以将定时中断 0 的定时时间间隔设为 250ms，在定时中断 0 的中断程序中，将 VB10 加 1，然后用比较触点指令 "LD=" 判断 VB10 是否等于 8。若相等，则将 QB0 加 1，程序如下所示。

```
//主程序 OB1
LD     SM0.1
MOVB   0, VB10          //将中断次数计数器清零
MOVB   250, SMB34       //假设定时中断 0 的中断时间间隔为 250ms
ATCH   INT_0, 10        //指定产生定时中断 0 时执行 INT_0 中断程序
ENI                     //允许全局中断
//中断程序 INT_0，每隔 250ms 中断一次
LD     SM0.0            //该位总是为 ON
INCB   VB10             //中断次数计数器加 1
LDB=   8, VB10          //如果中断了 8 次（2s）
MOVB   0, VB10          //将中断次数计数器清零
INCB   QB0              //每 2s 将 QB0 加 1
```

【项目分析】

本项目需要一个启动按钮、一个停止按钮、两个工作方式选择开关、9 盏彩灯。西门子的 CPU224 有数字量输入 14 个、输出 10 个，所以可选用 PLC CPU224。在建立编程思路时，虽然顺序功能图步骤清晰，程序容易编制，但分步太多，程序冗长，这里尝试用经验设计法，体会这种方法是不是可行。当工作在单周期方式时，若在运行过程中按下停止按钮，则所有彩灯全部熄灭；当工作在自动工作方式时，循环运行，若在运行过程中按下停止按钮，则彩灯运行状态不变，等到本周期结束后，再全部熄灭。在一个周期中首先执行单盏彩灯显示，从 Q0.0 到 Q1.0 共 9 个状态，然后是 3 盏彩灯显示，共 7 个状态，最后全灭，全部加起来共有 17 个状态。彩灯状态图如图 11-1 所示。假设彩灯的状态 1s 切换一次，采用定时中断，中断时间间隔为 1s，每秒对 QW0 执行一次左移位指令。不同的工作方式通过工作方式标志加以区分。

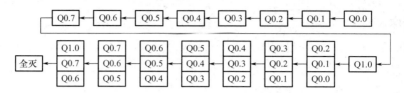

图 11-1　彩灯状态图

【项目实施】

1. 分配 I/O 地址

根据 I/O 设备情况，假设采用交流信号灯，选用 CPU224 AC/DC/RLY，I/O 点分配如表 11-3 所示。

表 11-3　I/O 点分配

元 件 名 称	形　　式	I/O 点	说　　明
SB0	常开按钮	I0.0	启动按钮
SA1	开关	I0.1	自动工作方式
SB1	常闭按钮	I0.2	停止按钮
SA2	开关	I0.3	单周期方式
KM0	交流接触器	Q0.0	彩灯 0
KM1	交流接触器	Q0.1	彩灯 1
KM2	交流接触器	Q0.2	彩灯 2
KM3	交流接触器	Q0.3	彩灯 3
KM4	交流接触器	Q0.4	彩灯 4
KM5	交流接触器	Q0.5	彩灯 5
KM6	交流接触器	Q0.6	彩灯 6
KM7	交流接触器	Q0.7	彩灯 7
KM8	交流接触器	Q1.0	彩灯 8

2. 画出 PLC 外部接线图

PLC 外部接线图如图 11-2 所示。

图 11-2　PLC 外部接线图

3. 设计梯形图程序

彩灯控制程序分为主程序和中断程序 INT_0。彩灯控制的主程序如图 11-3 所示。SM0.1 的常开触点只在 PLC 启动后第一个扫描周期中闭合，网络 1 只执行一次，用于中断的初始化，先建立中断事件（EVNT）和处理此事件的中断程序（INT）之间的联系，指定当 T32 的当前值等于设定值时，发生 21 号中断，执行 INT_0 中断程序，然后允许全局中断；网络 2 是启保停电路，当启动后，M2.0 保持接通；网络 3 的作用是当启动（M2.0 接通）、切换自动工作方式（I0.1 接通）或切换单周期工作方式（I0.3 接通）时，先对计数器 C0、C1 清零，并熄灭所有彩灯（QW0 清零），为下一步的工作做准备；在网络 4 中，初始时 T32 的常闭触点闭合，启动信号 IN 为 1，定时器 T32 进行 1s 的定时，定时时间到时 T32 的常闭触点断开，定时器清零，下一个扫描周期其常闭触点又接通，T32 重新定时，如此反复循环，每次定时时间到时都会引发一个定时中断，该中断的中断号为 21；在网络 5 中，由于 M6.0 的状态 1s 翻转一次（周期为 2s，在中断程序中实现），因此计数器 C0 的 CU 端由 M6.0 的上升沿和下降沿提供周期为 1s 的脉冲，用以计数，即 C0 每过 1s 加 1，计数个数到 17 时，C0 的常开触点闭合，马上对计数器清零，表示一个循环完成。注意计数脉冲不能由 T32 提供，因为当 PLC 检测到 T32 定时时间到时，系统会立即跳转到中断程序去执行，回到主程序后，T32 状态位脉冲的上升沿已过去，计数器 C0 的 CU 端检测不到脉冲的上升沿，无法完成计数；在网络 6 中，当系统在单周期方式（I0.3 常开触点闭合）运行（M2.0 常开触点闭合），并且运行到周期的最后一步（C0 计数器的当前值等于 17）时，或者在自动工作方式（I0.1 接通）运行时按下停止按钮（M2.0 常闭触点闭合）后运行到周期的最后一步时（C0 计数器的当前值等于 17），C1 计数器的当前值由 0 变 1。

中断程序 INT_0 包含 4 个网络，每中断一次执行一次。彩灯控制的中断程序 INT_0 如图 11-4 所示。网络 1 对 MB6 按位取反，其中最低位为 M6.0，即 M6.0 的状态每 1s 翻转一次，为计数器 C0 提供计数脉冲，彩灯处于第一个状态时 C0 为 0，在此基础上每过 1s 加 1；网络 2 对 QB0 进行一次移位，使彩灯循环点亮；观察彩灯状态图可以发现，第一个状态（C0 当前值为 0）时，Q0.0 亮，应使 QW0 为十六进制的 0100，第 9 个状态（C0 当前值为 8）时，Q1.0 亮，应使 QW0 为 1（QB0 为高 8 位、QB1 为低 8 位），第 10 个状态（C0 当前值为 9）时，Q0.0、Q0.1、Q0.2 亮，应使 QW0 为十六进制的 0700，第 16 个状态（C0 当前值为 15）时，Q0.6、Q0.7、Q1.0 亮，应使 QW0 为十六进制的 C001，第 17 个状态（C0 当前值为 16）时，彩灯全灭，应使 QW0 为 0，为保证上述状态的改变发生在移位之后，网络 3 这段程序不能放在主程序中，我们把它放在了中断程序的移位指令之后，这些关键节点由传送指令实现，其他节点的状态由移位指令完成。当系统在单周期工作方式（I0.3 常开触点闭合）下运行（M2.0 常开触点闭合），且一个周期还没有结束（C1 计数器的当前值等于 0）时，或者在自动工作方式（I0.1 接通）下运行时按下停止按钮（M2.0 常闭触点闭合）后，当前周期没有结束（C1 计数器的当前值等于 0）时，或者在自动工作方式（I0.1 接通）下运行（M2.0 常开触点闭合）时，都要执行这些字传送指令（MOVW）；在网络 4 中，当在自动工作方式（I0.1 接通）下运行时按下停止按钮（M2.0 常闭触点闭合）后，且当前周期已完成（C1 计数器的当前值等于 1）时，或者在单周期工作方式（I0.3 常开触点闭合）下运行时按下停止按钮（M2.0 常闭触点闭合），或者在单周期工作方式（I0.3 常开触点闭合）下运行（M2.0 常开触点闭合）、当前周期已经完成（C1 计数器的当前值等于 1）时，彩灯全灭（QW0 清零）。

图 11-3　彩灯控制的主程序

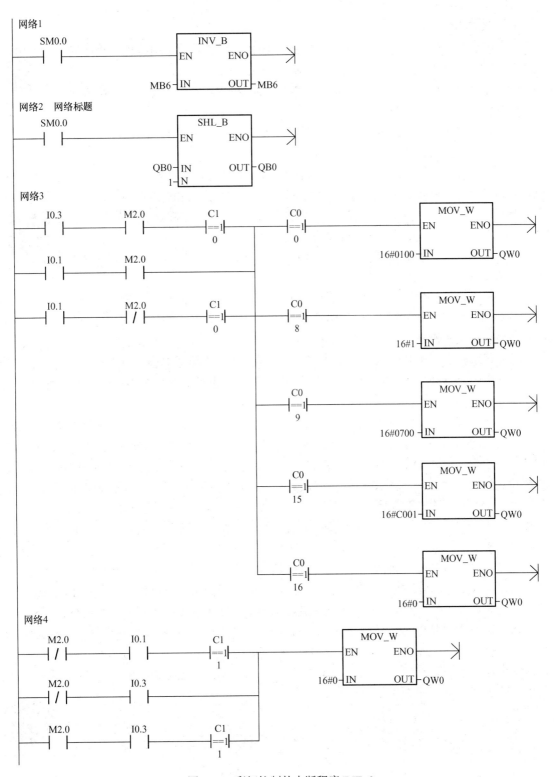

图 11-4　彩灯控制的中断程序 INT_0

4．运行调试

（1）在断电的情况下，按图 11-2 进行 PLC 的控制线路接线。用编程电缆连接 PLC 和计算机的串行通信接口，接通计算机和 PLC 的电源。

微课：硬件接线

（2）运行计算机上的 STEP7-Micro/WIN32 编程软件，单击工具条上最左边的"新建项目"，生成一个新的项目。

（3）执行菜单命令"PLC"→"类型"，设置 PLC 的型号。设置通信参数，建立计算机与 PLC 的通信连接。

（4）执行菜单命令"工具"→"选项"，在"一般"对话框的"一般"选项卡中，选择 SIMATIC 指令集和"国际"助记符集，将"梯形图编辑器"设置为默认的程序编辑器。

（5）用"查看"菜单选择"梯形图"语言，用"查看"菜单选择"框架"→"指令树"可打开（或关闭）指令树窗口，找到其中的"项目 1"→"程序块"→"主程序"，双击"主程序"，在右边"主程序"的编辑窗口中输入图 11-3、图 11-4 所示的梯形图程序。

微课：程序录入

（6）单击工具条中的"编译"或"全部编译"，编译输入的程序。若程序没有错误，则显示"0 错误"。否则，改正程序中的错误后才能下载程序。在下载用户程序之前，编程软件将首先自动执行编译操作。

（7）下载程序。计算机与 PLC 建立连接后，将 CPU 模块上的模式开关放在运行位置，单击工具条中的"下载"，在下载对话框中单击"选项"，选择要下载的块，单击"下载"，开始下载。

（8）调试程序。下载成功后，单击"运行"，"RUN"LED 亮，用户程序开始运行。断开数字量输入的全部输入开关，CPU 模块上输入侧的 LED 全部熄灭。用接在端子 I0.0、I0.1、I0.2、I0.3 的开关模拟启动按钮、自动工作方式开关、停止按钮、单周期方式开关。接通 I0.2 的开关，接通 I0.0 的开关并断开，M2.0 自锁，进入运行模式。在运行模式下，接通 I0.3 的开关，看是不是运行一个完整的周期就停止，当按下停止按钮时，是不是马上全部熄灭；在运行状态下，接通 I0.1 的开关，看是不是一直连续不断的运行，当按下停止按钮时，看是不是运行完当前周期后灯才全部熄灭。

若有问题，则可进行调试。单击程序状态监控"🖼"或用菜单命令"调试"→"开始程序状态监控"，在梯形图中显示出各元件的状态。也可结合状态表进行调试。单击状态表监控"🖼"或用菜单命令"调试"→"开始状态表监控"，在状态表中输入相应的信息。彩灯控制的状态表如图 11-5 所示，观察程序执行中相应值的变化。观察移位前后各元件的值有无变化。若时间太短，来不及观察，则可把 T32 的设定值改大，如改为 6000。通过以上调试过程，查看程序执行过程与要求的彩灯状态图是否一致。对以上调试过程加以分析，可以找到问题的所在，改正后重新下载调试。

微课：运行调试

图 11-5　彩灯控制的状态表

由于本项目包含的步骤很多，而用经验设计法进行程序设计往往设计过程规律性不强，虽然程序简短些，但程序初次编出来后因考虑不周而问题较多，需要经过反复调试、修改。用顺序控制设计法进行程序设计思路清晰，容易看懂且不易出错，一般情况下还是尽量选用顺序控制设计法更好些。请读者将本项目用顺序控制设计法进行设计，跟上面的程序进行对比，体会一下顺序控制法设计的优缺点。

5．仿真运行

（1）导出程序文本文件。

执行菜单命令"文件"→"导出…"，导出后缀为".awl"的"PLC 的彩灯控制.awl"文件。

（2）启动仿真程序。

启动仿真程序，执行菜单命令"配置"→"CPU 型号"，选取所需型号的 CPU。

（3）装入待仿真的程序。

执行菜单命令"程序"→"载入程序"，选中逻辑块，打开"PLC 的彩灯控制.awl"文件。

（4）仿真调试。

执行菜单命令"PLC"→"运行"或单击工具条上的"▷"，进入运行模式。单击"STAT"，输入图 11-5 中的 PLC 内部元件名，进行内存变量监控，调试过程与 STEP-7 Micro/WIN32 软件的相似，不再赘述。

【评定激励】

按以下标准开展小组自评、互评，成绩填入项目评分细则表，如表 11-4 所示。

表 11-4　项目评分细则表

项目名称						组别	
开始时间				结束时间			
考核内容	考核要求	配分		评分标准		扣分	得分
电路设计	（1）I/O 分配表正确 （2）I/O 电路图正确 （3）主电路正确	30 分		（1）I/O 分配表每错一处，扣 5 分 （2）I/O 电路图每错一处，扣 5 分 （3）主电路每错一处，扣 5 分			
安装接线	（1）元件选择、布局合理，安装符合要求 （2）布线合理美观	10 分		（1）元件选择、布局不合理，扣 3 分/处；元件安装不牢固，扣 3 分/处 （2）布线不合理、不美观，扣 3 分/处			
编程调试	（1）程序可实现控制功能 （2）操作步骤正确 （3）试车成功	50 分		（1）输入梯形图错误，扣 2 分/处 （2）不会设置及下载，分别扣 5 分 （3）一个功能未实现，扣 10 分 （4）操作步骤每错一步，扣 5 分 （5）显示运行不正常，扣 5 分/处			
安全文明工作	（1）安全用电，无人为损坏仪器、元件和设备 （2）保持环境整洁，秩序井然，操作习惯良好 （3）小组成员协作和谐，态度正确	10 分		（1）发生安全事故，扣 10 分 （2）人为损坏设备、器件，扣 10 分 （3）现场不整洁、工作不文明、团队不协作，扣 5 分 （4）不遵守考勤制度，每次扣 2～5 分			
总成绩							

思考与练习

（1）简述各中断指令的作用。

（2）在 I0.0 的上升沿，将 VB10～VB49 中的数据逐个异或，求它们的异或校验码，设计语句表程序。

（3）设计一个时间中断子程序，每 100ms 读取一次输入端口 IB0 数据，每 1s 计算一次平均值，并送 VD100 存储。

（4）用实时时钟指令控制路灯的定时接通和断开，在 5 月 1 日至 10 月 31 日的 20：00 开灯，06：00 关灯；在 11 月 1 日至下一年 4 月 30 号的 19：00 开灯，7：00 关灯，设计程序。

（5）控制接在 Q0.0～Q0.7 上的 8 个彩灯循环移位，每秒移 1 位，8 个移位完成后，同时亮两盏相邻的彩灯，每秒移一位，这是一个周期。可工作在单周期工作方式下，工作一个周期后自动停止，若运行过程中按停止按钮，则所有彩灯全部熄灭；若工作在自动工作方式下，彩灯工作一个周期后，不停止，而是开始下一个周期；若运行过程中按停止按钮，则彩灯继续运行，等到本周期结束后，再全部熄灭。彩灯工作一个周期包含单彩灯循环点亮、双彩灯循环点亮、彩灯全灭 3 种方式。用顺序控制设计法进行设计，试进行 I/O 地址分配、画出顺序功能图，分别按启保停、以转换为中心、使用 SCR 指令 3 种方法，写出梯形图程序并上机调试。

第四单元 PLC 的拓展应用

项目十二

简单电梯的控制

【项目目标】

用 S7-200 PLC 实现二层电梯的控制，运用 STEP7-Micro/WIN32 软件进行联机调试。二层电梯的控制要求如下。

（1）当电梯停于一层时，若按一层的上行按钮，则电梯上升至二层停止。

（2）当电梯停于二层时，若按二层的下行按钮，则电梯下降至一层停止。

（3）当电梯停于二层时，若按一层的上行按钮，则电梯下降至一层停止，在一层暂停 10s 后，继续上升至二层停止。

（4）当电梯停于一层时，若按二层的下行按钮，则电梯上升至二层停止，在二层暂停 10s 后，继续下降至一层停止。

（5）在电梯上升或下降途中，任何反方向的按钮呼叫均无效。

【学习目标】

（1）掌握子程序的用法。

（2）进一步掌握以转换为中心的顺序控制设计法的应用。

（3）熟练运用 S7-200 PLC 的编程软件 STEP7-Micro/WIN32 进行程序的下载与调试。

【相关知识】

1. 子程序的作用

子程序常用于需要多次反复执行相同任务的地方，只要把这段程序定义成子程序，在主程序中需要执行这段程序的地方调用它，就无须重写该段程序。子程序的调用是有条件的，在未被调用时，其指令不会被执行。

子程序可以将程序分成容易管理的小块，使程序结构简单清晰，易于查错和维护。如果子程序中只引用参数和局部变量，那么可以将子程序移植到其他项目。为了移植子程序，应避免使用全局符号和变量，如 I、Q、M、SM、AI、AQ、V、T、C、S、AC 等存储器中的绝对地址。

2. 建立子程序

可以用编程软件 Edit 菜单中的 Insert 选项，选择 Subroutine，建立或插入一个新的子程序。同时，在指令树窗口可以看到新建的子程序图标，默认的子程序名是 SBR_n，编号 n 从 0 开始按递增顺序生成，可以在图标上直接更改子程序的程序名。在指令树窗口双击子程序的图标就可以对它进行编辑。

微课：不带参数子程序

3. 子程序的调用

子程序分为无参数的和有参数的两种。有参数的子程序如图 12-1 所示，可完成两个整型数的相加。可在子程序 SBR_0 的局部变量表中输入 ADD1、ADD2、SUM 三个变量名，并规定其变量类型及数据类型，IN 表示输入参数，OUT 表示输出参数，IN_OUT 表示该参数可作为输入参数或输出参数，数据类型可参考表 4-7。调用子程序的主程序如图 12-2 所示，当 I0.0 常开触点闭合时，调用子程序完成 VW0 与 VW2 的加法，和在 VW4 中。

微课：带参数子程序

图 12-1　有参数的子程序

图 12-2　调用子程序的主程序

4. 子程序中的线圈与定时器的特性

停止调用子程序后，子程序中的指令便不再执行，子程序中线圈对应的编程元件保持子程序被最后一次执行时的状态不变，子程序中的 100ms 定时器的当前值和定时器位的状态保持不变。若在停止调用子程序时，子程序中的 1ms、10ms 定时器正在定时，则该子程序被停止调用后，即使以后控制这些定时器的电路断开，它们也会继续定时。

将如下程序输入到编程软件中，下载到 PLC 后运行该程序。在 I0.0 为 ON 时调用子程序 SBR_0，用变量表监视 3 个定时器的当前值和 QB0 的状态。

```
//主程序
LD    I0.0
CALL SBR_0          //调用 0 号子程序
LD    T33
=     Q0.0
LD    T32
=     Q0.1
//子程序 SBR_0
LD    I0.1
```

```
TON  T37,100        //100ms 定时器，设定值 10s
LD   I0.2
TON  T33,1000       //10ms 定时器，设定值 10s
LD   I0.3
TON  T32,10000      //1ms 定时器，设定值 10s
LD   I0.4
=    Q0.2
```

在调用子程序时令 Q0.2 为 ON，观察停止调用子程序时 Q0.2 的状态，Q0.2 是否还受 I0.4 的控制。分别在各定时器正在定时的时候断开 I0.0，观察定时器的当前值和有关输出点的变化情况。若在 T33 正在定时的时候停止调用子程序，然后使 I0.2 变为 OFF，观察 T33 是否还能继续定时。

【项目分析】

完成设定的控制任务所需要的 PLC 规模主要取决于控制系统对 I/O 点数的需求量和控制过程的难易程度。本项目的控制过程很简单，程序量也不大，常用的 PLC 配置即可满足控制要求，主要看所选 PLC 的 I/O 点数能不能达到要求。

首先找出 I/O 设备有哪些：除上行、下行按钮外，电梯的运行由交流电动机驱动，电梯的位置由各层的限位器感应，并由该层指示灯指示，运行/维修开关闭合时系统处于运行状态，否则电梯停止，处于维修状态。因此，输入设备主要有楼层 1 上行按钮、楼层 2 下行按钮、运行/维修开关、楼层 1 限位器、楼层 2 限位器；输出设备主要有上行接触器（使电动机正转）、上行指示灯、下行接触器（使电动机反转）、下行指示灯、楼层 1 指示灯、楼层 2 指示灯，共 5 个输入点、6 个输出点，根据 I/O 类型及点数，考虑到将来的性能扩充，查表 4-1，选择 S7-200 系列 PLC 的 CPU 224 AC/DC/RLY。

从控制要求中可以看出，本项目可分解为若干个独立的步骤，宜采用顺序控制设计法来解决，用顺序功能图来描述系统的运行过程，然后按顺序功能图的逻辑要求编写梯形图程序。

【项目实施】

1. 分配 I/O 地址

I/O 点分配如表 12-1 所示。

2. 画出 PLC 外部接线图

电梯的 PLC 外部接线图如图 12-3 所示，为安全起见，控制电路采用了 KM1、KM2 接触器硬件互锁。

3. 画出顺序功能图

PLC 上电后，特殊存储器 SM0.1 只在第一个扫描周期接通，作为初始步的转换条件。初始步之后，看电梯是停在一层还是二层，以及是否处于运行状态再决定下一步怎么办。SA1 闭合后，电梯处于运行状态（I0.2 常开触点闭合），否则处于维修状态（I0.2 常开触点断开，电梯停止）。若电梯处于运行状态，则根据所在层的不同及按下按钮的不同，进行相应的处理以满足控制要求，电梯控制的顺序功能图如图 12-4 所示。为了简化程序，引入 S2C 与 X1C 两个子程序。S2C 用以完成上升到二层所要求的动作，X1C 用以实现下降到一层所要求的动作。

S2C 与 X1C 步骤简单，不再给出顺序功能图。

表 12-1　I/O 点分配

元件名称	形　式	I/O 点	说　　明
SB1	常开按钮	I0.0	楼层 1 上行按钮
SB2	常开按钮	I0.1	楼层 2 下行按钮
SA1	开关	I0.2	运行/维修开关
SQ1	限位开关	I0.3	楼层 1 限位器
SQ2	限位开关	I0.4	楼层 2 限位器
KM1	交流接触器	Q0.0	上行（电动机正转）控制
KM2	交流接触器	Q0.1	下行（电动机反转）控制
SXD	信号灯	Q0.2	上行指示灯
XXD	信号灯	Q0.3	下行指示灯
LC1D	信号灯	Q0.4	楼层 1 指示灯
LC2D	信号灯	Q0.5	楼层 2 指示灯

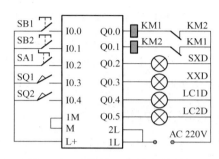

图 12-3　电梯的 PLC 外部接线图

图 12-4　电梯控制的顺序功能图

4．设计梯形图程序

本项目的程序包括主程序和子程序 S2C 与 X1C，采用以转换为中心的方法写出梯形图程序。由于顺序功能图中的每步都给出了注释，因此程序中不再给出详细的说明。对于 Q0.4、Q0.5，有多个步要对它们输出，为避免出现双线圈的错误，应放在主程序的最后统一处理。为节省篇幅，采用 STL 指令形式，程序如下。

```
主程序：                          //调用 S2C 上二层子程序
Network 1                        LD    M0.3
LD    SM0.1                      CALL  S2C
S     M0.0, 1                    Network 5 // 网络标题
Network 2 // 网络标题            //到二层且是运行状态
// 停在一层                       LD    M0.3
LD    M0.0                       A     I0.2
A     I0.3                       A     I0.4
R     M0.0, 1                    R     M0.3, 1
```

```
S      M0.1, 1
Network 3 // 网络标题
//运行状态并按了二层的下行按钮
LD     M0.1
A      I0.2
A      I0.1
R      M0.1, 1
S      M0.3, 1
Network 4
LD     M0.4
A      T37
A      I0.2
R      M0.4, 1
S      M0.5, 1
Network 8 // 网络标题
// 停在一层并按了一层的上行按钮，
进入步 M1.0
LD     M0.1
A      I0.2
A      I0.0
R      M0.1, 1
S      M1.0, 1
Network 9 // 网络标题
// 停在二层，进入步 M0.2
LD     M0.0
A      I0.4
R      M0.0, 1
S      M0.2, 1
Network 10 // 网络标题
//运行状态并按了二层的下行按钮，
进入步 M0.5
LD     M0.2
A      I0.2
A      I0.1
R      M0.2, 1
S      M0.5, 1
Network 11
LD     M0.5
CALL   X1C
Network 12 // 网络标题
// 电梯到一层
LD     M0.5
A      I0.3
R      M0.5, 1
S      M0.1, 1
R      Q0.1, 1
R      Q0.3, 1
Network 13 // 网络标题
// 运行状态下停在二层并按了一层的上行
```

```
S      M0.4, 1
R      Q0.0, 1
R      Q0.2, 1
Network 6
//启动10s定时
LD     M0.4
TON    T37, 100
Network 7 // 网络标题
// 定时时间到，进入步 M0.5
Network 15 // 网络标题
// 下到一层后进入步 M0.7
LD     M0.6
A      I0.2
A      I0.3
R      M0.6, 1
S      M0.7, 1
R      Q0.1, 1
R      Q0.3, 1
Network 16
//在步 M0.7 启动 10s 定时
LD     M0.7
TON    T38, 100
Network 17 // 网络标题
// 定时时间到，进入步 M1.0
LD     M0.7
A      T38
A      I0.2
R      M0.7, 1
S      M1.0, 1
Network 18
//调用 S2C 子程序
LD     M1.0
CALL   S2C
Network 19 // 网络标题
// 到达二层
LD     M1.0
A      I0.4
R      M1.0, 1
S      M0.2, 1
R      Q0.0, 1
R      Q0.2, 1
Network 20
LD     M0.1
O      M0.7
=      Q0.4
Network 21
LD     M0.2
O      M0.4
=      Q0.5
```

```
按钮，进入步 M0.6                        S2C 子程序：
LD    M0.2                              Network 1 // 网络标题
A     I0.2                              LD    SM0.0
A     I0.0                              =     Q0.0
R     M0.2, 1                          =     Q0.2
S     M0.6, 1                          X1C 子程序：
Network 14                             Network 1 // 网络标题
//在步 M0.6 调用 X1C 下一层子程序          LD    SM0.0
LD    M0.6                             =     Q0.1
CALL  X1C                              =     Q0.3
```

5. 运行调试

（1）在断电的情况下，按图 12-3 进行 PLC 控制线路接线。用编程电缆连接 PLC 和计算机的串行通信接口，接通计算机和 PLC 的电源。

微课：硬件接线

（2）运行计算机上的 STEP7-Micro/WIN32 编程软件，单击工具条上最左边的"新建项目"，生成一个新的项目。

（3）执行菜单命令"PLC"→"类型"，设置 PLC 的型号。设置通信参数，建立计算机与 PLC 的通信连接。

（4）执行菜单命令"工具"→"选项"，在"一般"对话框的"一般"选项卡中，选择 SIMATIC 指令集和"国际"助记符集，将"梯形图编辑器"设置为默认的程序编辑器。

（5）用"查看"菜单选择"梯形图"语言，用"查看"菜单选择"框架"→"指令树"，可打开（或关闭）指令树窗口，找到其中的"项目 1"→"程序块"→"主程序"，双击"主程序"，在右边"主程序"的编辑窗口中输入主程序的梯形图程序。建立如图 12-5 所示的电梯控制符号表。用"编辑"菜单选择"插入"→"子程序"插入子程序 SBR_1，将子程序 SBR_0、SBR_1 重命名为 S2C、X1C，并输入相应内容。

微课：程序录入

符号表

			符号	地址
1			LC1SXANNU	I0.0
2			RUN_STOP	I0.2
3			LC2D	Q0.5
4			LC1XWQ	I0.3
5			KM1SX	Q0.0
6			SXD	Q0.2
7			KM2XX	Q0.1
8			LC2XXANNU	I0.1
9			LC2XWQ	I0.4
10			XXD	Q0.3
11			LC1D	Q0.4

用户定义 1 / POU 符号

图 12-5　电梯控制符号表

（6）单击工具条中的"编译"或"全部编译"，编译输入的程序。若程序没有错误，则显示"0 错误"。否则，改正程序中的错误后才能下载程序。在下载用户程序之前，编程软件将首先自动执行编译操作。

（7）下载程序。计算机与 PLC 建立连接后，将 CPU 模块上的模式开关放在运行位置，单击工具条中的"下载"，开始下载。

（8）调试程序。下载成功后，单击"运行"，"RUN" LED 亮，用户程序开始运行。断开数字量输入的全部输入开关，CPU 模块上输入侧的 LED 全部熄灭。用接在端子 I0.0～I0.4 上的开关模拟表 12-1 中的输入元件。

单击程序状态监控""或用菜单命令"调试"→"开始程序状态监控"，在梯形图中显示出各元件的状态，梯形图中导通的触点或有电的线圈以高亮蓝背景显示，并按以下步骤调试。

① 接通 I0.3 上的开关，表示一层的限位器闭合，电梯停在一层，步 M0.1 变为活动步，Q0.4 闭合，一层灯亮。接通 I0.2，电梯处于运行状态，接通 I0.1 的开关再断开，表示按下了二层的下行按钮，步 M0.3 变为活动步，调用 S2C 子程序，电梯离开一层上二层，断开 I0.3，表示一层的限位器断开。观察 S2C 子程序，Q0.0 和 Q0.2 线圈以高亮蓝背景显示，表示电动机正转同时上行指示灯亮。接通 I0.4，表示到达二层，步 M0.4 变为活动步，Q0.5 闭合，二层灯亮，同时 T37 启动 10s 的定时。10s 时间到，步 M0.5 变为活动步，调用 X1C 子程序，电梯离开二层下一层，断开 I0.4，二层的限位器断开。观察 X1C 子程序，Q0.1 和 Q0.3 线圈以高亮蓝背景显示，表示电动机反转同时下行指示灯亮。接通 I0.3 上的开关，表示电梯回到一层，步 M0.1 变为活动步，Q0.4 闭合，一层灯亮。

② 接通 I0.0 的开关再断开，表示按下了一层的上行按钮，步 M1.0 变为活动步，调用 S2C 子程序，电梯离开一层上二层，断开 I0.3，一层的限位器断开。接通 I0.4，电梯到达二层，步 M0.2 变为活动步，Q0.5 闭合，二层灯亮。

③ 接通 I0.0 并断开，表示按下了一层的上行按钮，步 M0.6 变为活动步，调用 X1C 子程序，电梯离开二层下一层，断开 I0.4，表示二层的限位器断开。接通 I0.3，表示到达一层，步 M0.7 变为活动步，Q0.4 闭合，一层灯亮，同时 T38 启动 10s 的定时。定时时间到，步 M1.0 变为活动步，调用 S2C 子程序，电梯离开一层上二层，断开 I0.3，表示一层的限位器断开。接通 I0.4，电梯又回到二层，步 M0.2 变为活动步，Q0.5 闭合，二层灯亮。

④ 接通 I0.1 的开关再断开，表示按下了二层的下行按钮，步 M0.5 变为活动步，调用 X1C 子程序，电梯离开二层下一层，断开 I0.4，表示二层的限位器断开。接通 I0.3 上的开关，电梯回到一层，步 M0.1 变为活动步，Q0.4 闭合，一层灯亮。

⑤ 不论何时断开 I0.2，电梯立即处于停止状态，停在当前步。

也可结合状态表进行调试。单击状态表监控""或用菜单命令"调试"→"开始状态表监控"，在状态表中输入表 12-1 中列出的 PLC 的 I/O 点及定时器的信息，观察程序执行中相应值的变化。通过以上调试过程，查看程序执行过程是否与顺序功能图的描述一致。对程序执行过程加以分析，可以找到问题语句的所在，若有问题，则改正后重新下载调试。

■ 【评定激励】

按以下标准开展小组自评、互评，成绩填入项目评分细则表，如表 12-2 所示。

微课：运行调试

表 12-2　项目评分细则表

项目名称					组别	
开始时间			结束时间			
考核内容	考核要求	配分	评分标准		扣分	得分
电路设计	（1）I/O 分配表正确 （2）I/O 电路图正确 （3）主电路正确 （4）联锁、保护齐全	30 分	（1）I/O 分配表每错一处，扣 5 分 （2）I/O 电路图每错一处，扣 5 分 （3）主电路每错一处，扣 5 分 （4）联锁、保护每缺一项，扣 5 分			
安装接线	（1）元件选择、布局合理，安装符合要求 （2）布线合理美观	10 分	（1）元件选择、布局不合理，扣 3 分/处；元件安装不牢固，扣 3 分/处 （2）布线不合理、不美观，扣 3 分/处			
编程调试	（1）程序可实现控制功能 （2）操作步骤正确 （3）试车成功	50 分	（1）输入错误，扣 2 分/处 （2）不会设置及下载，分别扣 5 分 （3）一个功能未实现，扣 10 分 （4）操作步骤每错一步，扣 5 分 （5）显示运行不正常，扣 5 分/处			
安全文明工作	（1）安全用电，无人为损坏仪器、元件和设备 （2）保持环境整洁，秩序井然，操作习惯良好 （3）小组成员协作和谐，态度正确	10 分	（1）发生安全事故，扣 10 分 （2）人为损坏设备、元器件，扣 10 分 （3）现场不整洁、工作不文明、团队不协作，扣 5 分 （4）不遵守考勤制度，每次扣 2～5 分			
总成绩						

思考与练习

（1）如何建立带参数的子程序？

（2）如何调用带参数的子程序？

（3）编写一个计算 $Y=(X+10)\times6\div5$ 的子程序，使该公式能在多处调用。其中 X、Y 的数据类型为整型。

（4）编写一个求两个数异或的子程序，在主程序中调用子程序实现求 VB0～VB9 中的 10 个字节的异或值，将结果存入 VB20 中。

电梯控制的 MCGS 组态应用

【项目目标】

以 S7-200 PLC 为下位机实现二层电梯的控制，以 PC 为上位机采用 MCGS 对下位机进行实时监控。

【学习目标】

（1）熟练运用 S7-200 PLC 的编程软件 STEP7-Micro/WIN32 进行程序的下载与调试。

（2）掌握 MCGS 的动画制作、变量设计、PLC 的设备组态等多项组态操作。

（3）掌握使用 MCGS 进行监控软件组态操作的方法。

【相关知识】

1. MCGS 的简介

计算机技术和网络技术的飞速发展，为工业自动化开辟了广阔的发展空间，用户可以方便快捷地组建优质高效的监控系统，并且通过远程监控及诊断、双机热备等先进技术，使系统更加安全可靠，在这方面，MCGS 将提供强有力的软件支持。

MCGS 全中文工业自动化控制组态软件为用户建立全新的过程测控系统提供了一整套解决方案。MCGS 是一款 32 位工控组态软件，可以稳定运行在各种 32 位 Windows 平台上，集动画显示、流程控制、数据采集、设备控制与输出、网络数据传输、双机热备、工程报表、数据与曲线等诸多强大功能于一身，并支持国内外众多数据采集与输出设备，被广泛应用在石油、电力、化工、钢铁、矿山、冶金、机械、纺织、航天、建筑、材料、制冷、交通、通信、食品、制造与加工业、水处理、环保、智能楼宇、实验室等多种工程领域。

MCGS WWW 服务器版本，集工业现场的集散控制和各类历史、实时数据及相关曲线的 WWW 发布于一体，可以解决整个企业的 Internet/Intranet 方案，也可以非常方便地与已有的企业网络相衔接，让用户从具体的技术环节和繁杂的数据堆中脱身，随时随地掌握工业现场与企业运营的状态，了解所需的各项信息，大幅提高工作效率，实现成功决策。

2. MCGS 的安装

MCGS 是专为标准 Microsoft Windows 系统设计的 32 位应用软件，因此，必须运行在 Microsoft Windows95、Windows NT 4.0 或以上版本的 32 位操作系统中。具体安装步骤如下。

（1）启动 Windows，在相应的驱动器中插入光盘。

（2）插入光盘后会自动弹出 MCGS 安装程序窗口（若没有窗口弹出，则从 Windows 的"开始"菜单中，选择"运行..."命令，运行光盘中的 AutoRun.exe 文件），MCGS 安装程序窗口如图 13-1 所示。

（3）在安装程序窗口中选择"安装 MCGS 组态软件通用版"，启动安装程序开始安装。

（4）随后，安装程序将提示用户指定安装目录，若用户不指定，则系统默认安装到 D:\MCGS 目录下，如图 13-2 所示。

图 13-1　MCGS 安装程序窗口　　　　　　　　图 13-2　指定安装目录

（5）安装过程大约要持续数分钟。安装完成后，安装程序将弹出"安装完成"对话框，上面有两个复选框，分别为"是，我现在要重新启动计算机"和"不，我将稍后重新启动计算机"。在初次安装时一般需要选择重新启动计算机。

（6）安装完成后，Windows 在开始菜单中添加了相应的 MCGS 程序组，如图 13-3 所示。MCGS 程序组包括 5 项：MCGS 组态环境、MCGS 运行环境、MCGS 电子文档、MCGS 自述文件及卸载 MCGS 组态软件。运行环境和组态环境为 MCGS 的主体程序，自述文件描述了软件发行时的最后信息，电子文档则包含了有关 MCGS 最新的帮助信息。

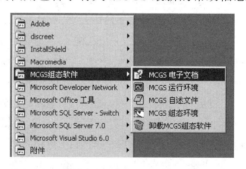

图 13-3　MCGS 程序组

3. MCGS 的运行

MCGS 系统安装完成后，在用户指定的目录（或系统默认目录 D:\MCGS）下创建了 3 个子目录：Program、Samples 和 Work。MCGS 系统分为组态环境和运行环境两个部分。文件 McgsSet.exe 对应 MCGS 系统的组态环境，文件 McgsRun.exe 对应 MCGS 系统的运行环境。组态环境和运行环境对应的两个执行文件，以及 MCGS 中用到的设备驱动、动画构件及策略构件存放在 Program 子目录下，用于演示 MCGS 系统基本功能的工程文件存放在 Samples 目录下，Work 子目录则是用户的默认工作目录。

分别运行可执行程序 McgsSet.exe 和 McgsRun.exe，就能进入 MCGS 的组态环境和运行环境。MCGS 系统安装完毕后，运行环境能自动加载并运行工程。用户可根据需要创建和运行自己的新工程。

4．MCGS 生成的用户应用系统的结构

MCGS 生成的用户应用系统的结构由主控窗口、设备窗口、用户窗口、实时数据库和运行策略 5 个部分构成。

1）实时数据库是用户应用系统的核心

实时数据库相当于一个数据处理中心，同时实时数据库起到公用数据交换区的作用，它将系统的各个部分连接成有机的整体。实时数据库定义不同类型和名称的变量，作为数据采集、数据处理、输出控制、动画连接及设备驱动的对象。系统用实时数据库来管理所有的实时数据。外部设备采集的实时数据被送入实时数据库后，实时数据库将数据传送给系统其他部分，操作系统其他部分操作的数据也来自实时数据库。实时数据库自动完成对实时数据的报警处理和存盘处理，它还根据需要把有关信息以事件的方式发送给系统的其他部分，以便触发相关事件，进行实时处理。因此，实时数据库所存储的单元，不仅包括变量的数值，还包括变量的特征参数（属性）及对该变量的操作方法（报警属性、报警处理和存盘处理等），这种将数值、属性、方法封装在一起的数据称为数据对象。实时数据库采用面向对象的技术，为其他部分提供服务，提供了系统各个功能部件的数据共享。

2）主控窗口构造了用户应用系统的主框架

主控窗口构造了工业控制中工程作业的总体轮廓，以及运行流程、菜单命令、特性参数和启动特性等内容，是系统的主框架。主控窗口中可以放置一个设备窗口和多个用户窗口，负责调度和管理这些窗口的打开或关闭。主要的组态操作包括定义工程的名称、编制工程菜单、设计封面图形、确定自动启动的窗口、设定动画刷新周期、指定数据库存盘文件名称及存盘时间等。

3）设备窗口是用户应用系统与外部设备联系的媒介

设备窗口专门用来放置不同类型和功能的设备构件，实现对外部设备的操作和控制。设备窗口通过设备构件把外部设备的数据采集进来，送入实时数据库，或者把实时数据库中的数据输出到外部设备。一个系统只有一个设备窗口，在运行时，系统自动打开设备窗口，管理和调度所有设备构件正常工作，并在后台独立运行。注意，对用户来说，设备窗口在运行时是不可见的。

4）用户窗口实现了数据和流程的"可视化"

用户窗口主要用于设置工程中人机交互的界面，如生成各种动画显示画面、报警输出、数据与曲线图表等。用户窗口中可以放置 3 种不同类型的图形对象：图元、图符和动画构件。图元和图符为用户提供了一套完善的设计制作图形画面和定义动画的方法。动画构件对应不同的动画功能，是从工程实践经验中总结出的常用的动画显示与操作模块，用户可以直接使用。通过在用户窗口中放置不同的图形对象，搭建多个用户窗口，用户可以构造各种复杂的图形界面，用不同的方式实现数据和流程的"可视化"。

MCGS 中的用户窗口，最多可定义 512 个。所有的用户窗口均位于主控窗口中，打开时窗口可见，关闭时窗口不可见。允许多个用户窗口同时处于打开状态。用户窗口的位置、大小和边界等属性可以随意改变或设置，如可以让一个用户窗口在顶部作为工具条，也可以在底部作为状态条，还可以使其成为一个普通的最大化显示窗口等。多个用户窗口的灵活组态配置，

构成了丰富多彩的图形界面。

5）运行策略是对用户应用系统运行流程实现有效控制的手段

运行策略本身是系统提供的一个框架，里面放置策略条件构件和由策略构件组成的"策略行"，通过对运行策略进行定义，系统能够按照设定的顺序和条件操作实时数据库，控制用户窗口的打开、关闭，并确定设备构件的工作状态等，从而实现对外部设备工作过程的精确控制。

1 个应用系统有 3 个固定的运行策略：启动策略、循环策略和退出策略，用户也可以根据具体需要创建新的用户策略（包括报警策略、事件策略、热键策略），并且用户最多可以创建 512 个用户策略。启动策略在系统开始运行时调用，退出策略在系统退出运行时调用，循环策略由系统在运行过程中定时循环调用，用户策略供系统中的其他部件调用。报警策略由用户在组态时创建，当指定数据对象的某种报警状态产生时，报警策略被系统自动调用一次。事件策略由用户在组态时创建，当对应表达式的某种事件状态产生时，事件策略被系统自动调用一次。热键策略由用户在组态时创建，当用户按下对应的热键时执行一次。

综上所述，一个系统由主控窗口、设备窗口、用户窗口、实时数据库和运行策略 5 个部分组成。MCGS 生成的用户应用系统的结构如图 13-4 所示。当组态工作开始时，系统只为用户搭建了一个能够独立运行的空框架，提供了丰富的动画部件与功能部件。

若要完成一个实际的用户应用系统，则应主要完成以下工作：要像搭积木一样，在组态环境中用应用系统提供的或用户扩展的构件构造应用系统，配置各种参数，形成一个有丰富功能可实际应用的系统；把组态环境中的组态结果提交给运行环境。运行环境和组态结果就构成了用户自己的应用系统。

图 13-4　MCGS 生成的用户应用系统的结构

【项目实施】

1. 工程分析

在开始组态工程之前，先对该工程进行剖析，以便从整体上把握工程的结构、流程、需要实现的功能及如何实现这些功能。工程框架如下。

（1）用户窗口：1 个用户窗口，在上面绘制简易电梯、4 个指示灯、3 个按钮。

（2）实时数据库：找出本工程需要用到的数据对象。

（3）设备窗口：S7-200 PLC 的设备组态。

2. 建立工程

可以按如下步骤建立工程。

（1）运行组态环境。打开 MCGS 组态环境，如图 13-5 所示。

图 13-5　MCGS 组态环境

（2）新建工程。若将组态软件默认安装在 D:\MCGS 下，单击"文件"菜单中"新建工程"，在 D:\MCGS\Work 下自动生成名为"新建工程 0.MCG"的工程，如图 13-6 所示。

单击"文件"菜单中的"工程另存为"，在弹出的窗口中"文件名"后的文本框中输入"电梯控制系统"，单击"保存"，至此新建工程另存为"D:\MCGS\WORK\电梯控制系统.MCG"，如图 13-7 所示，工程创建完毕。

图 13-6　新建工程

图 13-7　电梯控制工程

3．建立用户窗口

（1）在图 13-7 中，单击"新建窗口"，在"用户窗口"中新建"窗口 0"。

（2）选中"窗口 0"，单击右键，在下拉菜单中单击"设置为启动窗口"，将"窗口 0"设置为启动窗口，运行时自动加载，如图 13-8 所示。

（3）单击"窗口属性"，在用户窗口属性设置中将"窗口名称"改为"电梯控制"，"窗口标题"改为"电梯控制"，"窗口背景"选白色，"窗口位置"选"最大化显示"，其他不变，如图 13-9 所示。单击"确认"，设置完毕。

图 13-8 设置为启动窗口

图 13-9 用户窗口属性设置

4．制作工程画面

制作如图 13-10 所示的电梯控制工程画面。

1）标签的制作

如图 13-11 所示，选中"电梯控制"图标，单击"动画组态"，进入其动画组态窗口，开始编辑画面。

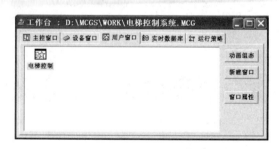

图 13-10 电梯控制工程画面

图 13-11 动画组态

（1）单击工具条中的工具箱"🛠"，打开绘图工具箱。

（2）选择工具箱中的标签"🅰"，鼠标光标呈"十"字形，在窗口顶端中心位置拖拽鼠标光标，根据需要拉出一个一定大小的矩形。

（3）在光标闪烁位置输入文字"电梯控制的可视化界面"，按回车键或在窗口任意位置用鼠标单击一下，文字输入完毕。

（4）若需要修改输入的文字，则单击已输入的文字，然后按回车键就可以进行编辑，也可以单击鼠标右键，弹出下拉菜单，选择"改字符"。

（5）选中文字框，进行如下设置。

① 单击填充色"🖌"，设置文字框的背景颜色为没有填充。

② 单击线色"🖊"，设置文字框的边线颜色为没有边线。

③ 单击字符字体"A̲ᵃ",设置文字字体为宋体、加粗、大小为一号。

④ 单击字符颜色"A",将文字颜色设置为蓝色。

2）图形的绘制

（1）画电梯的外部图框：单击绘图工具箱中画线工具"╲",移动鼠标光标，此时鼠标光标呈"十"字形，在窗口适当位置按住鼠标左键并拖曳出一条一定长度的直线。单击线色"",选择黑色。单击线型"",选择合适的线型，调整线的位置（按住鼠标拖动），调整线的长短（按 Shift+箭头组合键，或者光标移到一个手柄处，待光标呈"十"字形，沿线长度方向拖动），调整线的角度（按 Shift+箭头组合键，或者光标移到一个手柄处，待光标呈"十"字形，向需要的方向拖动）。当需要删除线时，选中线后，按 Del 键或单击右键选删除。单击"保存"。

（2）画电梯：单击绘图工具箱中的矩形工具"□",移动鼠标光标，此时鼠标光标呈"十"字形。在窗口适当位置按住鼠标左键并拖曳出一个一定大小的矩形。单击窗口上方工具栏中的填充色"",选择蓝色。单击线色"",选择没有边线。调整矩形的位置、大小。在窗口空白处单击一下，结束电梯的编辑。同样的方法画出导轨及两个限位开关的示意图，二层限位器（靠近二层指示灯）的坐标为"476×193",一层限位器的坐标为"476×334"。单击"保存"。

3）按钮的制作

单击绘画工具箱中的"⌐",在所需位置按住左键拖出适当大小的按钮，调整其大小和位置。分别绘制两个按钮，并双击按钮，分别输入按钮标题"一层上行""二层下行"。

单击绘画工具箱中的"⊐",画出所需按钮，双击鼠标，出现如图 13-12 所示画面，删除分段点 0、1，并将分段点 2、3 改为 0、1。当分段点为 0 时，出现如图 13-13 所示画面，单击"确认"。制作两个标签"停止""运行"。

图 13-12　修改前的动画按钮

图 13-13　修改后的动画按钮

4）指示灯的绘制

单击绘画工具箱中的"",打开对象元件库管理，如图 13-14 所示，双击窗口左侧"对象元件列表"中的"指示灯",展开该列表项，单击"指示灯 2",单击"确定"。窗口中出现指示灯图形。在指示灯旁边建立文字标签"一层指示灯",单击"保存"。分别画出其他 3 个指示灯，并标上标签。

图 13-14　指示灯的绘制

5．定义数据对象

实时数据库是 MCGS 工程的数据交换和数据处理中心。数据对象是构成实时数据库的基本单元，建立实时数据库的过程也就是定义数据对象的过程。

定义数据对象的过程主要包括以下几点。

（1）指定数据变量的名称、类型、初始值和数值范围。

（2）确定与数据变量存盘相关的参数，如存盘的周期、时间范围和保存期限等。

在开始定义之前，先对所有数据对象进行分析，所需的数据变量如表 13-1 所示。为便于了解这些变量的用途，表 13-1 中列出了与数据变量有对应关系的 PLC 的相关部件。

表 13-1　数据变量

部 件 名 称	形　　式	I/O 点	说　　明	数据变量的名称
SB1	常开按钮	I0.0	楼层 1 上行按钮	LC1SXANNU
SB2	常开按钮	I0.1	楼层 2 下行按钮	LC2XXANNU
SA1	开关	I0.2	运行/维修按钮	RUN_STOP
SQ1	限位开关	I0.3	楼层 1 限位器	LC1XWQ
SQ2	限位开关	I0.4	楼层 2 限位器	LC2XWQ
KM1	交流接触器	Q0.0	上行（电动机正转）控制	KM1SX
KM2	交流接触器	Q0.1	下行（电动机反转）控制	KM2XX
SXD	信号灯	Q0.2	上行指示灯	SXD
XXD	信号灯	Q0.3	下行指示灯	XXD
LC1D	信号灯	Q0.4	楼层 1 指示灯	LC1D
LC2D	信号灯	Q0.5	楼层 2 指示灯	LC2D

在图 13-11 所示页面中，单击"实时数据库"，在窗口空白处单击一下，再单击"新增对象"，新增数据对象"Data1"，再增加一个数据对象"Data2"。新增数据对象如图 13-15 所示。

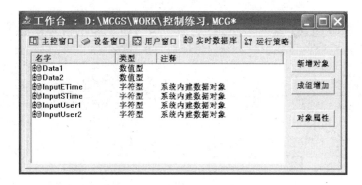

图 13-15 新增数据对象

双击"Data1",进入数据对象属性设置对话框,"对象名称"输入"LC1SXANNU","对象类型"选"开关","对象内容注释"输入"一层上行按钮",如图 13-16 所示。同样的方法新增并定义其他数据对象。全部数据对象特性表如图 13-17 所示。

图 13-16 数据对象属性设置

图 13-17 全部数据对象特性表

6. 动画连接

至此,静止的"电梯控制"窗口就做好了,对各个对象进行动画连接,也就是使各个图形构件与数据对象关联起来。在图 13-10 中双击按钮"一层上行",进入"标准按钮构件属性设置"对话框,选择"操作属性"页面,按图 13-18 所示的设置后单击"确认"。同样的方法将按钮"二层下行"与"LC2XXANNU"关联起来。双击"运行/维修",在"基本属性"页面→"对应数据对象的名称"一栏填入"RUN_STOP"后,单击"确认"。双击"一层指示灯"对应的灯,在"数据对象"页面→"数据对象连接"一栏填入"LC1D"后,单击"确认"。同理将按钮"二层指示灯""上行指示灯""下行指示灯"分别跟数据变量"LC2D""SXD""XXD"关联起来。双击"二层指示灯"附近的小方块,在"填充颜色"页面→"表达式"一栏中填入"LC2XWQ"后,单击"确认",将楼层 1 限位器与"LC1XWQ"关联起来。双击"电梯箱",在"属性设置"页面选中"垂直移动"一栏,在"垂直移动"页面→"表达式"一栏中填入"电梯位置",单击"确认"。电梯箱设置如图 13-19 所示。

图 13-18 "一层上行"按钮设置   图 13-19 电梯箱设置

7. 设备窗口中添加设备

1）添加设备

在图 13-11 页面中，选择"设备窗口"，单击"设备组态"，打开设备工具箱，单击"设备管理"找到"通用串口父设备"，单击"增加"。从"PLC 设备"中找到"西门子_S7200PPI"，单击"增加"，单击"确认"后添加到设备工具箱，如图 13-20 所示。在设备工具箱中，先后双击"通用串口父设备""西门子_S7200PPI"，并添加到设备窗口中。

2）串口通信参数的设置

在"设备窗口"中双击"通用串口父设备 0-[通用串口父设备]"进行串口通信参数的设置，如图 13-21 所示。

图 13-20 设备窗口组态

图 13-21 串口通信参数的设置

8. 设备通道设置

1）增加通道

在"设备窗口"中双击"设备 0-[西门子_S7200PPI]"，在"基本属性"页面中单击"设置设备内部属性"后出现"……"，单击"……"，进入"西门子_S7200PPI 通道属性设置"窗口，单击"增加通道",按图 13-22 进行选择,Q0.0 通道被加入。然后增加其他通道,全部通道增加完成后,如图 13-23 所示。

图 13-22　增加 Q0.0 通道　　　　　　　　图 13-23　通道属性设置

2)通道连接

在"设备窗口"中双击"设备 0-[西门子_S7200PPI]",进入"通道连接"页面。根据表 13-1 的对应关系,双击"对应数据对象"列下面的空白处,输入相应的数据变量名称,或者在空白处单击右键选择相应的数据变量,如图 13-24 所示,单击"确认"。这样,MCGS 的构件、变量与 PLC 的通道间就建立了联系。例如,按下"一层上行"按钮,"LC1SXANNU"变量值为 1,通过只写通道使 PLC 内部的 M6.0 的值为 1。

微课:通道连接

3)设备调试

在断电的情况下,将 PLC 主机与 PC 通过 PC/PPI 线缆连接好。运行 STEP7-Micro/WIN32 编程软件,设置通信波特率为 9.6kb/s,通信端口为 com1,将电梯控制程序下载到 PLC 中,并使 PLC 处于运行状态,接通 I0.2、I0.3、I0.4 的开关,I0.3、I0.4、Q0.4 的值为 1(对应的信号灯亮),退出编程软件。在"设备窗口"中双击"设备 0-[西门子_S7200PPI]",进入"设备调试"页面。若 PLC 与计算机通信正常,则双击"通道值"列下面的各空白处,将会发现 I0.3、I0.4、Q0.4 对应的通道值为 1。对于只读通道,通道值只取决于 PLC;对于只写通道,通道值只取决于 MCGS 控制系统。例如,双击"LC2XXANNU"后通道值的空白处,输入 1,则 PLC 中 M6.1 的值变为 1,如图 13-25 所示。单击工具栏上的存盘按钮,保存工程。

9. PLC 程序修改

如果只是通过 MCGS 监控软件观察 PLC 的运行状况,那么前期编制的 PLC 程序可以不修改。这里想通过监控软件的按钮控制 PLC 的运行,如希望当电梯处于运行状态时,按下"一层上行"按钮,电梯运行到二楼,那么就需要修改 PLC 程序。

因为在每个扫描周期开始时,PLC 会依次对各个输入点采样,并把采样结果送入输入映像寄存器,除此之外在程序中没有别的办法对输入映像寄存器的值进行修改。所以要想实现通过 MCGS 控制 PLC,无法用数据变量改变 PLC 输入映像寄存器的值,可以采用这样的办法:用 MCGS 的元件关联 PLC 的位存储器(M),这个工作前面已经完成,再修改 PLC 的程序,将位存储器与相应的输入映像寄存器并联,这样通过 MCGS 就可以控制 PLC 的运行,同时不影响程序原来的功能。将 PLC 程序中所有的 I0.0 常开触点与 M6.0（受 LC1SXANNU 的控制）的常开触点并联，所有的 I0.1 常开触点与 M6.1（受 LC2XXANNU 的控制）的常开触点并联，所有的 I0.2 常开触点与 M6.2（受 RUN_STOP 的控制）的常开触点并联，程序其他部分不变，MCGS 的其他变量受 PLC 的控制，这样通过 MCGS 就可以控制 PLC，再由 PLC 控制电梯的上行和下行，同时运行结果由 PLC 传回 MCGS。

图 13-24   通道连接

图 13-25   设备调试

修改后的电梯主程序如图 13-26 所示。S2C 子程序与 X1C 子程序不变，参见项目 14 的内容。

10.程序联调

由于 MCGS 与 STEP7-Micro/WIN32 占用同一个串口，因此选择关闭 MCGS 软件，然后运行 STEP7-Micro/WIN32 编程软件，在指令树中双击"用户定义 1"建立一个符号表，如图 13-27 所示。输入图 13-26 的主程序，输入 S2C 与 X1C 子程序（参见项目 14 的内容）。下载全部程序至 PLC，使 PLC 处于运行状态，在 STEP7-Micro/WIN32 编程软件中进行 PLC 程序的调试，调试过程同项目 14。调试完毕，关闭 STEP7-Micro/WIN32 编程软件。

启动 MCGS 软件，打开工程文件"电梯控制系统.MCG"，执行菜单命令"文件"→"进入运行环境"。前面已将"电梯控制"窗口设置为启动窗口，所以在运行时，系统会自动运行该窗口。

（1）操作 PLC 上的开关，观察对监控软件的影响，按以下步骤调试。

① 接通 I0.3，表示一层的限位器闭合，电梯停在一层，在 MCGS 的"电梯控制"窗口中，一层的限位器及指示灯都变亮。接通 I0.2，电梯处于运行状态，接通 I0.1 再断开，表示按下了二层的下行按钮，在 MCGS 的"电梯控制"窗口中，上行指示灯亮。接通 I0.4，表示到达二层，二层的限位器及指示灯都变亮。10s 后，电梯离开二层下行至一层，一层的指示灯亮。

② 接通 I0.0 再断开，表示按下了一层的上行按钮，上行指示灯亮。接通 I0.4，电梯到达二层，二层指示灯亮。

③ 接通 I0.0 再断开，表示按下了一层的上行按钮，电梯离开二层下行至一层，下行指示灯亮。接通 I0.3，表示到达一层，一层指示灯亮，10s 后，电梯离开一层上行至二层，断开 I0.3，表示一层的限位器断开。接通 I0.4，电梯又回到二层，二层指示灯亮。

④ 接通 I0.1 再断开，表示按下了二层的下行按钮，电梯离开二层下行至一层，断开 I0.4，二层的限位器灯熄灭。接通 I0.3，一层的限位器及指示灯都变亮。

⑤ 无论何时断开 I0.2，电梯都立即处于停止状态，并停在当前步。

图 13-26　修改后的电梯主程序

图 13-27　符号表

（2）操作监控软件的按钮，观察对 PLC 及监控软件的影响，步骤调试基本同上，只是注意限位器还是用 PLC 上的开关代替，这里不再赘述。

【评定激励】

按以下标准开展小组自评、互评，成绩填入项目评分细则表，如表 13-2 所示。

表 13-2　项目评分细则表

项目名称					组别	
开始时间			结束时间			
考核内容	考核要求	配分	评分标准		扣分	得分
建立工程	（1）工程建立在指定文件夹下 （2）工程名符合指定要求 （3）设置启动窗口	5 分	（1）未建立在指定文件夹下，扣 2 分 （2）工程名不符合指定要求，扣 1 分 （3）不会设置启动窗口，扣 2 分			
制作工程画面	（1）标签的制作符合要求 （2）电梯的制作 （3）按钮的制作 （4）指示灯的制作	20 分	设置或制作不当，扣 2 分/处			
定义数据对象	（1）指定数据变量的名称、类型、初始值和数值范围 （2）确定与数据变量存盘相关的参数	20 分	（1）指定数据变量的名称、类型、初始值和数值范围不合要求，扣 1 分/变量 （2）确定与数据变量存盘相关的参数不当，扣 1 分/变量			
动画连接	（1）电梯的制作 （2）按钮的制作 （3）指示灯的制作	20 分	设置或制作不当，扣 2 分/处			
设备窗口中添加设备	（1）设备的添加 （2）串口通信参数的设置	10 分	（1）设备的添加不当，扣 5 分 （2）设备的属性设置不当，扣 2 分/处			
设备通道设置	（1）增加通道 （2）通道连接 （3）设备调试	15 分	设置不当，扣 2 分/处			
PLC 程序修改	通过 MCGS 的按钮控制 PLC	10 分	程序修改不当，扣 2 分/处			
总成绩						

思考与练习

（1）简述 MCGS 的特点。

（2）简述 MCGS 生成的用户应用系统的构成。

（3）动画连接的意义是什么？如何进行动画连接？

（4）如何添加并设置通用串口设备？

（5）如何进行"西门子_S7200PPI 通道"的设置？

（6）以 S7-200 PLC 为下位机实现十字路口交通信号灯的控制，以 PC 为上位机采用 MCGS 对下位机进行实时监控。试建立这个监控系统并调试。

水位控制的 MCGS 组态应用

【项目目标】

应用 MCGS 完成水位控制工程的项目设计、仿真运行。

【学习目标】

（1）掌握 MCGS 的基本操作，完成工程分析及变量定义。
（2）掌握简单界面设计，完成数据对象定义及动画连接。
（3）掌握模拟设备连接方法，完成简单脚本程序编写及报警显示。
（4）掌握制作工程报表及曲线方法。

【相关知识】

一、MCGS 的工作方式

1. MCGS 与设备通信的方式

MCGS 通过设备驱动程序与外部设备进行数据交换，包括数据采集和发送设备指令。设备驱动程序是由 VB、VC 程序设计语言编写的 DLL（动态链接库）文件，包括符合各种设备通信协议的处理程序，可以将设备运行状态的特征数据采集进来或发送出去。MCGS 负责在运行环境中调用相应的设备驱动程序，将数据传送到工程的各个部分，完成整个工程的通信过程。每个设备驱动程序都独占一个线程，达到互不干扰的目的。

2. MCGS 产生动画效果的原理

MCGS 为每种基本图形元素都定义了不同的动画属性，例如，一个长方形的动画属性有可见度、大小变化、水平移动等。每种动画属性都会产生一定的动画效果。所谓动画属性，实际上是反映图形大小、颜色、位置、可见度、闪烁性等状态的特征参数。然而，组态环境中生成的画面都是静止的，那么应如何在工程运行中产生动画效果呢？方法：图形的每种动画属性中都有一个"表达式"设定栏，在该栏中设定一个与图形状态相联系的数据变量，连接到实时数据库中，以此建立相应的对应关系，MCGS 称之为动画连接。当工业现场中测控对象的状态（如储油罐的液面高度等）发生变化时，设备驱动程序将变化的数据采集到实时数据库的变量中，该变量是与动画属性相关的变量，数值的变化使图形的状态产生相应的变化（如大小变化）。现场的数据是连续被采集进来的，这样就会产生逼真的动画效果（如储油罐的液面的升高和降低）。储油罐的液面的动画显示如图 14-1 所示。用户也可编写程序来控制动画界面，以达到满意的效果。

图 14-1　储油罐的液面的动画显示

3．MCGS 实施远程多机监控的方式

MCGS 提供了一套完善的网络机制，可通过 TCP/IP 网、Modem 网和串口网将多台计算机连接在一起，构成分布式网络测控系统，实现网络间的实时数据同步、历史数据同步和网络事件的快速传递。同时，MCGS 提供的网络功能，可在工作站上直接对服务器中的数据库进行读写操作。分布式网络测控系统的每台计算机都要安装一套 MCGS。MCGS 把各种网络形式，以父设备构件和子设备构件的形式供用户调用，并进行工作状态、端口号、工作站地址等属性参数的设置。

4．MCGS 对工程运行流程实施有效控制的方法

MCGS 开辟了专用的"运行策略"窗口，建立了用户运行策略。MCGS 提供了丰富的功能构件，供用户选用，通过构件配置和属性设置两项组态操作，生成了各种功能模块（称为用户策略），使系统能够按照设定的顺序和条件，操作实时数据库，实现对动画窗口的任意切换，控制系统的运行流程和设备的工作状态。MCGS 所有的操作均采用面向对象的直观方式，避免了烦琐的编程工作。

二、组建工程的一般过程

1．工程的系统分析

分析工程的系统构成、技术要求和工艺流程，弄清系统的控制流程和测控对象的特征，明确监控要求和动画显示方式，分析工程中的设备采集及输出通道与软件中实时数据库变量的对应关系，分清哪些变量是要求与设备连接的，哪些变量是软件内部用来传递数据及动画显示的。

2．工程立项搭建框架

MCGS 将工程立项搭建框架称为建立新工程，主要内容包括定义工程名称、封面窗口名称、启动窗口（封面窗口退出后接着显示的窗口）名称，指定存盘数据库文件名称及存盘数据库名称，设定动画刷新的周期。经过此步操作后，即在 MCGS 组态环境中，建立了由 5 部分组成的工程结构框架。封面窗口和启动窗口也可等到建立了用户窗口后，再建立。

3．设计菜单基本体系

为了对系统运行的状态及工作流程进行有效调度和控制，通常要在主控窗口中编制菜单。编制菜单分两步进行：第一步，搭建菜单的框架；第二步，对各级菜单命令进行功能组态。在组态过程中，可根据实际需要，随时对菜单的内容进行增加或删除，不断完善工程的菜单。

4. 制作动画显示界面

动画制作分为静态图形设计和动态属性设置两个过程。前一部分类似于"画画"，用户通过 MCGS 提供的基本图形元素及动画构件库，在用户窗口中"组合"成各种复杂的画面。后一部分则设置图形的动画属性，与实时数据库中定义的变量建立相关性的连接关系，作为动画图形的驱动源。

5. 编写控制流程程序

在运行策略窗口内，从策略构件箱中，选择所需的功能策略构件，构成各种功能模块（称为策略块），由这些模块实现各种人机交互操作。MCGS 还为用户提供了编程用的功能构件（称为脚本程序功能构件），使用简单的编程语言，编写工程控制程序。

6. 完善菜单按钮功能

完善菜单按钮功能包括对菜单命令、监控器件、操作按钮的功能组态，实现历史数据、实时数据、各种曲线、数据报表、报警信息输出等功能，建立工程安全机制等。

7. 编写程序调试工程

利用调试程序产生的模拟数据，检查动画显示和控制流程是否正确。

8. 连接设备驱动程序

选定与设备相匹配的设备构件，连接设备通道，确定数据变量的数据处理方式，完成设备属性的设置。此项操作在设备窗口中进行。

9. 工程完工综合测试

最后测试工程各部分的工作情况，完成整个工程的组态工作，实施工程交接。

三、MCGS 脚本程序

1. 脚本程序简介

脚本程序是组态软件中的一种内置编程语言引擎。当某些控制和计算任务通过常规组态方法难以实现时，脚本程序能够增强整个系统的灵活性，解决其常规组态方法难以解决的问题。

MCGS 脚本程序为有效地编制各种特定的流程控制程序和操作处理程序提供了方便的途径。它被封装在一个功能构件中（称为脚本程序功能构件），在后台由独立的线程来运行和处理，能够避免单个脚本程序错误导致的整个系统的瘫痪。

在 MCGS 中，脚本语言是一种语法上类似 Basic 的编程语言，可以应用在运行策略中，把整个脚本程序作为一个策略功能块执行，也可以在菜单组态中作为菜单的一个辅助功能运行，更常见的用法是应用在动画界面的事件中。MCGS 引入的事件驱动机制与 VB 或 VC 中的事件驱动机制类似，例如，对于用户窗口，有装载、卸载事件；对于窗口中的控件，有鼠标单击事件、键盘按键事件等。当这些事件发生时，就会触发一个脚本程序，执行脚本程序中的操作。

2. 脚本程序编辑环境

脚本程序编辑环境是用户书写脚本语句的地方。脚本程序编辑环境主要由脚本程序编辑框、编辑功能按钮、脚本语句和表达式、MCGS 操作对象列表和函数列表 4 个部分构成。

（1）脚本程序编辑框用于书写脚本程序和脚本注释，用户必须遵照 MCGS 规定的语法结构和书写规范脚本程序，否则语法检查不能通过。

（2）编辑功能按钮提供了文本编辑的基本操作，用户使用这些操作可以方便操作和提高编辑速度。例如，在脚本程序编辑框中选定一个函数，然后单击"帮助"，MCGS 将自动打开关于这个函数的在线帮助，或者如果函数拼写错误，那么 MCGS 将列出与所提供的名字最接近函数的在线帮助。

（3）脚本语句和表达式列出了 MCGS 使用的 3 种语句的书写形式和 MCGS 允许的表达式类型。用鼠标单击要选择的语句和表达式符号，在脚本编辑处光标所在的位置填上语句或表达式的标准格式。例如，用鼠标单击"if~then"，MCGS 会自动提供一个 if … then …结构，并把输入光标停到合适的位置。

（4）MCGS 操作对象列表和函数列表以树结构的形式，列出了工程中所有的窗口、策略、设备、变量、系统支持的各种方法、属性及各种函数，以供用户快速查找和使用。例如，可以在用户窗口树中，选定一个窗口"窗口 0"，打开"窗口 0"下的"方法"，然后双击"Open函数"，则 MCGS 会自动在脚本程序编辑框中，添加"用户窗口.窗口 0.Open( )"的语句，通过这行语句，就可以完成窗口打开的工作。

3．脚本程序语言要素

1）数据类型

MCGS 脚本程序语言使用的数据类型只有 3 种。

（1）开关型：表示开或关的数据类型，通常 0 表示关，非 0 表示开，也可以作为整数使用。

（2）数值型：值在 3.4E±38 范围内。

（3）字符型：最多由 512 个字符组成的字符串。

2）变量、常量

（1）变量：在脚本程序中，用户不能定义子程序和子函数，其中数据对象可以看作脚本程序中的全局变量，在所有的程序段共用。可以用数据对象的名称来读写数据对象的值，也可以对数据对象的属性进行操作。

开关型、数值型、字符型 3 种数据对象分别对应脚本程序中的 3 种数据类型。在脚本程序中不能对组对象和事件型数据对象进行读写操作，但可以对组对象进行存盘处理。

（2）常量：开关型常量为 0 或非 0 的整数，通常 0 表示关，非 0 表示开；数值型常量为带小数点或不带小数点的数值，如 12.45、100；字符型常量为双引号内的字符串，如"OK""正常"。

（3）系统变量：MCGS 定义的内部数据对象作为系统内部变量，在脚本程序中可以自由使用，在使用系统变量时，变量的前面必须加"$"，如$Date。

（4）属性和方法：MCGS 中的属性和方法都是相对于 MCGS 的对象而言的，可以引用对象的方法。

3）MCGS 对象

MCGS 对象可以形成一个对象树，树根从 MCGS 开始，MCGS 对象的属性就是系统变量，MCGS 对象的方法就是系统函数。MCGS 对象下面有用户窗口对象、设备对象、数据对象等子对象。用户窗口对象以各个用户窗口作为子对象，每个用户窗口对象以这个窗口中的动画构件作为子对象。

4）表达式

由数据对象（包括设计者在实时数据库中定义的数据对象、系统内部数据对象和系统函数）、括号和各种运算符组成的运算式称为表达式，表达式的计算结果称为表达式的值。

5）运算符

（1）算术运算符：∧（乘方）、×（乘法）、/（除法）、\（整除）、+（加法）、–（减法）、Mod（取模运算）。

（2）逻辑运算符：AND（逻辑与）、NOT（逻辑非）、OR（逻辑或）、XOR（逻辑异或）。

（3）比较运算符：>、≥、=（字符串比较需要使用字符串函数!StrCmp，不能直接使用=运算符）、≤、<、≠。

6）功能函数

为了提供辅助的系统功能，MCGS 提供了功能函数，也称为系统函数。功能函数主要包括以下几类：运行环境函数、数据对象函数、系统操作函数、用户登录函数、定时器操作、文件操作、ODBC 函数、配方操作函数等。功能函数在脚本程序中可以自由使用，在使用时，功能函数的前面必须加"!"，如!abs( )。

4．脚本程序基本语句

由于 MCGS 脚本程序是为了实现某些多分支流程的控制及操作处理的，因此包括几种最简单的语句：赋值语句、条件语句、退出语句和注释语句。同时，为了提供一些高级的循环和遍历功能，还提供了循环语句。所有的脚本程序都可以由这 5 种语句组成，当一个程序行中包含多条语句时，各条语句之间须用"："分开，程序行也可以是没有任何语句的空行。大多数情况下，一个程序行只包含一条语句，赋值程序行中根据需要可以在一行上放置多条语句。

（1）赋值语句的形式：数据对象=表达式。赋值语句用赋值号（"="）表示，具体含义：把"="右边表达式的运算值赋给左边的数据对象。赋值号左边必须是能够读写的数据对象。

（2）条件语句有如下 3 种形式。

```
If 【表达式】 Then 【赋值语句或退出语句】
If 【表达式】 Then
    【语句】
EndIf
If 【表达式】 Then
    【语句】
Else
    【语句】
EndIf
```

（3）循环语句为 While 和 EndWhile，其结构如下所示。

```
While 【条件表达式】
…
EndWhile
```

当条件表达式成立（非零）时，循环执行 While 和 EndWhile 之间的语句，直到条件表达式不成立（为零）时，退出。

退出语句为 Exit，用于中断脚本程序的运行，停止执行后面的语句。一般在条件语句中使用退出语句，以便在某种条件下，停止并退出脚本程序的执行。

（4）以单引号"'"开头的语句称为注释语句，注释语句在脚本程序中只起到注释说明的作用，在实际运行时，系统不对注释语句进行任何处理。

5．运行策略的测试

应用系统的运行策略在后台执行，其主要职责是对系统的运行流程实施有效控制和调度。运行策略本身的正确性难以直接测试，只能从系统运行状态和反馈信息中加以判断分析。建议用户一次只对一个策略块进行测试，测试的方法是创建辅助的用户窗口，用来显示策略块中所用到的数据对象的数值。测试过程中，可以人为地设置某些控制条件，观察系统运行流程的执行情况，对策略的正确性做出判断。同时，还要注意观察策略块运行中系统其他部分的工作状态，检查策略块的调度和操作职能是否实施正确。例如，策略块中要求打开或关闭的窗口，是否及时打开或关闭，外部设备是否按照策略块中设定的控制条件正常工作。

【项目实施】

水位控制系统演示工程效果图如图 14-2 所示。

图 14-2　水位控制系统演示工程效果图

1．工程分析

在开始组态工程之前，应先对该工程进行剖析，以便从整体上把握工程的结构、流程、需要实现的功能及实现这些功能的方法。

1）工程框架

（1）2 个用户窗口：水位控制、数据显示。

（2）4 个主菜单：系统管理、数据显示、历史数据、报警数据。

（3）4 个子菜单：用户登录、退出登录、用户管理、修改密码。

（4）5 个策略：启动策略、退出策略、循环策略、报警策略、历史策略。

2）数据对象

数据对象包括水泵、调节阀、出水阀、液位 1、液位 2、液位 1 上限、液位 1 下限、液位 2 上限、液位 2 下限、液位组。

3）图形制作

（1）水位控制窗口。

① 水泵、调节阀、出水阀、水罐、报警指示灯：由对象元件库引入。

② 管道：通过流动块构件实现。

③ 水罐水量控制：通过滑动输入器实现。

④ 水量的显示：通过旋转仪表、标签构件实现。

⑤ 报警实时显示：通过报警显示构件实现。

⑥ 动态修改报警限值：通过输入框构件实现。

（2）数据显示窗口。

① 实时数据：通过自由表格构件实现。

② 历史数据：通过历史表格构件实现。

③ 实时曲线：通过实时曲线构件实现。

④ 历史曲线：通过历史曲线构件实现。

4）流程控制

通过循环策略中的脚本程序策略块实现。

5）安全机制

通过用户权限管理、工程安全管理、脚本程序实现。

2．建立工程

可以按如下步骤建立工程。

（1）鼠标单击文件菜单中的"新建工程"，若 MCGS 安装在 D 盘根目录下，则会在"D:\MCGS\WORK\"下自动生成新建的工程，默认的工程名为"新建工程 X.MCG"（X 表示新建工程的顺序号，如 0、1、2 等）

（2）选择文件菜单中的"工程另存为"，弹出文件保存窗口。

（3）在文件名一栏中输入"水位控制系统"，单击"保存"，工程创建完毕。

3．制作工程画面

1）建立画面

（1）在"用户窗口"中单击"新建窗口"，建立"窗口 0"。

（2）选中"窗口 0"，单击"窗口属性"，进入"用户窗口属性设置"。

（3）将窗口名称改为"水位控制"，窗口标题改为"水位控制"，窗口位置选中"最大化显示"，其他不变，单击"确认"。

（4）在"用户窗口"中，选中"水位控制"，单击右键，选择下拉菜单中的"设置为启动窗口"，将该窗口设置为运行时自动加载的窗口。

2）编辑画面

选中"水位控制"窗口图标，单击"动画组态"，进入"动画组态"窗口，开始编辑画面。

3）制作文字框图

（1）单击工具条中的工具箱"🛠"，打开绘图工具箱。

（2）选择"工具箱"中的标签"**A**"，鼠标光标呈"十"字形，在窗口顶端中心位置拖拽鼠标光标，根据需要拉出一个一定大小的矩形。

（3）在光标闪烁位置输入文字"水位控制系统演示工程"，按回车键或在窗口任意位置用鼠标单击一下，文字输入完毕。

（4）选中文字框，做如下设置。

① 单击填充色"🎨"，设定文字框的背景颜色为没有填充。

② 单击线色"🖊"，设置文字框的边线颜色为没有边线。

③ 单击字符字体"**Aª**"，设置文字字体为宋体、加粗，大小为 26。

单击字符颜色"🔤"，设定文字颜色为蓝色。

4）制作水箱

单击绘图工具箱中的"📥"插入元件，弹出对象元件管理对话框，如图 14-3 所示。

（1）从"储藏罐"类中选取罐 17、罐 53。

（2）从"阀"和"泵"类中分别选取 2 个阀（阀 58、阀 44）和 1 个泵（泵 40）。

（3）将储藏罐、阀、泵调整为适当大小，放到适当位置，参照效果图。

（4）选中工具箱中的流动块动画构件"▐▌"，鼠标光标呈"十"字形，移动鼠标光标至窗口的预定位置，单击鼠标左键，移动鼠标光标，在鼠标光标后形成一道虚线，拖动一定距离后，单击鼠标左键，生成一段流动块。再移动鼠标光标（可沿原来方向，也可垂直于原来方向），生成下一段流动块。

（5）当用户想结束绘制时，双击鼠标左键即可。

（6）当用户想修改流动块时，选中流动块（流动块周围出现选中标志：白色小方块），鼠标指针指向小方块，按住左键不放，拖动鼠标光标，即可调整流动块的形状。

（7）使用工具箱中的"**A**"，分别对阀、罐进行文字注释，依次为水泵、水罐 1、调节阀、水罐 2、出水阀。

（8）选择"文件"菜单中的"保存窗口"，保存画面。

5）整体画面

水位控制系统画面如图 14-4 所示。

4．定义数据对象

前面已经讲过，实时数据库是 MCGS 的数据交换和处理中心。数据对象是构成实时数据库的基本单元，建立实时数据库的过程也就是定义数据对象的过程。

定义数据对象的内容主要包括：指定数据变量的名称、类型、初始值和数值范围，确定与数据变量存盘相关的参数，如存盘的周期、时间范围和保存期限等。

图 14-3　水箱的选择　　　　　　　　图 14-4　水位控制系统画面

在开始定义之前，应先对所有数据对象进行分析。表 14-1 列出了本工程需要用到的数据对象。

表 14-1　数据对象列表

对象名称	类　型	注　释
水泵	开关型	控制水泵"启动""停止"的变量
调节阀	开关型	控制调节阀"打开""关闭"的变量
出水阀	开关型	控制出水阀"打开""关闭"的变量
液位 1	数值型	水罐 1 的水位高度，用来控制 1#水罐水位的变化
液位 2	数值型	水罐 2 的水位高度，用来控制 2#水罐水位的变化
液位 1 上限	数值型	用来在运行环境下设定水罐 1 的上限报警值
液位 1 下限	数值型	用来在运行环境下设定水罐 1 的下限报警值
液位 2 上限	数值型	用来在运行环境下设定水罐 2 的上限报警值
液位 2 下限	数值型	用来在运行环境下设定水罐 2 的下限报警值
液位组	组对象	用于历史数据、历史曲线、报表输出等功能构件

1）定义数据对象

下面以数据对象"水泵"为例，介绍一下定义数据对象的步骤。

（1）单击工作台中的"实时数据库"，进入"实时数据库"窗口。

（2）单击"新增对象"，在窗口的数据对象列表中，增加新的数据对象，系统默认定义的名称为"Data1""Data2""Data3"等（多次单击该标签，则可增加多个数据对象）。

（3）选中对象，单击"对象属性"，或者双击选中对象，打开"数据对象属性设置"窗口。

（4）将对象名称改为"水泵"，对象类型选择"开关型"，在对象内容注释输入框中输入"控制水泵启动、停止的变量"，单击"确认"。

按照此步骤，根据表 14-1，设置其他 9 个数据对象。

2）定义组对象

定义组对象与定义其他数据对象略有不同，需要对组对象成员进行选择，具体步骤如下。

（1）在数据对象列表中，双击"液位组"，打开"数据对象属性设置"窗口。

（2）选择"组对象成员"，在左边数据对象列表中选择"液位 1"，单击"增加"，则数据对象"液位 1"被添加到右边的"组对象成员列表"中。按照同样的方法将"液位 2"添加到组对象成员中。

（3）单击"存盘属性"，在"数据对象值的存盘"选择框中，选择"定时存盘"，并将存盘周期设为 5s。

（4）单击"确认"，组对象设置完毕。

5．动画连接

由图形对象搭建而成的图形画面是静止不动的，需要对这些图形对象进行动画设计，真实描述外界对象的状态变化，达到实时监控的目的。MCGS 实现图形动画设计的主要方法是将用户窗口中的图形对象与实时数据库中的数据对象建立相关性连接，并设置相应的动画属性。在系统运行过程中，图形对象的外观和状态特征，由数据对象的实时采集值驱动，从而实现了图形的动画效果。

本工程需要制作动画效果的部分包括水箱中的水位升降效果、水泵与阀门的启停效果、水流效果。

1）水位升降效果

水位升降效果是通过设置数据对象的"大小变化"连接类型实现的，具体设置步骤如下。

（1）在用户窗口中，双击"水罐 1"，弹出"单元属性设置"窗口。

（2）单击"动画连接"，显示如图 14-5 所示的窗口。

（3）选中"折线"，则会在右端出现" ▷ "。

（4）单击" ▷ "，进入"动画组态属性设置"窗口，按照如图 14-6 所示的要求设置各个参数。

图 14-5　动画连接窗口

图 14-6　设置"液位 1"的参数

（5）单击"确认"，则"水罐 1"的水位升降效果制作完毕。

（6）"水罐 2"的水位升降效果的制作同理。单击" ▷ "，进入"动画组态属性设置"窗口后，按照下面的值进行参数设置："表达式"设为液位 2，"最大变化百分比"对应的"表达式的值"设为 6，其他参数不变。

2）水泵与阀门的启停效果

水泵与阀门的启停效果是通过设置连接类型对应的数据对象实现的，设置步骤如下。

（1）双击"水泵"，弹出"单元属性设置"窗口。

（2）选中"数据对象"中的"按钮输入"，则右端出现"?"。

（3）单击"?"，双击数据对象列表中的"水泵"。

（4）使用同样的方法将"填充颜色"对应的数据对象设置为"水泵"，如图14-7所示。

图 14-7　水泵的设置

（5）单击"确认"，则水泵的启停效果设置完毕。

（6）调节阀启停效果的设置同理。在数据对象标签页中，将"按钮输入""填充颜色"的数据对象均设置为"调节阀"。

（7）出水阀的启停效果，在"数据对象"标签页中，将"按钮输入""可见度"的数据对象均设置为"出水阀"。

3）水流效果

水流效果是通过设置流动块构件的属性实现的，实现步骤如下。

（1）双击水泵右侧的流动块，弹出"流动块构件属性设置"窗口。

（2）在"流动块构件属性设置"窗口中，进行如下设置。

① 表达式：水泵=1。

② 选择当表达式非零时，流动块开始流动。

水罐1右侧流动块及水罐2右侧流动块的制作方法与此相同，只需要将表达式相应改为"调节阀=1，出水阀=1"。

至此动画连接已设置完成，按F5键或单击工具条中的"📥"，进入运行环境，看一下组态后的结果。前面已将"水位控制"窗口设置为启动窗口，所以在运行时，系统会自动运行该窗口。

这时看见的画面仍是静止的。移动鼠标光标到"水泵""调节阀""出水阀"上面的红色部分，鼠标光标会呈"手指"形。单击一下，红色部分变为绿色，同时流动块相应地运动起来，但水罐仍没有变化。这是因为没有信号输入，也没有人为改变水量。可以用下面的方法改变其值，使水罐动起来。

4）利用滑动输入器控制水位

以水罐1的水位控制为例。

（1）进入"水位控制"窗口。

（2）选中"工具箱"中的滑动输入器"🔘—"，当鼠标光标呈"十"字形后，拖动鼠标光标将其调到适当大小。

（3）调整滑动块到适当位置。

（4）双击滑动输入器构件，进入属性设置窗口。按照下面的值设置各个参数。

① "基本属性"页中的滑块指向左（上）。

② "刻度与标注属性"页中的"主画线数目"为 5，即能被 10 整除。

③ "操作属性"页中的对应数据对象名称为"液位 1"，滑块在最右（下）边时对应的值为 10。

④ 其他不变。

（5）在制作好的滑块下的适当位置，制作一个文字标签，按下面的要求进行设置。

① 输入文字"水罐 1 输入"。

② 文字颜色为黑色。

③ 框图填充颜色为没有填充。

④ 框图边线颜色为没有边线。

（6）按照下述方法设置水罐 2 水位控制滑块，参数设置如下。

① "基本属性"页中的滑块指向左（上）。

② "操作属性"页中的对应数据对象名称为"液位 2"，滑块在最右（下）边时对应的值为 6。

③ 其他不变。

（7）将水罐 2 水位控制滑块对应的文字标签按下面的要求进行设置。

① 输入文字"水罐 2 输入"。

② 文字颜色为黑色。

③ 框图填充颜色为没有填充。

④ 框图边线颜色为没有边线。

（8）单击工具箱中的常用图符""，打开常用图符工具箱。

（9）选择其中的凹槽平面""，拖动鼠标光标绘制一个凹槽平面，恰好将两个滑动块及标签全部覆盖。

（10）选中该平面，单击编辑条中的"置于最后面"。利用滑动输入器控制水位的最终效果如图 14-8 所示。

此时按 F5 键，进入运行环境后，可以通过拉动滑动输入器使水罐中的液面动起来。

图 14-8　利用滑动输入器控制水位的最终效果

5）利用旋转仪表控制水位

工业现场一般都会大量使用仪表进行数据显示。MCGS 适应这个要求提供了旋转仪表构件，用户可以利用此构件在动画界面中模拟工业现场的仪表运行状态。具体制作步骤如下。

（1）选择"工具箱"中的旋转仪表""，调整大小并放在水罐 1 下的适当位置。

（2）双击该图标进行属性设置，各参数设置如下。

① "刻度与标注属性"页中的主画线数目为 5。

② "操作属性"页中的表达式为"液位 1"，最大逆时针角度为 90°，对应的值为 0，最大顺时针角度为 90°，对应的值为 10。

③ 其他不变。

（3）按照此方法设置水罐 2 数据显示对应的旋转仪表，各参数设置如下。

① "操作属性"页中的表达式为"液位 2"，最大逆时针角度为 90°，对应的值为 0，最大顺时针角度为 90°，对应的值为 6。

② 其他不变。

进入运行环境后，可以通过拉动旋转仪表的指针使整个画面动起来。

6）水量显示

为了能够准确了解水罐 1、水罐 2 的水量，可以通过设置" A "中的"显示输出"属性显示其值，具体操作如下。

单击"工具箱"中的" A "，绘制两个标签，调整其大小位置，并列放在水罐 1 下。第一个标签用于标注，显示文字为"水罐 1"；第二个标签用于显示水罐水量。

（1）双击第一个标签进行属性设置，各参数设置如下。

① 输入文字"水罐 1"。

② 文字颜色为黑色。

③ 框图填充颜色为没有填充。

④ 框图边线颜色为没有边线。

（2）双击第二个标签，进入动画组态属性设置窗口。将"填充颜色"设置为白色，"边线颜色"设置为黑色。

图 14-9　标签设置

（3）在"输入输出连接"中，选中"显示输出"，在组态属性设置窗口中则会出现"显示输出"标签。标签设置如图 14-9 所示。

（4）单击"显示输出"，设置显示输出属性，参数设置如下。

① 表达式为"液位 1"。

② 输出值类型为数值量输出。

③ 输出格式为向中对齐。

④ 整数位数为 0。

⑤ 小数位数为 1。

（5）单击"确认"，水罐 1 水量显示标签制作完毕。

（6）水罐 2 水量显示标签制作与此相同，要做的改动：第一个用于标注的标签，显示文字改为"水罐 2"；第二个用于显示水罐水量的标签，表达式改为"液位 2"。

6. 设备连接

MCGS 提供了大量的工控领域常用的设备驱动程序。本工程仅以模拟设备为例，简单介绍一下关于 MCGS 的设备连接，使用户对该部分有一个概念性了解。

模拟设备是供用户调试工程的虚拟设备，该设备可以产生标准的正弦波、方波、三角波、锯齿波信号，其幅值和周期都可以任意设置。模拟设备的连接可以使动画不需要手动操作，自动运行起来。

1）模拟设备的装载

通常情况下，在启动 MCGS 时，模拟设备都会自动装载到设备工具箱中。若未被装载，则可按照以下步骤将其选入。

（1）在工作台的"设备窗口"中，双击"设备窗口"进入。

（2）单击工具条中的工具箱""，打开"设备工具箱"。

（3）单击"设备工具箱"中的"设备管理"，弹出如图 14-10 所示的窗口。

图 14-10　"设备管理"窗口

（4）在可选设备列表中，双击"通用设备"。

（5）双击"模拟数据设备"，在下方会出现"模拟设备"。

（6）双击"模拟设备"，即可将"模拟设备"添加到右侧选定设备列表中。

（7）选中选定设备列表中的"模拟设备"，单击"确认"，"模拟设备"即被添加到"设备工具箱"中。

2）模拟设备的添加及属性设置

（1）双击"设备工具箱"中的"模拟设备"，"模拟设备"被添加到"设备组态"窗口中，如图 14-11 所示。

（2）双击"设备 0-[模拟设备]"，进入"设备属性设置"窗口，如图 14-12 所示。

图 14-11　添加模拟设备

图 14-12　模拟设备属性设置

（3）单击"基本属性"页中的"内部属性"，该项右侧会出现""，单击此图标进入"内部属性"设置。将通道 1、2 的最大值分别设置为 10、6。

（4）单击"确认"，完成"内部属性"设置。

（5）单击"通道连接"，进入"通道连接"设置。

① 选中通道 0"对应数据对象"输入框，输入"液位 1"或单击鼠标右键，弹出数据对象

列表后，选择"液位 1"。

图 14-13　通道连接

② 选中通道 1"对应数据对象"输入框，输入"液位 2"，如图 14-13 所示。

（6）进入"设备调试"属性页，即可看到通道值中的数据在变化。

（7）单击"确认"，完成设备属性设置。

7．编写控制流程

用户脚本程序是由用户编制用来完成特定操作和处理的程序。脚本程序的编程语法非常类似于普通的 Basic 语言，但在概念和使用上更简单直观，力求做到使大多数普通用户都能正确、快速掌握和使用。

对于大多数简单的应用系统，MCGS 的简单组态就可以完成。只有比较复杂的应用系统，才需要使用脚本程序，但正确编写脚本程序，可简化组态过程，大大提高工作效率，优化控制过程。

1）控制流程分析

本工程的主要目的是编写一段脚本程序实现水位控制系统的控制流程，所以先对控制流程进行分析。

（1）当"水罐 1"的液位达到 9m 时，就要把"水泵"关闭，否则就要自动启动"水泵"。

（2）当"水罐 2"的液位不足 1m 时，就要自动关闭"出水阀"，否则就要自动开启"出水阀"。

（3）当"水罐 1"的液位大于 1m，"水罐 2"的液位小于 6m 时，就要自动开启"调节阀"，否则就要自动关闭"调节阀"。

2）具体操作步骤

（1）在"运行策略"中，双击"循环策略"进入策略组态窗口。

（2）双击"[图标]"进入"策略属性设置"，将循环时间设为 200ms，单击"确认"。

（3）在策略组态窗口中，单击工具条中的新增策略行"[图标]"，增加一个策略行，如图 14-14 所示。

若策略组态窗口中没有策略工具箱，则单击工具条中的工具箱"[图标]"，弹出"策略工具箱"，如图 14-15 所示。

图 14-14　增加一个策略行

图 14-15　策略工具箱

（4）单击"策略工具箱"中的"脚本程序"，将鼠标指针移到策略块"[图标]"上，单击鼠标左键，添加脚本程序构件，如图 14-16 所示。

图 14-16　添加脚本程序构件

（5）双击""，进入脚本程序编辑环境，输入如下所示的程序。

```
IF 液位1<9 THEN
    水泵=1
ELSE
    水泵=0
ENDIF
IF 液位2<1 THEN
    出水阀=0
ELSE
    出水阀=1
ENDIF
IF 液位1>1 and  液位2<9 THEN
    调节阀=1
ELSE
    调节阀=0
ENDIF
```

（6）单击"确认"，脚本程序编写完毕。

8．报警显示

MCGS 把报警处理作为数据对象的属性，封装在数据对象中，由实时数据库自动处理。当数据对象的值或状态发生改变时，实时数据库会判断对应的数据对象是否发生了报警或已经发生的报警是否结束，并把所产生的报警信息通知系统的其他部分。同时，实时数据库会根据用户的组态设定，把报警信息存入指定的存盘数据库文件。

1）定义报警

本工程中需要设置报警的数据对象包括液位1、液位2。定义报警的具体操作如下。

（1）进入实时数据库，双击数据对象"液位1"。

（2）选中"报警属性"。

（3）选中"允许进行报警处理"，报警设置域被激活。

（4）选中报警设置域中的"下限报警"，报警值设为2；报警注释输入"水罐1没水了！"。

（5）选中"上限报警"，报警值设为9；报警注释输入"水罐1的水已达上限值！"。

（6）单击"存盘属性"，选中报警数据的存盘域中的"自动保存产生的报警信息"。

（7）单击"确认"，"液位1"报警设置完毕。

（8）同理设置"液位2"的报警属性。需要改动的设置如下。

① 下限报警：报警值设为1.5，报警注释输入"水罐2没水了！"。

② 上限报警：报警值设为4，报警注释输入"水罐2的水已达上限值！"。

2）制作报警显示画面

实时数据库只负责关于报警的判断、通知和存储3项工作，而报警产生后所要进行的其他处理操作（对报警动作的响应），则需要用户在组态时实现。具体操作如下。

（1）双击"用户窗口"中的"水位控制"窗口，进入组态画面。选取工具箱中的报警显示

""。鼠标光标呈"十"字形后，在适当的位置，拖动鼠标光标至适当大小。报警显示构件如图 14-17 所示。

图 14-17　报警显示构件

（2）选中该构件，双击，再双击弹出"报警显示构件属性设置"窗口，如图 14-18 所示。

图 14-18　报警显示构件属性设置

（3）在"基本属性"页中，进行如下设置。

① "对应的数据对象的名称"设为"液位组"。

② "最大记录次数"设为 6。

（4）单击"确认"即可。

3）报警数据浏览

在对数据对象进行报警定义时，已经选择"自动保存产生的报警信息"，可以使用"报警信息浏览"构件，浏览数据库中保存下来的报警信息。具体操作如下。

（1）在"运行策略"窗口中，单击"新建策略"，弹出"选择策略的类型"。

（2）选中"用户策略"，单击"确定"。

选中"策略 1"，单击"策略属性"，弹出"策略属性设置"窗口。在"策略名称"中输入"报警数据"，"策略内容注释"中输入"水罐的报警数据"，如图 14-19 所示。

（3）单击"确认"。

（4）双击"报警数据"，进入策略组态窗口。

（5）单击工具条中的新增策略行""，新增一个策略行。

（6）从"策略工具箱"中选取"报警信息浏览"，添加到策略行"　　　"上。

（7）双击"　　"，弹出"报警信息浏览构件属性设置"窗口。

（8）进入基本属性页，将"报警信息来源"中的"对应数据对象"改为"液位组"。

（9）单击"确认"，设置完毕。

可单击"测试"进行预览，如图 14-20 所示，在该窗口中，也可以对数据进行编辑，编辑结束后可对所做的编辑进行保存。

图 14-19　用户策略属性设置　　　　　图 14-20　报警信息预览

4）在运行环境中查看报警数据

（1）在 MCGS 工作台上，单击"主控窗口"。

（2）选中"主控窗口"，单击"菜单组态"。

（3）单击工具条中的新增菜单项"![icon]"，会产生"操作 0"菜单。

（4）双击"操作 0"，弹出"菜单属性设置"窗口，进行如下设置。

① 在"菜单属性"页中，将菜单名改为"报警数据"。

② 在"菜单操作"页中，选中"执行运行策略块"，并从下拉菜单中选取"报警数据"。

（5）单击"确认"，设置完毕。

按 F5 键进入运行环境，就可以单击菜单"报警数据"打开报警历史数据。

5）修改报警限值

在"实时数据库"中，"液位 1""液位 2"的上、下限报警值都已定义好。如果用户想在运行环境下根据实际情况需要随时改变报警的上、下限值，那么又应如何实现呢？MCGS 为用户提供了大量的函数，用户可以根据需要灵活运用。

操作步骤包括以下 3 个部分：设置数据对象、制作交互界面、编写控制流程。

（1）设置数据对象。

在"实时数据库"中，增加 4 个变量，分别为"液位 1 上限""液位 1 下限""液位 2 上限""液位 2 下限"，"基本属性页"中的参数设置如下。

① "对象名称"分别为"液位 1 上限""液位 1 下限""液位 2 上限""液位 2 下限"。

② "对象内容"注释分别为"水罐 1 的上限报警值""水罐 1 的下限报警值""水罐 2 的上限报警值""水罐 2 的下限报警值"。

③ "对象初值"分别为"液位 1 上限=9""液位 1 下限=2""液位 2 上限=4""液位 2 下限=1.5"；在"存盘属性"页中，选中"退出时，自动保存数据对象当前值为初始值"。

（2）制作交互界面。

下面通过对 4 个输入框设置，实现用户与数据库的交互。需要用到的构件包括 4 个标签（用于标注）、4 个输入框（用于输入修改值）。输入框设置的最终效果如图 14-21 所示。

图 14-21　输入框设置的最终效果

具体步骤如下。

① 在"水位控制"窗口中，根据上几节学到的知识，按照图 14-21 制作 4 个标签。

② 选中"工具箱"中的输入框"abl"，拖动鼠标光标，绘制 4 个输入框。

③ 双击"输入框"，进行属性设置，这里只需要设置操作属性。4 个输入框对应数据对象的名称分别为"液位 1 上限""液位 1 下限""液位 2 上限""液位 2 下限"。最小值、最大值的设置如表 14-2 所示。

表 14-2　最小值、最大值的设置

对应数据对象的名称	最　小　值	最　大　值
液位 1 上限值	5	10
液位 1 下限值	0	5
液位 2 上限值	4	6
液位 2 下限值	0	2

④ 参照绘制凹槽平面的方法，制作一个平面区域，将 4 个输入框及标签包围起来。

（3）编写控制流程。

进入"运行策略"窗口，双击"循环策略"，双击"■"进入脚本程序编辑环境，在脚本程序中增加以下语句。

```
!SetAlmValue(液位 1,液位 1 上限,3)
!SetAlmValue(液位 1,液位 1 下限,2)
!SetAlmValue(液位 2,液位 2 上限,3)
!SetAlmValue(液位 2,液位 2 下限,2)
```

若用户对函数"!SetAlmValue（液位 1,液位 1 上限,3）"不太了解，则可按 F1 键查看在线帮助。在弹出的"MCGS 帮助系统"的"索引"中输入"!SetAlmValue"，即可获得详细的解释。

6）报警提示按钮

当有报警产生时，可用指示灯提示，具体操作如下。

（1）在"水位控制"窗口中，单击"工具箱"中的插入元件"■"，进入"对象元件库管理"。

（2）从"指示灯"类型中选取指示灯 1"■"、指示灯 3"◎"。

（3）调整指示灯大小并放在适当位置。

① 指示灯 1"■"作为"液位 1"的报警指示。

② 指示灯 3"◎"作为"液位 2"的报警指示。

（4）双击指示灯 1"■"，打开"单元属性设置"窗口。"填充颜色"对应的"数据对象连接"设置为"液位 1≥液位 1 上限 or 液位 1≤液位 1 下限"，如图 14-22 所示。

（5）同理设置指示灯 3"◎"，"可见度"对应的"数据对象连接"设置为"液位 2≥液位

2 上限 or 液位 2≤液位 2 下限"。

按 F5 键进入运行环境，整体效果如图 14-23 所示。

图 14-22　数据对象连接设置

图 14-23　整体效果

9．报表输出

在工程应用中，大多数监控系统需要对设备采集的数据进行存盘、统计分析，并根据实际情况打印出数据报表。所谓数据报表，是指根据实际需要以一定格式将统计分析后的数据记录显示和打印出来，如实时数据报表、历史数据报表（班报表、日报表、月报表等）。数据报表在工控系统中是必不可少的一部分，是数据显示、查询、分析、统计、打印的最终体现，是整个工控系统的最终结果输出，是对生产过程中系统监控对象状态的综合记录和规律总结。

1）最终效果图

报表输出最终效果如图 14-24 所示。

图 14-24　报表输出最终效果

图 14-24 包括 1 个标题——水位控制系统数据显示，2 个标签——实时数据、历史数据，2 个报表——实时报表、历史报表。用到的构件有自由表格、历史表格、存盘数据浏览。

2）实时报表

实时报表是对瞬时量的反映，通常是将当前时间的数据变量按一定报告格式（用户组态）显示和打印出来。实时报表可以通过 MCGS 的自由表格构件来组态显示实时数据报表，具体步骤如下。

（1）在"用户窗口"中，新建一个窗口，窗口名称、窗口标题均设置为"数据显示"。

（2）双击"数据显示"窗口，进入动画组态。

（3）按照效果图，使用"$\boxed{\textbf{A}}$"进行以下设置。

① 1 个标题：水位控制系统数据显示。

② 2 个注释：实时数据、历史数据。

（4）选取"工具箱"中的自由表格"$\boxed{\boxplus}$"，在桌面适当位置，绘制一个表格。

（5）双击表格，进入编辑状态。改变单元格大小的方法同微软 Excel 表格的编辑方法，即把鼠标光标移到 A 与 B 或 1 与 2 之间，当鼠标光标呈分隔线形状时，拖动鼠标光标至所需大小即可。

（6）保持编辑状态，单击鼠标右键，从弹出的下拉菜单中选择"删除一列"，连续操作两次，删除两列；再选择"增加一行"，在表格中增加一行。

（7）在 A 列的 5 个单元格中分别输入：液位 1、液位 2、水泵、调节阀、出水阀；在 B 列的 5 个单元格中均输入：1|0，表示输出的数据有 1 位小数，无空格。

（8）在 B 列中选中液位 1 对应的单元格，单击右键。从弹出的下拉菜单中选择"连接"，如图 14-25 所示。

（9）再次单击右键，弹出数据对象列表，双击数据对象"液位 1"，B 列 1 行单元格所显示的数值为"液位 1"的数据。

（10）按照上述操作，将 B 列的 2、3、4、5 行分别与数据对象（液位 2、水泵、调节阀、出水阀）建立连接。数据表格定义如图 14-26 所示。

（11）进入"主控窗口"中，单击"菜单组态"，增加一个名为"数据显示"的菜单，并进行菜单操作（打开用户窗口：数据显示）。

图 14-25　液位 1 对应的单元格设置　　　　图 14-26　数据表格定义

按 F5 键进入运行环境后，单击菜单项中的"数据显示"，即可打开"数据显示"窗口。

3）历史报表

历史报表通常用于从历史数据库中提取数据记录，并以一定的格式显示历史数据。实现历史报表有三种方式：第一种是用策略构件中的"存盘数据浏览"构件，第二种是用动画构件中的"历史表格"构件，第三种是用动画构件中的"存盘数据浏览"构件。

（1）利用"存盘数据浏览"构件实现历史报表。

① 在"运行策略"中新建一个用户策略，策略名称为"历史数据"；策略内容注释为"水罐的历史数据"。

② 双击"历史数据"策略，进入策略组态窗口。

③ 新增一个策略行，并添加"存盘数据浏览"，如图 14-27 所示。

图 14-27　添加"存盘数据浏览"

④ 双击"　　"，弹出"存盘数据浏览构件属性设置"窗口。

⑤ 在"数据来源"页中，选中 MCGS 组对象对应的存盘数据表，并在下面的输入框中输入文字"液位组"（或单击输入框右端的"　？　"，从数据对象列表中选取组对象"液位组"）。

⑥ 在"显示属性"页中，单击"复位"，并在"液位 1""液位 2"对应的小数列中输入 1，"时间显示格式"除"毫秒"外全部选中，如图 14-28 所示。

图 14-28　显示属性页的设置

⑦ 在"时间条件"页中，参数设置如下。

a. 排序列名：MCGS_TIME，升序。

b. 时间列名：MCGS_TIME。

c. 所有存盘数据。

⑧ 单击"确认"。

⑨ 进入"主控窗口"，新增加一个菜单，参数设置如下。

a. 菜单属性页中的菜单名设为"历史数据"。

b. 菜单操作属性页中的选择菜单对应的功能"执行运行策略块"，策略名称为"历史数据"。

（2）利用历史表格构件实现历史报表。

历史表格构件基于 Windows 窗口的所见即所得机制，用户可以利用强大的历史表格构件格式编辑功能配合 MCGS 的画图功能做出各种精美的报表。

① 在"数据显示"组态窗口中，选取"工具箱"中的历史表格"▦"构件，在适当位置绘制一个历史表格。

② 双击历史表格进入编辑状态。使用右键菜单中的"增加一行""删除一行"，或者单击"　"，使用编辑条中的"　、　、　、　"编辑表格，制作一个 5 行 3 列的表格。参照实时报表部分相关内容制作列表头，内容分别为采集时间、液位 1、液位 2；数值输出格式均为 1|0。

③ 选中 R2、R3、R4、R5，单击右键，选择"连接"项。

④ 单击菜单栏中的"表格"菜单，选择"合并表元"项，所选区域会出现反斜杠。

⑤ 双击所选区域，弹出"数据库连接设置"对话框，具体设置："基本属性"页的设置如图 14-29 所示，"数据来源"页的设置如图 14-30 所示，"显示属性"页的设置如图 14-31 所示，"时间条件"页的设置如图 14-32 所示。

图 14-29　"基本属性"页的设置

图 14-30　"数据来源"页的设置

图 14-31　"显示属性"页的设置

图 14-32　"时间条件"页的设置

10. 曲线显示

在实际生产过程控制中，对实时数据和历史数据的查看、分析是不可缺少的工作。但对大量数据仅做定量的分析还远远不够，必须根据大量的数据信息，画出曲线，分析曲线的变化趋势并从中发现数据变化规律，曲线处理在工控系统中也是一个非常重要的部分。

1）实时曲线

实时曲线是用曲线显示一个或多个数据对象数值的动画图形，像笔绘记录仪一样实时记录数据对象值的变化情况，具体制作步骤如下。

（1）双击进入"数据显示"组态窗口。在实时报表的下方，使用"标签"制作一个标签，输入文字"实时曲线"。

（2）单击"工具箱"中的实时曲线"📈"，在标签下方绘制一个实时曲线，并调整其大小。

（3）双击曲线，弹出"实时曲线构件属性设置"窗口，进行如下设置。

① 在"基本属性"页中，Y 轴主画线设为 5；其他不变。

② 在"标注属性"页中，时间单位设为 s；小数位数设为 1；最大值设为 10；其他不变。

③ 在"画笔属性"页中，将曲线 1 对应的表达式设为"液位 1"；颜色设为蓝色；曲线 2 对应的表达式设为"液位 2"；颜色设为红色。

（4）单击"确认"即可。

这时，在运行环境中单击"数据显示"菜单，就可以看到实时曲线，双击曲线可以将其放大。

2）历史曲线

历史曲线实现了历史数据的曲线浏览功能。在运行时，历史曲线能够根据需要画出相应历史数据的趋势效果图。历史曲线主要用于事后查看数据和状态变化趋势、总结规律，具体制作步骤如下。

（1）在"数据显示"窗口中，使用"标签"在历史报表下方制作一个标签，输入文字"历史曲线"。

（2）在标签下方，使用"工具箱"中的历史曲线"⊠"，绘制一个一定大小的历史曲线图形。

（3）双击曲线，弹出"历史曲线构件属性设置"窗口，进行如下设置。

① 在"基本属性"页中，将曲线名称设为"液位历史曲线"；Y 轴主画线设为 5；背景颜色设为白色。

② 在"存盘数据"页中，存盘数据来源选择组对象对应的存盘数据，并在下拉菜单中选择"液位组"。

③ 在"曲线标识"页中，选中液位 1，曲线内容设为液位 1；曲线颜色设为蓝色；工程单位设为 m；小数位数设为 1；最大坐标设为 10；实时刷新设为液位 1；其他不变。曲线设置如图 14-33 所示。选中液位 2，曲线内容设为液位 2；曲线颜色设为红色；小数位数设为 1；最大坐标设为 10；实时刷新设为液位 2。

图 14-33　曲线设置

"高级属性"页的设置如图 14-34 所示。

进入运行环境，单击"数据显示"菜单，打开"数据显示窗口"，就可以看到实时数据、历史数据、实时曲线、历史曲线。数据显示如图 14-35 所示。

图 14-34 "高级属性"页的设置　　　　　　　图 14-35　数据显示

11．安全机制

1）MCGS 安全机制

在实际生产过程控制中，应该尽量避免现场人为的误操作引发的故障或事故，某些误操作带来的后果有可能是致命的。为了防止这类事故的发生，MCGS 提供了一套完善的安全机制，严格限制各类操作的权限，使不具备操作资格的人员无法进行操作，从而避免了现场操作的任意性和无序状态，防止误操作干扰系统的正常运行，甚至导致系统瘫痪，造成不必要的损失。

MCGS 的安全机制和 Windows 类似，引入用户组和用户的概念进行权限的控制。MCGS 可以定义无限个用户组，每个用户组中可以包含无限个用户，同一个用户可以隶属多个用户组。

2）如何建立安全机制

MCGS 建立安全机制的要点：严格规定操作权限，不同类别的操作由不同权限的人员负责，只有获得相应操作权限的人员，才能进行某些功能的操作。

本工程的安全机制要求：只有负责人才能进行用户和用户组管理，只有负责人才能进行"打开工程""退出工程"的操作，只有负责人才能进行水罐水量的控制，普通操作人员只能进行基本菜单和按钮的操作。

根据上述要求，对工程的安全机制进行分析：用户组分为管理员组、操作员组，用户分为负责人、张工，负责人隶属管理员组，张工隶属操作员组，管理员组成员可以进行所有操作，操作员组成员只能进行菜单、按钮等基本操作。

需要设置权限的部分包括系统运行权限、水罐水量控制滑动块。

下面介绍本工程安全机制的建立步骤。

（1）定义用户和用户组。

① 选择工具菜单中的"用户权限管理"，打开用户管理器。默认定义的用户、用户组为负责人、管理员组。

② 单击用户组列表，进入用户组编辑状态。

③ 单击"新增用户组"，弹出用户组属性设置对话框，进行设置：用户组名设为"操作员组"，用户组描述设为"成员仅能进行操作"。

④ 单击"确认"，回到用户管理器窗口。

⑤ 单击"用户列表"域，单击"新增用户"，弹出用户属性设置对话框，参数设置：用户名称为"张工"；用户描述为"操作员"；用户密码为"123"；确认密码为"123"；隶属用户组为"操作员组"。

⑥ 单击"确认"，回到用户管理器窗口。

⑦ 再次进入用户组编辑状态，双击"操作员组"，在用户组成员中选择"张工"。

⑧ 单击"确认"，再单击"退出"，退出用户管理器。

说明：为方便操作，这里"负责人"未设置密码，密码设置方法同操作员"张工"的设置方法。

（2）系统权限管理。

① 进入主控窗口，选中"主控窗口"，单击"系统属性"，进入主控窗口属性设置对话框。

② 在基本属性页中，单击"权限设置"。在许可用户组拥有此权限列表中，选择"管理员组"，单击"确认"，返回主控窗口属性设置对话框。

③ 在下方的选择框中选择"进入登录，退出不登录"，单击"确认"，系统权限设置完毕。

（3）操作权限管理。

① 进入水位控制窗口，双击"水罐1"对应的"滑动输入器"，进入滑动输入器构件属性设置对话框。

② 单击下面的"权限"，进入用户权限设置对话框。

③ 选中"管理员组"，单击"确认"，退出。

"水罐2"对应的"滑动输入器"设置同上。

（4）运行时进行权限管理。

运行时进行权限管理是通过编写脚本程序实现的。

用到的函数：登录用户"!LogOn( )"，退出登录"!LogOff( )"，用户管理"!Editusers( )"，修改密码"!ChangePassword( )"。

下面介绍一下实现的具体步骤。

① 在主控窗口中的系统管理菜单下，添加4个子菜单：登录用户、退出登录、用户管理、修改密码。

② 双击登录用户子菜单，进入菜单属性设置对话框，在脚本程序属性页编辑区域中输入"!LogOn( )"，单击"确认"，退出。

③ 按照上述步骤，在退出登录的菜单脚本程序编辑区中输入"!LogOff( )"，在进行用户管理的菜单脚本程序中输入"!Editusers( )"，在修改密码的菜单脚本程序中输入"!ChangePassword( )"。组态完毕。

进入运行环境，即可进行相应的操作。

（5）保护工程文件。

为了保护工程开发人员的劳动成果和利益，MCGS 提供了工程运行安全性保护措施，包括工程密码设置、锁定软件狗、工程运行期限设置。

这里仅介绍第一种措施：工程密码设置，具体操作步骤如下。

① 回到 MCGS 工作台，选择工具菜单"工程安全管理"中的"工程密码设置"选项，如图 14-36 所示。

这时将弹出修改工程密码对话框，如图 14-37 所示。

② 在新密码、确认新密码输入框中输入"123"。单击"确认"，工程密码设置完毕。
至此，整个工程制作完毕。

图 14-36　工程密码设置 1

图 14-37　工程密码设置 2

12. 调试工程

利用模拟设备产生的模拟数据，检查动画显示和控制流程是否正确。之后若确有需要可选定与设备相匹配的设备构件，则连接设备通道，确定数据变量的数据处理方式，完成设备属性的设置。此项操作在设备窗口中进行。最后测试工程各部分的工作情况，完成整个工程的组态工作，实施工程交接。

【评定激励】

按以下标准开展小组自评、互评，成绩填入项目评分细则表，如表 14-3 所示。

微课：水位监控系统演示

表 14-3　项目评分细则表

项目名称					组别	
开始时间				结束时间		
考核内容	考核要求	配分	评分标准		扣分	得分
建立工程	（1）工程建立在指定文件夹下 （2）工程名符合指定要求	2 分	（1）未建立在指定文件夹下，扣 1 分 （2）工程名不符合指定要求，扣 1 分			
制作工程画面	（1）文字框图符合要求 （2）水箱	10 分	（1）文字框图不符合要求，扣 2 分/处 （2）储藏罐、阀、泵调整大小、位置不当，扣 2 分/处			
定义数据对象	（1）指定数据变量的名称、类型、初始值和数值范围 （2）确定与数据变量存盘相关的参数	15 分	（1）指定数据变量的名称、类型、初始值和数值范围不合要求，扣 1 分/变量 （2）确定与数据变量存盘相关的参数不当，扣 1 分/变量			
动画连接	（1）水位升降效果 （2）水泵、阀门的启停 （3）水流效果 （4）控制水位 （5）水量显示	15 分	设置不当，扣 3 分/处			

续表

项目名称					组别	
开始时间			结束时间			
考核内容	考核要求	配分	评分标准		扣分	得分
模拟设备	(1) 设备的添加 (2) 设备的属性设置	8 分	(1) 设备的添加不当，扣 2 分 (2) 设备的属性设置不当，扣 3 分/处			
编写控制流程	脚本程序编写	10 分	脚本程序编写错误，扣 1 分/处			
报警显示	(1) 定义报警 (2) 制作报警显示画面 (3) 报警数据浏览 (4) 修改报警限值	8 分	设置不当，扣 2 分/处			
报表输出	(1) 实时报表 (2) 历史报表	6 分	设置不当，扣 3 分/处			
曲线显示	(1) 实时曲线 (2) 历史曲线	6 分	设置不当，扣 3 分/处			
安全机制	(1) 定义用户和用户组 (2) 系统权限管理 (3) 操作权限管理 (4) 运行时进行权限管理 (5) 保护工程文件	10 分	设置不当，扣 2 分/处			
调试工程	(1) 会进入运行状态 (2) 会调试	10 分	(1) 未进入运行状态，扣 2 分 (2) 运行后，有错误不会解决，扣 1 分/处			
总成绩						

思考与练习

（1）简述 MCGS 的工作方式。

（2）简述组建工程的一般过程。

（3）脚本程序语言有哪些要素？

（4）脚本程序基本语句有哪些？

（5）建立一个单罐水位控制演示系统，如图 14-38 所示。要求达到的效果：通过泵开关可控制流动块流动，模拟水的加入；通过阀开关可控制流动块流动，模拟水的流出；采用脚本程序让水位随着水的流入、流出而变化。

变量：
液位 — 数值型
泵 — 开关型
阀 — 开关型

图 14-38　单罐水位控制演示系统

基于高速脉冲输出指令的步进电动机控制

【项目目标】

用 S7-200 PLC 实现二相步进电动机的正、反转运行控制。控制要求：PLC 通过高速脉冲输出指令产生的脉冲送给步进电动机驱动器，经其细分放大后驱动步进电动机运转。

【学习目标】

（1）掌握 PLC 高速脉冲输出指令的用法。
（2）熟练运用 STEP7-Micro/WIN32 软件对电动机正、反转控制系统进行联机调试。

【相关知识】

1．高速脉冲输出的几个概念

1）高速脉冲输出的形式

（1）高速脉冲串输出（PTO）：输出指定数量、占空比为 50% 的方波脉冲串。

（2）宽度可调脉冲输出（PWM）：输出数量不限、占空比可调的脉冲串信号。

2）高速脉冲输出端子

每台 CPU 可以提供两个高速脉冲发生器，PTO/PWM 发生器 0 的输出端子是 Q0.0，PTO/PWM 发生器 1 的输出端子是 Q0.1。

3）高速脉冲输出优先权

当有 PTO/PWM 输出时，CPU 把输出端子 Q0.0、Q0.1 的控制权交给 PTO/PWM 发生器，禁止普通逻辑输出。输出映像寄存器 Q 的状态会影响 PTO/PWM 波形的起始电平，高速脉冲输出前要先把 Q0.0、Q0.1 的状态清零。

4）高速脉冲输出适用机型

在输出高速脉冲信号时，应选用晶体管输出型 PLC。

2．高速脉冲输出指令及特殊寄存器

1）高速脉冲输出指令

（1）指令功能：当 EN 有一个上升沿时，激活 PLS 指令，控制 PLC 从 Q0.0 或 Q0.1 输出高速脉冲。PLS 指令可以输出高速脉冲或宽度可调的脉冲信号。PLS 指令的梯形图格式如图 15-1 所示。

（2）数据类型：操作数 Q0.X 中的 X 必须是常数 0 或 1，EN 需要一个只接通一个扫描周期的短信号。

图 15-1　PLS 指令的梯形图格式

2）特殊寄存器

每个 PTO/PWM 都有一组配套参数：1 个 8 位的控制字节、1 个 8 位的状态字节、1 个 16 位的周期值、1 个 16 位的脉宽值、1 个 32 位的脉冲数量。多段 PTO 还有 1 个 8 位的段字节、1 个 16 位的包络表起始地址。这些参数存放在系统指定的特殊标志寄存器中，如表 15-1 所示。

表 15-1　相关寄存器功能表

Q0.0 的寄存器	Q0.1 的寄存器	名称及功能描述
SMB66	SMB76	状态字节，在 PTO 方式下运行，跟踪脉冲串的输出状态
SMB67	SMB77	控制字节，控制 PTO/PWM 脉冲输出的基本功能
SMW68	SMW78	PTO/PWM 的周期值，字型，范围：2～65535，16 位无符号数
SMW70	SMW80	PWM 的脉宽值，字型，范围：0～65535，16 位无符号数
SMD72	SMD82	PTO 的脉冲数，双字型，范围：1～4294967295，32 位无符号数
SMB166	SMB176	多段管线 PTO 进行中的段的编号，8 位无符号数
SMW168	SMW178	多段管线 PTO 包络表起始字节的地址

在 PTO 方式下运行时，系统根据运行状态对状态字节的相应位置位。状态字节各位含义如表 15-2 所示。通过设置控制字节中的各控制位，定义高速脉冲输出的特性。控制字节中各控制位的功能如图 15-2 所示。

表 15-2　状态字节各位含义

状态位	SM×6.0～SM×6.3	SM×6.4	SM×6.5	SM×6.6	SM×6.7
功能描述	不用	PTO 包络因增量计算错误终止，0：无错，1：终止	PTO 包络因用户命令终止，0：无错，1：终止	PTO 管线溢出，0：无溢出，1：溢出	PTO 空闲，0：执行中，1：空闲

图 15-2　控制字节中各控制位的功能

3. PTO

在 PTO 方式下，只能改变脉冲的周期值和脉冲数。

1）脉冲的周期值和脉冲数

脉冲的周期值为 16 位的无符号整数，变化范围为 50～65535μs 或 2～65535ms。脉冲数为 32 位的无符号整数，变化范围为 1～4294967295。

2）PTO 中断

在 PTO 方式下，当输出完指定数量的脉冲后，会产生 PTO 中断。PTO/PWM0 的中断事件号是 19，PTO/PWM1 的中断事件号是 20。

在 PTO 方式下，CPU 自动将 PTO 空闲位 SM66.7（或 SM76.7）置 1。

3）PTO 的种类

在 PTO 方式下，当要输出多段脉冲串时，允许脉冲串排队。PTO 输出多段脉冲串的方式有以下两种。

（1）单段 PTO：定义一个脉冲串，输出一个脉冲串（特性参数通过特殊寄存器分别定义）。用指定的特殊标志寄存器定义脉冲串特性参数（每次定义一个脉冲串）。一个脉冲串输出完成后，产生中断。在中断服务程序中再为下一个脉冲串更新参数，输出下一个脉冲串。

单段 PTO 的优点是各脉冲段可以采用不同的时间基准，其缺点是当单段 PTO 输出多段高速脉冲串时，编程复杂，且参数设置不当会造成脉冲串之间的不平滑转换。

（2）多段 PTO：集中定义多个脉冲串，按顺序输出多个脉冲串（特性参数通过包络表集中定义）。

多段 PTO 实现的方法：集中定义多个脉冲串，并把各段脉冲串的特性参数按照规定的格式写入变量存储区用户指定的缓冲区，称为包络表。当多段 PTO 操作时，须把包络表的起始地址装入标志寄存器 SMW168（或 SMW178）。多段 PTO 的优点是编程简单，且在同一段脉冲串中，周期值可以均匀改变。

4）包络表说明

（1）包络表由包络段数和各段构成。

（2）第一个字节为需要输出的脉冲串总段数，范围：1～255。

（3）定义一段脉冲串的特性参数需要 8 个字节：2 个字节存放脉冲串的起始周期值，2 个字节定义脉冲串的周期增量，4 个字节存放该段脉冲串的脉冲数。

（4）包络表中的周期单位可以为 ms 或 μs，但包络表中所有的周期单位必须一致。

（5）周期增量的计算公式：周期增量=（T 终止-T 起始）/脉冲数。

（6）当执行 PTO 指令时，当前输出段的段号由系统填入 SMB166 或 SMB176。

5）多段 PTO 编程方法及步骤

（1）初始化操作（以 PTO/PWM 0 为例）。

① 将 PTO 的输出点 Q0.0 复位。

② 调用初始化子程序 SBR-0，完成下列任务。

（Ⅰ）设置控制字节 SMB67，按照控制要求按位填写：SMB67=16#A0，如图 15-3 所示。

（Ⅱ）将包络表的起始地址写入 SMW168。

（Ⅲ）填写包络表中各段脉冲串的特性参数。

（Ⅳ）建立中断连接：用 ATCH 指令建立脉冲输出完成中断事件与中断程序的联系。当 PLS 指令输出完指定数量的脉冲串时，产生中断。

（Ⅴ）用 ENI 全局开放中断。

（2）当有启动信号时，执行高速脉冲输出指令 PLS，按顺序输出多段脉冲串。

（3）当有停止信号时，停止 PTO。

6）停止 PTO 的方法

PLS 指令一经激发，就能完成指定脉冲串的输出，故要停止 PTO，必须先在控制字节中禁止 PTO，且执行 PLS 指令。停止 PTO 输出如图 15-4 所示。

图 15-3　SMB67=16#A0

图 15-4　停止 PTO 输出

【项目分析】

控制步进电动机最重要的就是要产生符合要求的控制脉冲。西门子 PLC 本身带有高速脉冲计数器和高速脉冲发生器，发出的频率最大为 10kHz，能够满足步进电动机的要求。步进电动机的转速与脉冲信号的频率成正比，控制步进电动机脉冲信号的频率，可以对步进电动机精确调速；控制步进脉冲的个数，可以对步进电动机精确定位。

步进电动机的控制和驱动方法很多，这里选用基于高速脉冲输出指令的步进电动机控制方法。PLC 通过高速脉冲输出指令产生的脉冲送给步进电动机驱动器，经细分放大后驱动步进电动机按要求运转。本系统采用两相混合式步进电动机驱动器 YKA2404MC（细分驱动器），YKA2404MC 的端子说明如表 15-3 所示，YKA2404MC 的外形如图 15-5 所示，YKA2404MC 的接线图如图 15-6 所示。YKA2404MC 步进电动机驱动器共有 6 个细分设定开关 D1～D6，YKA2404MC 的细分说明如表 15-4 所示。

表 15-3　YKA2404MC 的端子说明

标记符号	功　能	注　释
+	输入信号光电隔离正端	接+5V 供电电源，+5～+24V 均可驱动，高于+5V 要接限流电阻
PU	D2=OFF 时为步进脉冲信号	下降沿有效，每当脉冲由高变低时电动机走一步。输入电阻 220Ω，要求：低电平 0～0.5V，高电平 4～5V，脉冲宽度>2.5μs
	D2=ON 时为正向步进脉冲信号	
+	输入信号光电隔离正端	接+5V 供电电源，+5～+24V 均可驱动，高于+5V 要接限流电阻
DR	D2=OFF 时为方向控制信号	用于改变电动机转向。输入电阻 220Ω，要求：低电平 0～0.5V，高电平 4～5V，脉冲宽度>2.5μs
	D2=ON 时为反向步进脉冲信号	
+	输入信号光电隔离正端	接+5V 供电电源，+5～+24V 均可驱动，高于+5V 要接限流电阻
MF	电动机释放信号	有效（低电平）时关断电动机线圈电流，驱动器停止工作，电动机处于自由状态
+V	电源正极	
−V	电源负极	DC 12～40V
AC、BC		
+A、−A +B、−B	电动机接线	六出线　　　　　+A AC −A　　　　八出线　　　　　+A AC −A

图 15-5　YKA2404MC 的外形　　　　　图 15-6　YKA2404MC 的接线图

表 15-4　YKA2404MC 的细分说明

细分数	1	2	4	5	8	10	20	25	40	50	100	200	200	200	200	200
D6	ON	OFF	ON	OFF	ON	OFF	ON	OFF	ON	OFF	ON	OFF	ON	OFF	ON	OFF
D5	ON	ON	OFF	OFF	ON	ON	OFF	OFF	ON	ON	OFF	OFF	ON	ON	OFF	OFF
D4	ON	ON	ON	ON	OFF	OFF	OFF	OFF	ON	ON	ON	ON	OFF	OFF	OFF	OFF
D3	ON	ON	ON	ON	ON	ON	ON	ON	OFF	OFF	OFF	OFF	OFF	OFF	OFF	OFF
D2	ON，双脉冲：PU 为正向步进脉冲信号，DR 为反向步进脉冲信号															
	OFF，单脉冲：PU 为步进脉冲信号，OR 为方向控制信号															
D1	无效															

【项目实施】

1. 分配 I/O 地址

外部设备的作用：SA1 闭合，步进电动机正转，否则反转；按一下 SB1，PLC 执行 PTO，若 PLS 输出完毕，则由 Q0.2 驱动指示灯进行提示；按一下 SB2，PLC 停止 PTO。把步进电动机驱动器的 D2 设置为 OFF，即 PU 为步进脉冲信号，DR 为方向控制信号；PLC 的 Q0.0 输出高速脉冲至步进电动机驱动器的 PU 端，Q0.1 接 DR 端控制步进电动机的转向。I/O 点分配如表 15-5 所示。

表 15-5　I/O 点分配

元件名称	形　　式	I/O 点	说　　明
SA1	开关	I0.0	设定正、反转
SB1	常开按钮	I0.1	启动

续表

元件名称	形式	I/O点	说明
SB2	常开按钮	I0.2	停止
PU	驱动输入端	Q0.0	步进脉冲信号
DR	驱动输入端	Q0.1	输出方向信号
LT	指示灯	Q0.2	PLS 完成指示

2. 画出 PLC 外部接线图

当输出高频脉冲信号时，应选用晶体管输出型 PLC，选 CPU221 DC/DC/DC。步进电动机的细分驱动接线图如图 15-7 所示。

图 15-7　步进电动机的细分驱动接线图

3. 设计梯形图程序

假设步进电动机的启动频率为 2kHz（A 点），经过 400 个脉冲加速后频率上升到 10kHz（B 点和 C 点），则恒速转动的脉冲数为 4000 个，减速过程的脉冲数为 200 个，频率降为 2kHz（D 点）。步进电动机的频率特性如图 15-8 所示。

（1）人工编写程序。梯形图程序的设计步骤如下。

① 确定脉冲发生器及工作模式。

要求 PLC 输出 3 段串脉冲，故采用多段 PTO 方式，选择输出端为 Q0.0。

② 填写控制字节 SMB67：SMB67=16#A0。

③ 将包络表首地址装入 SMW168。

④ 填写包络表。

根据 $T = 1/f$ 得，起始频率为 2 kHz，起始周期值为 500μs；运行频率为 10kHz，运行周期值为 100μs。输出 3 段脉冲串，时基取μs，定义 3 段脉冲串特性参数的包络表如图 15-9 所示。

包络表地址	包络表内容	
VB500	3	
VW501	500μs	
VW503	−1	$\Delta T_1 = (100-500)/400 = -1$
VD505	400个	
VW509	100μs	
VW511	0	$\Delta T_2 = (100-100)/4000 = 0$
VD513	4000个	
VW517	100μs	
VW519	2	$\Delta T_3 = (500-100)/200 = 2$
VD521	200个	

图 15-8　步进电动机的频率特性　　　　　图 15-9　定义 3 段脉冲串特性参数的包络表

⑤ 中断连接：当高速脉冲输出完成时，产生中断事件 19，用 ATCH 指令将中断事件与中断服务程序 INT_0 连接起来，并全局开中断（ENI）。

⑥ 执行 PLS 指令。

主程序如图 15-10 所示，初始化子程序 SBR_0 如图 15-11 所示，中断子程序 INT_0 如图 15-12 所示。

图 15-10　主程序

图 15-11　初始化子程序 SBR_0

```
  SM0.0           Q0.2
──┤├─────────────( S )      //当脉冲串输出完成后，
                    1          使指示信号灯亮
```

图 15-12　中断子程序 INT_0

（2）利用向导生成 PTO 脉冲输出子程序。

① 人工编写 PTO 脉冲输出部分的程序比较麻烦，利用 PTO/PWM 指令向导可以简单快速生成 PTO 脉冲输出子程序。运行 STEP7 Micro/WIN32 编程软件，在指令树中双击"向导""PTO/PWM"，出现如图 15-13 所示的窗口，单击"下一步"，出现如图 15-14 所示的窗口，单击"下一步"，出现如图 15-15 所示的窗口，输入图中所示的值，单击"下一步"，出现如图 15-16 所示的窗口，输入图中所示的值，单击"下一步"，在弹出的窗口中单击"新包络"，然后单击"是"，出现如图 15-17 所示的窗口，输入图中所示的值，单击"绘制包络"，然后单击"确认"，出现如图 15-18 所示的窗口，单击"下一步"，在如图 15-19 所示的窗口中单击"完成"，然后单击"是"，向导执行完毕。

图 15-13　利用向导生成 PTO 脉冲输出子程序 1

图 15-14　利用向导生成 PTO 脉冲输出子程序 2

图 15-15　利用向导生成 PTO 脉冲输出子程序 3

图 15-16　利用向导生成 PTO 脉冲输出子程序 4

图 15-17　利用向导生成 PTO 脉冲输出子程序 5

图 15-18　利用向导生成 PTO 脉冲输出子程序 6

② 编写主程序。主程序如图 15-20 所示，在主程序中调用向导生成的子程序。

图 15-19　利用向导生成 PTO 脉冲输出子程序 7

图 15-20　主程序

其中，PTOx_CTRL 子程序（启用和初始化 PTO 输出）的参数说明如下。

- I_STOP（立即停止）输入（BOOL 型）：当此输入为低时，PTO 会正常工作；当此输入变为高时，PTO 会立即终止脉冲的输出。
- D_STOP（减速停止）输入（BOOL 型）：当此输入为低时，PTO 会正常工作；当此输入变为高时，PTO 会产生将电动机减速至停止的脉冲串。
- Done（完成）输出（BOOL 型）：当完成位被设置为高时，表明上一个指令执行。
- Error（错误）参数（BYTE 型）：包含本子程序的结果。当完成位为高时，错误字节会报告无错误或有错误代码的正常完成。
- C_Pos（DWORD 型）：若 PTO 向导的 HSC 计数器功能已启用，则此参数包含以脉冲数表示的模块当前位置。否则，当前位置将一直为 0。

PTOx_RUN 子程序（运行包络）的参数说明如下。

- EN 位：子程序的使能位。在完成位发出子程序执行已经完成的信号前，应使 EN 位保持开启。
- START 参数（BOOL 型）：包络执行的启动信号。对于在 START 参数已开启，且当前 PTO 不活动时的每次扫描，此子程序会激活 PTO。为了确保仅发送一个命令，一般用上升沿以脉冲方式开启 START 参数。
- Abort（终止）命令（BOOL 型）：当命令为 ON 时，位控模块停止当前包络，并减速至电机停止。
- Profile（包络）（BYTE 型）：输入为此运动包络指定的编号或符号名。
- Done（完成）（BOOL 型）：当本子程序执行完成时，输出 ON。
- Error（错误）（BYTE 型）：输出本子程序执行结果的错误信息，无错误信息时输出 0。
- C_Profile（BYTE 型）：输出位控模块当前执行的包络。
- C_Step（BYTE 型）：输出目前正在执行的包络步骤。
- C_Pos（DINT 型）：若 PTO 向导的 HSC 计数器功能已启用，则此参数包含以脉冲数作为模块的当前位置。否则，当前位置将一直为 0。

4．运行调试

（1）在断电的情况下，按图 15-7 进行 PLC 控制线路接线。用编程电缆连接 PLC 和计算机的串行通信接口，接通计算机和 PLC 的电源。

（2）运行计算机上的 STEP7-Micro/WIN32 编程软件，单击工具条上最左边的"新建项目"，生成一个新的项目。

（3）执行菜单命令"PLC"→"类型"，设置 PLC 的型号。设置通信参数，建立计算机与 PLC 的通信连接。

（4）执行菜单命令"工具"→"选项"，在"一般"对话框的"一般"选项卡中，选择 SIMATIC 指令集和"国际"助记符集，将"梯形图编辑器"设置为默认的程序编辑器。

（5）输入主程序、子程序 SBR_0、中断子程序 INT_0。

（6）单击工具条中的"编译"或"全部编译"，编译输入的程序。若程序没有错误，则显示"0 错误"。否则，改正程序中的错误后才能下载程序。在下载用户 程序之前，编程软件将首先自动执行编译操作。

微课：程序录入

（7）下载程序。计算机与 PLC 建立连接后，将 CPU 模块上的模式开关放在运行位置，单击工具条中的"下载"，在下载对话框中单击"选项"，选择要下载的块，单击"下载"，开始下载。

（8）调试程序。下载成功后，单击运行，"RUN" LED 亮，用户程序开始运行。断开数字量输入的全部输入开关，CPU 模块上输入侧的 LED 全部熄灭。接通开关 I0.0，表示步进电动机正转，接通并断开 I0.1 的开关，表示按下了启动按钮，PLC 输出多段 PTO，步进电动机正转，加速—匀速—减速运行后停止；断开开关 I0.0，接通并断开 I0.1 的开关，表示按下了启动按钮，PLC 输出多段 PTO，步进电动机反转，加速—匀速—减速运行后停止；重复正转操作，步进电动机正转后，立即接通并断开 I0.2 的开关，观察步进电动机的运行情况。

可进行程序状态监控观察程序的运行情况，或者通过状态表监控观察运行过程中涉及的特殊功能寄存器及包络表中各单元的值。

【评定激励】

按以下标准开展小组自评、互评，成绩填入项目评分细则表，如表 15-6 所示。

表 15-6　项目评分细则表

项目名称						组别	
开始时间			结束时间				
考核内容	考核要求	配分	评分标准			扣分	得分
电路设计	(1) I/O 分配表正确 (2) I/O 电路图正确 (3) 主电路正确 (4) 联锁、保护齐全	30 分	(1) I/O 分配表每错一处，扣 5 分 (2) I/O 电路图每错一处，扣 5 分 (3) 主电路每错一处，扣 5 分 (4) 联锁、保护每缺一项，扣 5 分				
安装接线	(1) 元件选择、布局合理，安装符合要求 (2) 布线合理美观	10 分	(1) 元件选择、布局不合理，扣 3 分/处；元件安装不牢固，扣 3 分/处 (2) 布线不合理、不美观，扣 3 分/处				
编程调试	(1) 程序可实现控制功能 (2) 操作步骤正确 (3) 试车成功	50 分	(1) 输入梯形图错误，扣 2 分/处 (2) 不会设置及下载，分别扣 5 分 (3) 一个功能未实现，扣 10 分 (4) 操作步骤每错一步，扣 5 分 (5) 显示运行不正常，扣 5 分/处				
安全文明工作	(1) 安全用电，无人为损坏仪器、元件和设备 (2) 保持环境整洁，秩序井然，操作习惯良好 (3) 小组成员协作和谐，态度正确	10 分	(1) 发生安全事故，扣 10 分 (2) 人为损坏设备、元器件，扣 10 分 (3) 现场不整洁、工作不文明、团队不协作，扣 5 分 (4) 不遵守考勤制度，每次扣 2～5 分				
总成绩							

思考与练习

（1）当输出高频脉冲信号时，应选哪种输出接口的 PLC？

（2）简述单段 PTO 的设置过程。

（3）简述多段 PTO 的设置过程。

（4）假设步进电动机的启动频率为 0.5kHz（A 点），经过 400 个脉冲加速后频率上升到 5kHz（B 点和 C 点），恒速转动的脉冲数为 4000 个，减速过程的脉冲数为 200 个，频率降为 0.5kHz（D 点），试分配 I/O 地址、画出接线图、编写并调试梯形图程序。

锅炉的温度控制

【项目目标】

用 S7-200 PLC 实现锅炉的温度控制，运用 MCGS 建立温度监控系统。

【学习目标】

（1）了解温度传感器的选用原则。

（2）掌握 EM235 模拟量 I/O 模块的用法。

（3）掌握 PID 回路指令的设置方法。

（4）熟练运用 S7-200 PLC 的编程软件 STEP7-Micro/WIN32 进行程序的下载与调试。

（5）掌握运用 MCGS 建立温度监控系统的方法。

【相关知识】

一、传感器

温度传感器是检测温度的器件，其种类最多，应用最广，发展最快。众所周知，日常使用的很多材料及电子元件的特性都会随温度而变化，如热电偶和热电阻两类产品。

1. 热电偶

1）热电偶的工作原理

两种不同的导体和半导体 A 和 B 组成一个回路，其两端相互连接，一端温度为 T，称为工作端或热端；另一端温度为 T_0，称为自由端（也称参考端）或冷端，只要两个结点处的温度不同，那么回路中就有电流产生并存在电动势，回路中存在的电动势称为热电动势，两种不同导体或半导体的组合称为热电偶。热电偶的热电动势 E_{AB}（T，T_0）是由接触电动势和温差电动势合成的。接触电动势是指两种不同的导体或半导体在接触处产生的电动势，此电动势与两种导体或半导体的性质及在接触点的温度有关。温差电动势是指同一导体或半导体在温度不同的两端产生的电动势，此电动势只与导体或半导体的性质和两端的温度有关，而与导体的长度、截面大小、沿其长度方向的温度分布无关。接触电动势和温差电动势的产生都是因为集中在接触处端点的电子数不同，热电偶测量的热电动势是二者的合成体。当回路断开时，在断开处 a、b 之间便有电动势差ΔV，其极性和大小与回路中的热电动势一致。实验表明，当ΔV 很小时，ΔV 与ΔT 成正比。ΔV 对ΔT 的微分热电动势为热电动势率，又称为塞贝克系数。塞贝克系数的符号和大小取决于组成热电偶的两种导体的热电特性和结点的温度差。

2）热电偶的种类

常用热电偶可分为标准热电偶和非标准热电偶两大类。标准热电偶按国家标准规定了其热电动势与温度的关系，并有统一的标准分度表，标准热电偶有与其配套的显示仪表可供选用。非标准热电偶在使用范围或数量级上均不及标准热电偶，一般也没有统一的分度表，主要用于某些特殊场合的测量。目前，国际电工委员会（IEC）推荐了 8 种类型的热电偶作为标准热电偶，即 T 型、E 型、J 型、K 型、N 型、B 型、R 型和 S 型的热电偶。

2．热电阻

导体的电阻值随温度变化而改变，通过测量其电阻值就能推算出被测物体的温度，利用此原理构成的传感器就是电阻温度传感器，这种传感器主要用于-200～500℃温度范围内的温度测量。纯金属是热电阻的主要制造材料，热电阻的制造材料应具有以下特性。

（1）电阻温度系数要大而且稳定，电阻值与温度之间应具有良好的线性关系。

（2）电阻率高，热容量小，反应速度快。

（3）材料的复现性和工艺性好，价格低。

（4）在测温范围内化学、物理特性稳定。

目前，工业生产中已利用应用最广的铂和铜制作标准测温热电阻。铂电阻与温度之间的关系接近线性。在测温精度要求不高，且测温范围比较小的情况下，可采用铜电阻做成热电阻材料代替铂电阻。在-50～150℃的温度范围内，铜电阻与温度呈线性关系。

二、EM235 模拟量 I/O 模块

EM235 模块是组合强功率精密线性电流互感器、意法半导体（ST）单片集成变送器（ASIC）芯片于一体的新一代交流电流隔离变送器模块，可以直接将被测主回路交流电转换成按线性比例输出的 DC 4～20mA（通过 250Ω 电阻转换 DC 1～5V 或通过 500Ω 电阻转换 DC 2～10V）恒流环标准信号，连续输送到接收装置（计算机或显示仪表）。

1．模拟量扩展模块接线图及模块设置

EM235 是常用的模拟量扩展模块，实现了 4 路模拟量输入和 1 路模拟量输出。EM235 接线如图 16-1 所示。电压信号按正、负极直接接入 X+和 X-，电流信号将 RX 和 X+短接后接入电流输入信号的"+"端，未连接传感器的通道要将 X+和 X-短接。

EM235 的常用技术参数如表 16-1 所示。同一模块只能将输入端同时设置为一种量程和格式，即相同的输入量程和分辨率。

表 16-1　EM235 的常用技术参数

模拟量输入特性	
模拟量输入点数	4
输入范围	电压（单极性）：0～10V，0～5V，0～1V，0～500mV，0～100mV，0～50mV
	电压（双极性）：±10V，±5V，±2.5V，±1V，±500mV，±250mV，±100mV，±50mV，±25mV
	电流：0～20mA
数据字格式	双极性 全量程范围：-32000～+32000　　单极性 全量程范围：0～32000
分辨率	12 位 A/D 转换器
模拟量输出点数	1
信号范围	电压输出：±10V；电流输出：0～20mA
数据字格式	电压：-32000～+32000　　电流：0～32000
分辨率	电压：12 位；电流：11 位

图 16-1   EM235 接线

EM235 选择模拟量输入范围和分辨率的开关表如表 16-2 所示,用 DIP 开关设置 EM235 模块的方法:开关 1~6 可选择模拟量输入范围和分辨率,开关 6 选择单/双极性,ON 为接通,OFF 为断开。6 个 DIP 开关决定了所有的输入设置,也就是说开关的设置应用于整个模块,开关设置只有在重新上电后才能生效。

表 16-2   EM235 选择模拟量输入范围和分辨率的开关表

单极性						满量程输入	分辨率
SW1	SW2	SW3	SW4	SW5	SW6		
ON	OFF	OFF	ON	OFF	ON	0~50mV	12.5μV
OFF	ON	OFF	ON	OFF	ON	0~100mV	25μV
ON	OFF	OFF	OFF	ON	ON	0~500mV	125uA
OFF	ON	OFF	OFF	ON	ON	0~1V	250μV
ON	OFF	OFF	OFF	OFF	ON	0~5V	1.25mV
ON	OFF	OFF	OFF	OFF	ON	0~20mA	5μA
OFF	ON	OFF	OFF	OFF	ON	0~10V	2.5mV
ON	OFF	OFF	ON	OFF	OFF	±25mV	12.5μV
OFF	ON	OFF	ON	OFF	OFF	±50mV	25μV
OFF	OFF	ON	ON	OFF	OFF	±100mV	50μV
ON	OFF	OFF	OFF	ON	OFF	±250mV	125μV
OFF	ON	OFF	OFF	ON	OFF	±500	250μV
OFF	OFF	ON	OFF	ON	OFF	±1V	500μV
ON	OFF	OFF	OFF	OFF	OFF	±2.5V	1.25mV
OFF	ON	OFF	OFF	OFF	OFF	±5V	2.5mV
OFF	OFF	ON	OFF	OFF	OFF	±10V	5mV

模拟量输入模块在使用前应进行输入校准。其实,模拟量输入模块在出厂前已经进行了输入校准,若 OFFSET(偏置)和 GAIN(增益)电位器已被重新调整,则需要重新进行输入

校准，其步骤如下。

（1）切断模块电源，选择需要的输入范围。

（2）接通 CPU 和模块电源，使模块稳定 15min。

（3）用一个变送器、一个电压源或一个电流源，将零值信号加到一个输入端。

（4）读取适当的输入通道在 CPU 中的测量值。

（5）调节 OFFSET 电位计，直到读数为零或读到所需要的数字数据值。

（6）将一个满刻度值信号接到输入端子中的一个，读出送到 CPU 的测量值。

（7）调节 GAIN 电位计，直到读数为 32000 或读到所需要的数字数据值。

（8）必要时，重复 OFFSET 和 GAIN 校准过程。

每个模拟量扩展模块，按扩展模块的先后顺序进行排序。其中，模拟量根据 I/O 不同分别排序。因为模拟量的数据格式为一个字长，所以地址必须从偶数字节开始，如 AIW0，AIW2，AIW4，…，AQW0，AQW2，…。每个模拟量扩展模块至少占两个通道，即使第一个模块只有一个输出 AQW0，第二个模块模拟量的输出地址也应从 AQW4 开始寻址，依此类推。

2. 模拟量值和 A/D 转换值的转换

1）模拟量的标准电信号与 PLC 模拟量采样值的关系

假设模拟量的标准电信号为 A0～Am（如 4～20mA），经 A/D 转换后的数值为 D0～Dm（如 6400～32000），A/D 转换后的数值送入 PLC 内部的模拟量输入映像寄存器。假设模拟量的标准电信号为 A，A/D 转换后的相应数值为 D，由于是线性关系，那么函数关系 $A=f(D)$ 可以表示为：

$$A=(D-D0)(Am-A0)/(Dm-D0)+A0$$

根据该式，可以方便地根据 D 值计算出 A 值。将该式逆变换，得出函数关系 $D=f(A)$，则可以表示为：

$$D=(A-A0)(Dm-D0)/(Am-A0)+D0$$

以 S7-200 PLC 和 4～20mA 模拟量输入信号为例，经 A/D 转换后，我们得到的数值是 6400～32000，即 A0=4，Am=20，D0=6400，Dm=32000，代入公式，得出：

$$A=(D-6400)(20-4)/(32000-6400)+4$$

假设该模拟量与 AIW0 对应，则当 AIW0 的值为 12800 时，D=12800，相应的模拟电信号 A 是 8mA。

2）传感器对应的物理量与 PLC 模拟量采样值的关系

以温度传感器为例。温度传感器对应的物理量是温度。在一定范围内，温度传感器的温度值与 PLC 模拟量采样值的关系与上面的公式是相似的，也是线性关系。

例如，某温度传感器，被测温度-10～60℃与传感器的输出信息 4～20mA 相对应，若 T 为温度值，AIW0 为 PLC 模拟量采样值，则温度 T 与 PLC 模拟量采样值 AIW0 的关系为：

$$T=(AIW0-6400)(60-(-10))/(32000-6400)-10$$

又如，某压力变送器，当压力达到满量程 5MPa 时，压力变送器的输出电流是 20mA，AIW0 的数值是 32000。可见，压力变送器每毫安对应的 A/D 值为 32000/20，测得当压力为 0.1MPa 时，压力变送器的电流为 4mA，对应的 A/D 值为(32000/20)×4=6400。由此得出，AIW0 的数值转换为实际压力值 P（单位为 kPa）的公式为：

$$P=(AIW0-6400)(5000-100)/(32000-6400)+100$$

三、PID 控制

1. PID 控制原理

模拟量闭环控制较好的方法之一是 PID 控制。PID 在工业领域的应用已有 60 多年，现在依然被广泛应用，人们在应用的过程中积累了许多的经验，PID 的研究现已达到一个比较高的程度。

比例控制（P）是一种最简单的控制方式，其控制器的输出与输入误差信号成比例关系，其特点是反应快速，控制及时，但不能消除余差。

在积分控制（I）中，控制器的输出与输入误差信号的积分成正比关系。积分控制可以消除余差，但具有滞后特点，不能快速对误差进行有效的控制。

在微分控制（D）中，控制器的输出与输入误差信号的微分（误差的变化率）成正比关系。微分控制具有超前作用，能猜测误差变化的趋势，避免较大的误差出现，微分控制不能消除余差。

PID 控制中的 P、I、D 各有自己的长处和缺点，它们一起使用时又互相制约，但只要合理选择 P、I、D 的取值，就可以获得较高的控制质量。

PID 控制原则基于以下公式，是将输出 $M(t)$ 表示为比例项、积分项和微分项的函数：

$$M(t) = K_c \left[e(t) + \frac{1}{T_i} \int_0^t e(t)\mathrm{d}t + T_d \frac{\mathrm{d}e(t)}{\mathrm{d}t} \right]$$

式中，$M(t)$——时间函数的回路输出；

K_c——回路增益；

$e(t)$——回路错误（设定值和进程变量之间的差别）；

T_i——积分时间；

T_d——微分时间。

为了在数字计算机中运行该控制函数，必须将该函数量化为错误值的定期样本，并随后计算输出。数字计算机既不可能也没有必要存储所有的错误项样本。因为从第一个样本开始，每次错误采样时数字计算机都必须计算输出值，所以仅须存储前一个错误值和前一个积分项数值。由于数字计算机计算结果的重复性，因此可在任何采样时间对公式进行简化。简化后的公式为：

$$M_n = K_c \times (\mathrm{SP}_n - \mathrm{PV}_n) + K_c \times T_s / T_i (\mathrm{SP}_n - \mathrm{PV}_n) + \mathrm{MX} + K_c \times T_d / T_s \times [(\mathrm{SP}_n - \mathrm{PV}_n) - (\mathrm{SP}_{n-1} - \mathrm{PV}_{n-1})]$$

为了避免定值变化的微分作用引起的跳变，假设给定值不变 $\mathrm{SP}_n = \mathrm{SP}_{n-1}$，这样就可以用过程变量的变化替代偏差的变化，计算公式可改进为：

$$M_n = K_c \times (\mathrm{SP}_n - \mathrm{PV}_n) + K_c \times T_s / T_i (\mathrm{SP}_n - \mathrm{PV}_n) + \mathrm{MX} + K_c \times T_d / T_s \times (\mathrm{PV}_{n-1} - \mathrm{PV}_n)$$

式中，M_n——采样时间 n 的回路输出计算值；

K_c——回路增益；

SP_n——第 n 采样时刻的给定值；

PV_n——第 n 采样时刻的过程变量的值；

T_s——采样时间间隔（重新计算输出的时间间隔）；

T_i——积分时间（控制积分项在整个输出结果中影响的大小）；

MX——第 n-1 采样时刻的积分项（积分项前值）；

T_d——微分时间。

积分和（MX）是所有积分项前值之和，每次计算出新的积分项后，都要用新的积分项更新 MX。MX 通常在第一次计算输出以前被设为初值（Minitial）。为了下一次计算微分项值，必须保存过程变量，而不是偏差，在第一采样时刻，初始化为 $PV_n-1=PV_n$。

许多控制系统只需要一两种回路控制类型：如果不想要积分动作（PID 计算中没有"I"），那么可以把积分时间设置为无穷大"INF"。即使没有积分作用，积分项也不为零，因为有初值 MX；如果不想要微分回路，那么可以把微分时间设置为零；如果不想要比例回路，但需要积分或积分、微分回路，那么就可以把增益设置为 0.0，系统会在计算积分项和微分项时，把增益当作 1.0 看待。

2. S7-200 PLC 的 PID 指令及 PID 回路定义表

S7-200 CPU 提供 PID 回路指令，PID 回路指令格式如表 16-3 所示。

表 16-3 PID 回路指令格式

名　　称	PID 运算
指令表格式	PID TBL,LOOP
梯形图格式	 　┤EN　PID　ENO├ 　┤TBL 　┤LOOP

使用方法：当 EN 端执行条件存在时，就可以进行 PID 运算。TBL 是回路表的起始地址。LOOP 是回路号，可以是 0～7，但不可以重复使用。

S7-200 PLC 的 PID 指令引用一个包含回路参数的回路表。回路定义表如表 16-4 所示，起初的长度为 36 个字节，增加了 PID 自动调节后，回路表现已扩展到 80 个字节。PID 指令框中输入的表格（TBL）起始地址为回路表的首地址。若使用 PID 调节控制面板，则程序与 PID 回路表的全部相互作用将由此控制面板代为完成；若需要由操作员提供自动调节能力，则程序必须提供操作员和 PID 回路表之间的相互作用，以发起和监视此自动调节进程，以及随后套用建议的调节数值。

表 16-4 回路定义表

偏移量	域	格　式	类　型	说　明
0	PV_n 进程变量	双字—实数	入	包含进程变量，必须在 0.0～1.0 范围内
4	SP_n 设定值	双字—实数	入	包含设定值，必须在 0.0～1.0 范围内
8	M_n 输出	双字—实数	入/出	包含计算输出，在 0.0～1.0 范围内
12	K_c 增益	双字—实数	入	包含增益，此为比例常数，可为正数或负数
16	T_s 采样时间	双字—实数	入	包含采样时间，以秒为单位，必须为正数

偏移量	域	格　式	类　型	说　明
20	T_i 积分时间或复原	双字—实数	入	包含积分时间或复原，以分钟为单位，必须为正数
24	T_d 微分时间或速率	双字—实数	入	包含微分时间或速率，以分钟为单位，必须为正数
28	MX 偏差	双字—实数	入/出	包含 0.0～1.0 的偏差、积分和数值
32	PV_{n-1} 以前的进程变量	双字—实数	入/出	包含最近一次执行 PID 指令时存储的进程变量的数值

3．回路 I/O 转换和标准化

1）回路输入

在表 16-4 中，除 K_c、T_s、T_i、T_d 参数的值外，其他参数的值都要求在 0.0～1.0，所以在执行 PID 指令之前，必须把 PV 和 SP 的值进行标准化处理，使它们的值在 0.0～1.0。

以单极性为例加以说明。例如，温度传感器，若 T 为温度值，AIW0 为 PLC 模拟量采样值，假设 0～100℃与 4～20mA 对应，4～20mA 与 6400～32000 对应，存在线性关系，则温度与 PLC 模拟量采样值的关系为 $T=(AIW0-6400)(100-0)/(32000-6400)+0$，则 AIW0=256$T$+6400。假设设定温度为 T_0，SP 标准化后的值为 $SP_{bz}=256T0/(32000-6400)=(T_0-0)/(100-0)$，PV 的值是 PLC 从 EM235 中直接得到的，就是 AIW0 的值，所以 PV 标准化后的值为 $PV_{bz}=(AIW0-6400)/(32000-6400)$。

2）回路输出

回路输出是控制变量，如回路输出值对汽车定速控制中的调速气门进行设置。PID 运算后的回路输出是 0.0～1.0 的标准化实数数值。在回路输出可用于驱动模拟输出之前，回路输出必须被转换成 16 位成比例整数数值。这个过程是与将 PV 和 SP 转换成标准化数值相反的过程。第一步是利用以下公式将回路输出转换为成比例实数数值。

假设模拟量输出模块对应的 PLC 输出映像寄存器的地址为 AQW0，将 PID 运算后的回路输出值转换为 D0～Dm 的数值并存入 AQW0，则模拟量输出模块自动将其转换为模拟量的标准电信号 A0～Am，用该信号控制闭环回路中的设备。所以，在 PLC 程序中只要将回路输出 M_n 转换为 D0～Dm 的数值并存入 AQW0 即可。由于是线性关系，因此 M_n 与 AQW0 的关系可表示为：

$$(M_n-0)/(1-0)=(AQW0-D0)/(Dm-D0)$$

得：

$$AQW0=M_n(Dm-D0)+D0$$

例如，对于 4～20mA 的电流输出，D0=6400，Dm=32000。下列指令序列将显示使回路输出标准化：

```
MOVR VD108, AC0      //将回路输出移至累加器
*R   25600.0, AC0    //使累加器中的数值成比例
+R   6400.0, AC0
```

然后，代表回路输出的成比例实数数值必须被转换成 16 位整数数值。下列指令序列将显示此转换的方法。

```
ROUND   AC0, AC0      //将实数转换成 32 位整数数值
DTI AC0, LW0          //转换成 16 位整数数值
MOVW LW0, AQW0        //写入数值模拟输出
```

4．采样周期的分析及 PID 参数整定

采样周期 T_s 越小，采样值就越能反映温度的变化情况。但是，T_s 太小就会增加 CPU 的运算工作量，相邻的两次采样值几乎没什么变化，PID 控制器输出的微分部分接近于 0，所以不应使采样时间太短。在确定采样周期时，应保证当被控量迅速变化时，能有足够多的采样点，以保证不会因采样点过稀而丢失被采集的模拟量中的重要信息。

因为本系统是温度控制系统，温度是具有延迟特性的惯性环节，所以采样时间不能太短，一般是 15～20s，本系统的采样时间为 17s。

本系统在投运之前还要进行控制器的参数整定。常用的整定方法可归纳为两大类，即理论计算整定法和工程整定法。

理论计算整定法是在已知被控对象的数学模型的基础上，根据选取的质量指标，经过理论的计算（微分方程、根轨迹、频率法等），求得最佳的整定参数。这类方法比较复杂，工作量大，而且用分析法或实验测定法求得的对象数学模型只能近似地反映过程的动态特征，整定的结果精度不是很高，因此未在工程中被广泛应用。

对于工程整定法，工程人员无须知道被控对象的数学模型，无须具备理论计算所学的理论知识，就可以在控制系统中直接进行整定，因而简单、实用，在实际工程中被广泛应用。常用的工程整定法有经验整定法、临界比例度法、衰减曲线法、自整定法等。经验整定法是整定控制器参数值的，整定步骤为"先比例、再积分、最后微分"。

（1）整定比例控制：将比例控制作用由小变到大，观察各次响应，直至得到反应快、超调小的响应曲线。

（2）整定积分控制：若在比例控制下稳态误差不能满足要求，则须加入积分控制。首先将步骤（1）中选择的比例系数减小为原来的 50%～80%，再将积分时间置一个较大值，观测响应曲线；然后减小积分时间，加大积分作用，并相应调整比例系数，反复试凑，直到获得较满意的响应，确定比例和积分的参数。

（3）整定微分控制：若经过步骤（2），比例控制和积分控制只能消除稳态误差，而动态过程不能令人满意，则应加入微分控制，构成 PID 控制。先置微分时间 $T_d=0$，逐渐加大 T_d，同时相应改变比例系数和积分时间，反复试凑，直到获得满意的控制效果和 PID 控制参数。

【项目分析】

在锅炉的温度控制系统中，被控对象具有非线性、时变性、滞后性等特点，而且温度控制会受被控对象、环境和燃料等很多因素的影响，难以建立精确的数学模型，难以选择控制器的参数。PID 控制系统的优点是它不要求掌握受控对象的数学模型，具有控制系统原理简单、使用方便、稳定性好、可靠性高、控制精度高等优点，在工业控制中得到广泛的应用。

以单片机为核心的 PID 控制系统成本较低、可靠性和抗干扰性较差，其硬件设计较复杂。以 PLC 为核心的 PID 控制系统成本较高，但 PLC 本身就有很强的抗干扰性和可靠性，因此控制系统的硬件设计也简单得多。西门子 S7-200 PLC 内部包含 PID 指令功能块，配上相应的模拟量 I/O 模块，可以很好地满足温度控制的要求。

【项目实施】

1. 硬件选型

S7-200 CPU226 集成 24 路输入和 16 路输出共 40 个数字量 I/O 点，可连接 7 个扩展模块，具有 PID 控制器，2 个 RS485 通信/编程口，PPI 通信协议、MPI 通信协议和自由方式通信能力。考虑到 PID 对运算速度要求高及将来的扩充性，应选择该款 PLC。

P100 铂热电阻简称 PT100 铂电阻，其阻值会随温度的变化而变化，PT 后的 100 表示它在 0℃时的阻值为 100Ω，在 100℃时它的阻值约为 138.5Ω，随着温度上升它的阻值成匀速增长。锅炉的温度控制系统需要的传感器是将温度转化为电流，且水温最高是 100℃的传感器，所以应选择 Pt100 铂热电阻传感器。

EM235 是常用的模拟量扩展模块，实现了 4 路模拟量输入和 1 路模拟量输出功能。本项目需要一个温度值的输入和一个 PID 运算输出，都是模拟量，选择一个 EM235 模块即可满足要求。

PID 控制器输出转化为 4~20mA 的电流信号控制晶闸管电压调整器或触发板。改变晶闸管导通角的大小可以调节输出功率，从而调节电热丝的加热。用 MCGS 建立温度监控系统，可实现系统的实时监控。

整体设计方案如图 16-2 所示。

图 16-2　整体设计方案

2. 分配 I/O 地址

I/O 分配表如表 16-5 所示。

表 16-5　I/O 分配表

部件名称	形式	I/O 点	说明	对应 MCGS 数据变量的名称
SB1	常开按钮	I0.0	自动按钮	ZDANNU
SB2	常闭按钮	I0.1	停止按钮	TZANNU
SB3	常开按钮	I0.2	手动按钮	SDANNU
ZDD	信号灯	Q0.0	自动运行指示灯	ZDD
TZD	信号灯	Q0.1	停止指示灯	TZD
SDD	信号灯	Q0.2	手动运行指示灯	SDD
BJD	信号灯	Q0.3	温度越上限报警指示灯	BJD
JRD	信号灯	Q0.4	加热指示灯	JRD

3. 画出 PLC 外部接线图

根据温度传感器的信息，PLC 将运算结果传给 EM235，EM235 将其转化为 4~20mA 的电流信号，经晶闸管触发板改变晶闸管导通角的大小来调节输出功率，从而将温度控制在要求的范围内。硬件连接如图 16-3 所示。

图 16-3　硬件连接

4．PLC 内存地址分配

PLC 内存地址分配如表 16-6 所示。

表 16-6　PLC 内存地址分配

地　址	名　称	说　明
VD100	实际温度存放	必须在 0.0～100.0
VD104	给定值（SP_n）	必须在 0.0～100.0
VD108	手动输出值	必须在 0.0～1.0
VD112	增益（K_c）	比例常数，可正可负
VD116	采样时间（T_s）	单位为 s，必须是正数
VD120	积分时间（T_i）	单位为 min，必须是正数
VD124	微分时间（T_d）	单位为 min，必须是正数
VD128	温度上限	必须在 0.0～100.0
VD0	过程变量（PV_n）	必须在 0.0～1.0
VD4	给定值（SP_n）	必须在 0.0～1.0
VD8	输出值（M_n）	必须在 0.0～1.0
VD12	增益（K_c）	比例常数，可正可负
VD16	采样时间（T_s）	单位为 s，必须是正数
VD20	积分时间（T_i）	单位为 min，必须是正数
VD24	微分时间（T_d）	单位为 min，必须是正数
VD28	积分项前值（MX）	必须在 0.0～1.0
VD32	过程变量前值（PV_{n-1}）	必须在 0.0～1.0

5．制作 MCGS 工程

1）建立工程

工程名为"锅炉温度控制系统"，工程存在"D:\MCGS\Work\锅炉温度控制系统.MCG"下。

2）建立用户窗口

新建一个用户窗口并设为启动窗口，如图 16-4 所示。

3）制作工程画面

制作如图 16-5 所示的工程窗口画面，大标题字体设置为宋体、加粗，大小为一号，颜色为蓝色，其他标签字体设置为宋体、加粗，大小为四号，颜色为蓝色。

图 16-4　设置窗口属性

图 16-5　工程窗口画面

双击"实际水温"下面的输入框，将"操作属性"页"数值输入的取值范围"的最小值改为 0，最大值改为 100，"温度上限"与"给定水温"下面输入框的设置同上。按前面的要求设置其他输入框。

6．定义数据对象

在工作台中，单击"实时数据库"，在窗口空白处单击一下，再单击"新增对象"，新增数据对象"Data1"，双击"Data1"，按图 16-6 所示进行修改。再新增数据对象，按表 16-5 定义其他开关型变量。新增数据对象，定义为变量 VD100，如图 16-7 所示。再新增数据对象，按表 16-6 定义其他数值型变量。定义全部完成后的变量信息如图 16-8 所示。

图 16-6　开关型数据对象 ZDANNU 的定义

图 16-7　数值型数据对象 VD100 的定义

图 16-8　定义全部完成后的变量信息

7. 动画连接

1）灯的设置

在用户窗口中双击"自动"上方的灯，在图 16-9 所示的窗口中单击"可见度"，单击"？"，在随后出现的窗口中双击"ZDD"，单击"确认"。"停止""手动""危险""加热"4 盏灯分别对应变量 TZD、SDD、BJD、JRD，并按上面的步骤进行设置。

2）输入框的设置

在用户窗口中双击"实际水温"下方的输入框，在图 16-10 所示的窗口中单击"？"，在随后出现的窗口中双击"VD100"，单击"确认"。按图 16-8 所示的对应关系设置其他输入框。

图 16-9　自动运行灯的动画连接

图 16-10　输入框的动画连接

3）按钮的设置

在用户窗口中双击"自动"，按图 16-11 所示的信息进行设置。按图 16-12 所示完成"停止"的设置，"手动"对应的变量是 SDANNU，设置与"自动"相似。"手动"与"自动"的数据对象操作方式为按 1 松 0 时，相当于常开按钮，"停止"与此相反，相当于常闭按钮。

图 16-11　"自动"的动画连接

图 16-12　"停止"的动画连接

4）设置 TZANNU 的初值

若为使监控软件启动后，"停止"对应的 TZANNU 初值为 1，则应双击"锅炉温度控制系统"用户窗口的空白处，弹出"用户窗口属性设置"窗口，选中"启动脚本"，在脚本程序编辑区域中输入语句"TZANNU=1"，单击"确认"，如图 16-13 所示。

图 16-13　设置 TZANNU 的初值

8．设备添加及通道设置

1）设备添加

在工作台页面中，选中设备窗口，单击"设备组态"，打开设备工具箱，单击"设备管理"找到"通用串口父设备"，单击"增加"，从"PLC 设备"中找到"西门子_S7200PPI"，单击"增加"，确认后添加到设备工具箱。在设备工具箱中，先后双击"通用串口父设备""西门子_S7200PPI"，添加到设备窗口。在设备窗口中双击"通用串口父设备 0-【通用串口父设备】"，进行串口通信参数的设置，串口端口号为 COM1，波特率为 9600b/s，1～8 位数据位，0～1位停止位，偶校验。

2）通道设置

通道设置要求通过 MCGS 中的按钮也能起到跟按下 PLC 所连的按钮时相同的作用，也就是 MCGS 中按钮对应的数据变量的值能够传递到 PLC 中，对程序的执行起作用。由于 PLC输入映像寄存器的值只能通过 PLC 外接的按钮改变，它们不接受 MCGS 的变量值，因此增加了M2.0、M2.1、M2.2 三个通道对应 MCGS 中的那三个按钮，按下 MCGS 中的那三个按钮可对应改变 M2.0、M2.1、M2.2 的值，从而控制程序的执行。在设备窗口中双击"设备 0-【西门子_S7200PPI】"，在"基本属性"页中单击"设置设备内部属性"后出现的"⋯"，单击"⋯"，进入"西门子_S7200PPI 通道属性设置"窗口，增加表 16-7 所示的各个通道。Q0.0 的添加如图 16-14 所示，VDF100 的添加如图 16-15 所示，其他通道的设置与它们类似。

表 16-7　设备通道设置

通道	数据类型	寄存器地址	操作方式	通道	数据类型	寄存器地址	操作方式
M2.0	通道的第 00 位	2	只写	VDF100	32 位浮点数	100	只读
M2.1	通道的第 01 位	2	只写	VDF104	32 位浮点数	104	读写
M2.2	通道的第 02 位	2	只写	VDF108	32 位浮点数	108	读写
Q0.0	通道的第 00 位	0	只读	VDF112	32 位浮点数	112	读写
Q0.1	通道的第 01 位	0	只读	VDF116	32 位浮点数	116	读写
Q0.2	通道的第 02 位	0	只读	VDF120	32 位浮点数	120	读写
Q0.3	通道的第 03 位	0	只读	VDF124	32 位浮点数	124	读写
Q0.4	通道的第 04 位	0	只读	VDF128	32 位浮点数	128	读写

图 16-14　Q0.0 的添加

图 16-15　VDF100 的添加

3）通道连接

在设备窗口中双击"设备 0-【西门子_S7200PPI】"，进入"通道连接"页面。双击"对应数据对象"下面的空白处，根据表 16-8 所示的对应关系，输入相应的数据变量名称，或者在空白处单击右键选择相应的数据变量，单击"确认"。这样，MCGS 的构件、变量与 PLC 的元件（通道）之间就建立了联系。

表 16-8　通道连接

通道	对应数据对象	通道	对应数据对象	通道	对应数据对象	通道	对应数据对象
M2.0	ZDANNU	Q0.1	TZD	VDF100	VD100	VDF116	VD116
M2.1	TZANNU	Q0.2	SDD	VDF104	VD104	VDF120	VD120
M2.2	SDANNU	Q0.3	BJD	VDF108	VD108	VDF124	VD124
Q0.0	ZDD	Q0.4	JRD	VDF112	VD112	VDF128	VD128

9. 制作 PID 曲线显示窗口

1）新建用户窗口

新建一个用户窗口。PID 曲线显示窗口的属性设置如图 16-16 所示。

2）设置曲线

在工作台页面中，双击用户窗口中的"PID 曲线"窗口，打开设备工具箱" "，单击"增加"，在"PID 曲线"窗口中拖出一个位置、大小适当的曲线。双击该曲线，进行如图 16-17 所示的设置，其中曲线 1 的颜色为红色，曲线 2 的颜色为绿色。

图 16-16　PID 曲线显示窗口的属性设置

图 16-17　曲线设置

3）窗口打开设置

在工作台页面中，双击用户窗口中的"锅炉温度控制系统"窗口，双击"PID 曲线"，进行如图 16-18 所示的设置。

图 16-18　按钮设置

10. 设计梯形图程序

为方便用户使用，系统有自动（PID 方式）调温与手动调温两种方式。PLC 的 VD100、VD104、VD128 在存储单元中分别用于存放 $0.0\sim100.0$℃的实际温度、设定温度与温度上限，VD108 在手动方式下用于设定手动输出值以控制加热设备，在自动方式下用于提供积分项初值。VD0~VD32 为 PID 回路表。温控系统工作在手动调温模式下，用不到 PID 回路表，只需给定设定温度、温度上限及手动输出值，通过 MCGS 监控软件的通道关联，由用户输入相应的值后传回 PLC 的 VD104、VD108、VD128，PLC 采集实际温度存入 VD100 后再传回 MCGS 进行显示。若使温度系统工作在 PID 自动调温模式，则需要对 PID 回路表赋初值或修改回路表。首先通过 MCGS 监控软件中与 VD104、VD108、VD112、VD116、VD120、VD124、VD128 关联的通道对 PLC 的变量赋初值。然后由 PLC 程序将上述单元的值传给回路表中相应的单元，具体安排：VD104 的值标准化后传给 VD04 单元，VD112 的值传给 VD12，VD116 的值传给 VD16，VD120 的值传给 VD20，VD124 的值传给 VD24。在 PID 运算执行前，PLC 将获取的实际温度一方面传给 VD100；另一方面将其标准化后传给 VD0，若是第一次执行 PID 运算，则执行前还要将传给 VD0 的值传给 VD32。另外，VD108 的值也要传给 VD28 作为 MX 的初值。

通过前面的分析可知，要想使 PLC 工作在 PID 的自动运行方式下，则可按下 I0.0 的常开按钮或 MCGS 监控软件中的自动按钮，由于 MCGS 监控软件中的自动按钮经通道控制 PLC 内部 M2.0 的值，因此在 PLC 程序中，可让 I0.0 和 M2.0 对应，二者起相同的作用。同样的道理，在 PLC 程序中，让 I0.1 和 M2.1 对应可实现通过 PLC 按钮或 MCGS 按钮使温控系统停止工作，让 I0.2 和 M2.2 对应可实现通过 PLC 按钮或 MCGS 按钮使温控系统工作在手动运行方式。假设模拟量 I/O 对应的都是 $4\sim20$mA 的电流，主程序如图 16-19 所示，中断子程序 INT_0 如图 16-20 所示。不管是用 PLC 所连的按钮，还是 MCGS 监控软件的按钮，都应自如地实现在自动、停止、手动 3 种方式之间的切换。

图 16-19　主程序

图 16-19　主程序（续）

图 16-20　中断子程序 INT_0

在主程序中，网络 1 只在 PLC 开机后的第一个扫描周期执行，用于给 VD104～VD128 赋初值。在系统运行过程中，可随时通过改变 MCGS 监控软件的"锅炉温度控制系统"窗口中的输入框的值来改变 VD104～VD128 的值，其中，VD104、VD108 的值用于手动运行方式，VD104、VD112、VD116、VD120、VD124 的值用在自动运行方式下给 PID 回路表中的相应单元赋值（通过网络 6 实现），VD128 的值用在两种情况下的报警温度。网络 7 用采样时间作为定时器 T32 的设定值并启动定时器，T32 定时时间到产生 21 号中断时执行中断子程序 INT_0，开放全局中断。网络 8 将 VD108 的值标准化后送给模拟量输出模块以控制加热设备。其他网络的含义查看程序注释中的说明，不再赘述。

在中断子程序 INT_0 中，网络 1 获取的温度输入值标准化后存入 VD0，转化为温度值后存入 VD100；网络 2 用于初次执行 PID 运算前设置过程变量前值和积分项初值；网络 3 执行 PID 指令，并将运算结果送给模拟量输出模块以控制加热设备。

11．运行调试

（1）在断电的情况下，按图 16-3 进行 PLC 控制线路接线。用编程电缆连接 PLC 和计算机的串行通信接口，接通计算机和 PLC 的电源。

微课：程序录入

（2）运行计算机上的 STEP7-Micro/WIN32 编程软件，单击工具条上最左边的"新建项目"图标，生成一个新的项目。

（3）执行菜单命令"PLC"→"类型"，设置 PLC 的型号。设置通信参数，建立计算机与 PLC 的通信连接。

（4）执行菜单命令"工具"→"选项"，在"一般"对话框的"一般"选项卡中，选择 SIMATIC 指令集和"国际"助记符集，将"梯形图编辑器"设置为默认的程序编辑器。

（5）用"查看"菜单选择"梯形图"语言，用"查看"菜单选择"框架"→"指令树"可打开（或关闭）指令树窗口，找到其中的"项目 1"→"程序块"→"主程序"，双击"主程序"，在右边"主程序"的编辑窗口中输入图 16-18 所示的主程序。找到"项目 1"→"程序块"→"INT_0（INT0）"，双击"INT_0（INT0）"，在右边编辑窗口中输入图 16-19 所示的中断子程序。

（6）单击工具条中的"编译"或"全部编译"，编译输入的程序。若程序没有错误，则显示"0 错误"。否则，改正程序中的错误后才能下载程序。在下载用户程序之前，编程软件将首先自动执行编译操作。

（7）下载程序。计算机与 PLC 建立连接后，将 CPU 模块上的模式开关放在运行位置，单击工具条中的"下载"，开始下载。

（8）利用 STEP7-Micro/WIN32 调试程序。下载成功后，单击"运行"，"RUN"LED 亮，用户程序开始运行。断开数字量输入的全部输入开关，CPU 模块上输入侧的 LED 全部熄灭。用接在端子 I0.0 到 I0.2 上的开关模拟输入按钮。

单击程序状态监控"▦"或用菜单命令"调试"→"开始程序状态监控"，在梯形图中显示出各元件的状态，梯形图中导通的触点或有电的线圈以高亮蓝背景显示。按以下步骤调试。

① 接通 I0.1 上的开关，表示停止按钮是常闭按钮。接通 I0.0 上的开关并断开，表示按下自动调节按钮，工作在自动调节模式，观察 Q0.0、Q0.4 的 LED 是否点亮。然后结合状态表进行调试。单击状态表监控"🖵"或用菜单命令"调试"→"开始状态表监控"，在状态表中输入表 16-5 及表 16-6 中列出的变量，观察程序执行中相应值的变化。

② 接通 I0.2 的开关再断开，表示按下手动调节按钮，观察 Q0.2、Q0.4 的 LED 是否点亮。观察状态表中相关变量的信息变化情况。

③ 断开 I0.1 上的开关再接通，表示按下了停止按钮，观察 Q0.1 的 LED 是否点亮、Q0.4 的 LED 是否熄灭。观察状态表中 AQW0 及 VD8 的值是否为 0。

④ 让 PLC 工作在自动运行方式，通过状态表监控实际温度是不是最后能稳定在设定温度附近。若效果不是很好，则可进入 MCGS 进行 PID 参数的整定，会更方便。

（9）组态监控程序及 PLC 程序调试。

由于 MCGS 和 PLC 编程软件使用的是同一个串行端口，不能同时启动，因此关闭 STEP7-Micro/WIN32 编程软件后，启动 MCGS 组态环境软件，打开工程"锅炉温度控制系统.MCG"，执行菜单命令"文件"→"进入运行环境"，运行工程，会出现"锅炉温度控制系统"窗口。先调试软件的一般功能，再进行 PID 参数的整定。调试步骤如下。

① 按下"自动"按钮，观察窗口中的"自动"和"加热"灯是否点亮，同时观察 PLC 上 Q0.0、Q0.4 的 LED 是否点亮。自动加热有一个过程，"加热"灯过一段时间才点亮。若不亮，则退回组态环境，分析原因：有可能是串行通信故障或通道设置错误甚至 PLC 程序错误，先判断是不是前两个原因，若前两个原因排除，则需要退出 MCGS，回到 STEP7-Micro/WIN32 编程软件，然后进行 PLC 程序的调试分析。问题解决后，进入 MCGS 运行环境后再试。注意，在进行自动或手动方式转换前，PLC 所连的常闭按钮如果用开关代替，那么开关就必须是闭合状态，用来表示常闭按钮的闭合状态。

② 按下"手动"按钮，观察窗口中的"手动"和"加热"灯是否点亮，同时观察 PLC 上 Q0.2、Q0.4 的 LED 是否点亮。若不亮，则处理过程同上。

③ 按下"停止"按钮，观察窗口中的"停止"灯是否点亮，同时观察 PLC 上 Q0.1 的 LED 是否点亮。若不亮，则处理过程同上。

④ 在自动方式下，观察窗口上显示的实际水温的变化情况。若实际水温比设定温度低很多，则可让系统先工作在手动运行方式，待实际水温比设定温度低 10℃ 以内时，再让系统工作在自动运行方式下。

⑤ 在自动运行方式下，按下"PID 曲线"，出现一个窗口，观察窗口上 PID 调节曲线的情况。通过观察，温度最后都能稳定在设定温度上，说明系统运行正确。回到"锅炉温度控制系统"窗口改变 PID 的相关参数，采用经验整定法或其他合适的方法整定控制器的参数值。通过"PID 曲线"窗口，观察系统的运行效果，直至找到相对满意的 PID 参数。

【评定激励】

按以下标准开展小组自评、互评，成绩填入项目评分细则表，如表 16-9 所示。

表 16-9　项目评分细则表

项目名称					组别	
开始时间			结束时间			
考核内容	考核要求	配分	评分标准		扣分	得分
电路设计	（1）I/O 分配表正确 （2）I/O 电路图正确	10 分	（1）I/O 分配表每错一处，扣 1 分 （2）I/O 电路图每错一处，扣 1 分			
安装接线	（1）元件选择、布局合理，安装符合要求 （2）布线合理美观	10 分	（1）元件选择、布局不合理，扣 1 分/ 处；元件安装不牢固，扣 1 分/处 （2）布线不合理、不美观，扣 1 分/处			
制作工程画面	（1）标签的制作符合要求 （2）输入框的制作 （3）按钮的制作 （4）指示灯的绘制	10 分	设置或制作不当，扣 1 分/处			
定义数据对象及动画连接	（1）指定数据变量的名称、类型、初始值和数值范围 （2）确定与数据变量存盘相关的参数 （3）按钮、指示灯及输入框的动画连接	10 分	（1）指定数据变量的名称、类型、初始值和数值范围不合要求，扣 1 分/变量 （2）确定与数据变量存盘相关的参数不当，扣 1 分/变量 （3）按钮、指示灯及输入框的动画连接不合要求，扣 1 分/处			
设备窗口中添加设备	（1）设备添加 （2）串口通信参数的设置	10 分	（1）设备的添加不当，扣 5 分 （2）设备的属性设置不当，扣 1 分/处			
设备通道设置	（1）增加通道 （2）通道连接	10 分	设置不当，扣 2 分/处			
编程调试	（1）程序可实现控制功能 （2）利用 Micro/WIN32 调试 PLC 程序 （3）组态监控程序的调试及与 PLC 程序的联合调试 （4）PID 参数整定	30 分	（1）功能未实现，扣 3 分/处 （2）程序状态及状态表监控调试不正确，扣 3 分/处 （3）组态监控程序的调试不正确，扣 3 分/处 （4）不会分析结果，参数整定不正确，扣 5 分/处			
安全文明工作	（1）安全用电，无人为损坏仪器、元件和设备 （2）保持环境整洁，秩序井然，操作习惯良好 （3）小组成员协作和谐，态度正确	10 分	（1）发生安全事故，扣 10 分 （2）人为损坏设备、元器件，扣 10 分 （3）现场不整洁、工作不文明、团队不协作，扣 5 分 （4）不遵守考勤制度，每次扣 2~5 分			
总成绩						

思考与练习

（1）简述常用温度传感器的特点。

（2）简述 EM235 模拟量模块的接线方法。

（3）简述模拟量值和 A/D 转换值的关系。

（4）简述 PLC 中 PID 变换的原理。

（5）简述 PLC 中 PID 回路 I/O 标准化的方法。

（6）PID 参数整定的常用方法有哪些？

（7）某水箱水位控制系统如图 16-21 所示。因水箱出水速度时高时低，所以采用变速水泵向水箱供水，以实现对水位的恒定控制。建立一个基于 PLC 的水位控制系统，采用 PID 指令进行调节。试进行 I/O 地址分配、画出 PLC 外部接线图、设计梯形图程序并用 MCGS 进行监控软件的组态，最后进行运行调试。

图 16-21　某水箱水位控制系统

西门子 PLC 的网络通信

【项目目标】

有甲、乙两个 PLC，用甲机的控制按钮控制乙机所连电动机的启动和停止，并将电动机状态反馈到甲机；用乙机的控制按钮控制甲机所连电动机的启动和停止，并将电动机状态反馈到乙机。

【学习目标】

（1）理解异步串行通信的数据帧格式。

（2）理解 PPI 协议的特点。

（3）掌握串行网络的连接方法。

（4）掌握配置 PPI 通信系统网络设备的方法。

（5）理解网络读/写指令的功能。

（6）掌握编写 PPI 通信系统程序的方法。

（7）熟练运用 S7-200 PLC 的编程软件 STEP7-Micro/WIN32 进行程序的下载与调试。

【相关知识】

1．串行通信概述

串行通信多用于 PLC 与计算机之间、多台 PLC 之间的数据传送，设备之间可通过串行通信口 RS232、RS485 进行连接。传送时，数据的各个不同位分时使用同一条传输线。串行通信按时钟可分为同步传送和异步传送两种方式。

异步传送是指允许传输线上的各个部件有各自的时钟，在各部件之间进行通信时没有统一的时间标准，相邻两个字符传送之间的停顿时间长短是不一样的，它是靠发送信息时发出字符的开始和结束标志信号来实现的。串行通信的数据帧格式如图 17-1 所示。在数据帧格式中也可没有校验位。

图 17-1　串行通信的数据帧格式

S7-200 PLC 的串行通信主要有两种数据格式。

1）10 位字符数据

传送数据由 1 个起始位、8 个数据位、无校验位、一个停止位组成，传送速率一般为 9600b/s。

2）11 位字符数据

传送数据由 1 个起始位、8 个数据位、1 个偶校验位、一个停止位组成，传送速率一般为 9600b/s 或 19200b/s。

2．网络层次结构

西门子公司的生产金字塔由 4 级组成，由下到上依次是过程测量与控制级、过程监控级、工厂与过程管理级、公司管理级。S7 系列的网络结构如图 17-2 所示。

图 17-2　S7 系列的网络结构

3．通信协议

S7-200 PLC 具有强大而又灵活的通信能力，可以实现 PPI 协议、MPI 协议、自由口通信，还可以通过 Profibus-DP 协议、AS-I 接口协议、modem 通信-PPI 或 MODBUS 协议及 ETHERNET 与其他设备通信。

PPI 是西门子公司专为 S7-200 PLC 开发的通信协议，内置在 S7-200 CPU 中。PPI 通信协议物理上基于 RS485 端口，通过屏蔽双绞线就可以实现 PPI 通信。PPI 是一种主从协议。主站设备发送要求到从站设备，从站设备响应，从站不能主动发出信息。主站靠 PPI 协议管理的共享链接来与从站通信。PPI 通信协议并不限制与任意一个从站通信的主站的数量，但在一个网络中，主站不能超过 32 个。PPI 通信协议最基本的用途是让西门子 STEP 7-Micro/WIN32 编程软件上传和下载程序、西门子人机界面与 PC 通信。

4．通信设备

1）主站设备

主站设备简称主设备或主站，包括带有 STEP 7-Micro/WIN32 的编程设备、HMI 设备（触摸面板、文本显示或操作员面板）。

2）从站设备

从站设备简称从设备或从站，包括 S7-200 CPU、扩展机架（如 EM277）。

如果在用户程序中使用 PPI 主站模式，那么 S7-200 CPU 在运行模式下可以作为主站。使用 PPI 主站模式后，可以使用"网络读取"（NETR）或"网络写入"（NETW）从其他 S7-200 CPU 中读取数据或向 S7-200 CPU 中写入数据。S7-200 作为 PPI 主站时，仍然可以作为从站响应其他主站的请求。

3）S7-200 CPU 上的通信口

S7-200 CPU 上的通信口是与 RS485 兼容的 9 针 D 型连接器，符合欧洲标准 EN 50170 中的 Profibus 标准。S7-200 CPU 通信口的引脚分配如表 17-1 所示。

表 17-1　S7-200 CPU 通信口的引脚分配

连　接　器	引　脚　号	Profibus 引脚名	Port 0/Port 1
针1 针6 针5 针9	1	屏蔽	外壳接地
	2	24V 返回	逻辑地
	3	RS485 信号 B	RS485 信号 B
	4	发送申请	RTS（TTL）
	5	5V 返回	逻辑地
	6	+5V	+5V，100Ω串联电阻
	7	+24V	+24V
	8	RS485 信号 A	RS485 信号 A
	9	未用	10 位协议选择（输入）
	连接器外壳	屏蔽	外壳接地

4）网络连接器

PPI 网络使用 Profibus 总线连接器，西门子公司提供两种 Profibus 总线连接器，如图 17-3 所示。一种是标准的 Profibus 总线连接器；另一种是带编程接口的 Profibus 总线连接器。后者允许在不影响现有网络连接的情况下，再连接一个编程站或一个 HMI 设备到网络中。若只把两台设备连接在一起，则可以使用 PC/PPI 电缆；若要把多个设备连接到网络中，则可以使用网络连接器。CPU226 有两个 RS485 端口，外形为 9 针 D 型，分别定义为端口 0 和端口 1，通过 PC/PPI 电缆与其他设备、计算机、PLC 等进行连接。

图 17-3　两种 Profibus 总线连接器

5）终端电阻

为保证网络的通信质量（传输距离、通信速率），建议采用西门子标准双绞线屏蔽电缆，并在电缆的两个末端安装终端电阻。连接电缆必须安装合适的浪涌抑制器，这样可以避免雷击浪涌。应避免将低压信号线、通信电缆与交流导线和高能量、快速开关的直流导线布置在同一线槽中。要成对使用导线，用中性线或公共线与电源线或信号线配对。串行网络连接方法如图 17-4 所示。

图 17-4　串行网络连接方法

不同参考电位的互联设备有可能导致不希望的电流流过连接电缆，这种不希望的电流有可能导致通信错误或设备损坏。要确保通信电缆连接在一起的所有设备具有相同的参考电位，或者彼此隔离，来避免产生这种不希望的电流。

5. 通信方式设置

S7-200 CPU 使用特殊寄存器 SMB30（对 Port 0）和 SMB130（对 Port 1）定义通信口的通信方式，SMB30 和 SMB130 各位的意义如表 17-2 所示。

表 17-2　SMB30 和 SMB130 各位的意义

Port 0	Port 1	意　义　描　述	
SMB30	SMB130	自由口通信方式控制字 | 7	6	5	4	3	2	1	0
p	p	d	b	b	b	m	m		
SM30.1、SM30.0（mm）	SM130.1、SM130.0（mm）	协议选择	00：点到点接口协议（PPI/从站模式） 01：自由口协议 10：PPI/主站模式 11：保留（默认是 PPI/从站模式）
		注意：当选择 mm=10 时，PLC 将成为网络的一个主站，可以执行 NETR 和 NETW 指令。在 PPI 模式下忽略 2～7 位	
SM30.4、SM30.3、SM30.2（bbb）	SM130.4、SM130.3、SM130.2（bbb）	自由口波特率（b/s）	000：38400　　100：2400 001：19200　　101：1200 010：9600　　110：115200 011：4800　　111：57600
SM30.5（d）	SM130.5（d）	每个字节的数据位	0：8 位/字符 1：7 位/字符

Port 0	Port 1		意 义 描 述	
SM30.7、SM30.6（pp）	SM130.7、SM130.6（pp）	校验选择	00：不校验	10：不校验
			01：偶校验	11：奇校验

6. 通信指令

当把一个 PLC 设置为主站时，它可以通过网络读/写指令与其他从站通信。从站不必做通信编程，只需准备主站所需的数据让主站读/写即可，也就是说从站不必考虑通信编程，但需要做以下编程：按照双方的约定准备好数据放在对方指定地点等待对方去读，留一片区域让对方去写数据（主站的写数据区域），读/写的过程由 PLC 的操作系统跟对方交涉，从站可以根据要求从主站的写数据区域读取数据进行数据的处理工作。主站模式下的通信指令有 NETR（网络读）和 NETW（网络写）。可以按这两条指令的规定手工编写主站通信程序，当然也可以启动"网络读写向导"自动生成。

1）NETR

NETR 指令初始化一个读的通信操作，根据指令中对 TBL（表）的定义，通过指定的 PORT（端口），从远程设备的通信缓冲区中读数据。NETR 指令最多可以从远程站点中读取 16 个字节的信息。NETR 指令格式如表 17-3 所示。

2）NETW

NETW 指令初始化一个写的通信操作，根据指令中对 TBL（表）的定义，通过指定的 PORT（端口），向远程设备的通信缓冲区中写数据。NETW 指令最多可以向远程站点中写入 16 个字节的信息。NETW 指令格式如表 17-4 所示。

表 17-3　NETR 指令格式

LAD	STL
NETR EN　　ENO TBL PORT	NETR　　TBL, PORT

表 17-4　NETW 指令格式

LAD	STL
NETW EN　　ENO TBL PORT	NETW　　TBL, PORT

3）TBL 参数的意义

NETR/NETW 指令的 TBL 参数为字节类型，可以是 VB、MB、*VD、*LD 或*AC，NETR/NETW 指令的 TBL 参数如表 17-5 所示。

表 17-5　NETR/NETW 指令的 TBL 参数

字节 偏移量	字节参数					字节 偏移量	字节参数				
	7	6	5	4	3～0		7	6	5	4	3～0
0	D	A	E	0	错误代码	6	接收/发送数据的字节数（1～16 个字节）				
1	远程站地址					7	接收/发送数据区（数据字节 0）				
2	指向远程站的数据区指针 （I、Q、M 或 V）					8	接收/发送数据区（数据字节 1）				
3						...	...				
4						22	接收/发送数据区（数据字节 15）				
5											

表 17-5 中首字节中各标志位的意义如下。

D：完成（操作已完成）。0：未完成；1：完成。

A：有效（操作已被排队）。0：无效；1：有效。

E：错误。0：无错误；1：错误。

TBL 参数中错误代码的意义如表 17-6 所示。

表 17-6　TBL 参数中错误代码的意义

错 误 代 码	意　　义
0000	无错误
0001	时间溢出错误：远程站点不响应
0010	接收错误：奇偶校验错，响应时帧或校验和错误
0011	离线错误：相同的站地址或无效的硬件引发冲突
0100	队列溢出错误：激活了超过 8 个 NETR/NETW 方框
0101	违反通信协议：没有在 SMB30 或 SMB 130 中允许 PPL，就试图执行 NETR/NETW 指令
0110	非法参数：NETR/NETW 表中包含非法或无效的值
0111	没有资源：远程站点正在忙中（上装或下装程序在处理中）
1000	第 7 层错误：违反应用协议
1001	信息错误：错误的数据地址或不正确的数据长度
1010～1111	未用（为将来的使用保留）

【项目分析】

网络设备之间的通信是通过建立连接来实现的，不同的通信协议的连接是不同的，PPI 通信协议所有的设备均共用同一个连接。

S7-200 CPU 总是会为 STEP7-Micro/WIN32 和 HMI 设备保留一个固定的连接资源，这样就保证在任何时候至少有一个编程站或 HMI 设备可以连接到 CPU 上。但要实现 S7-200 CPU 与编程站的 PPI 通信连接，还需要进行必要的通信参数设置。通过设置 PG/PC 接口参数及 STEP7-Micro/Win 的通信参数，可建立 STEP7-Micro/Win 与 1 个到多个 S7-200 PLC 的 PPI 通信连接。

S7-200 PLC 之间的 PPI 通信可通过 Profibus 电缆直接连接到各个 CPU 的 Port0 或 Port1 上，并使用 PC/PPI 多主电缆与装有 STEP7-Micro/WIN32 的计算机相连，组成一个使用 PPI 通信协议的单主站通信网络。将甲机设为主站，站地址设为 2；将乙机设为从站，站地址设为 3；编程用的计算机的站地址设为 0。

S7-200 PLC 之间的 PPI 通信只需在主站侧编写通信程序，在从站侧不需要编写通信程序，但需要编写从站处理相关数据的程序。通信程序的编写既可以用 NETR 指令和 NETW 指令实现，也可以通过调用网络读/写向导指令生成的子程序实现。

【项目实施】

1．分配 I/O 地址

S7-200 PLC 系列的 CPU221 有 6 路输入和 4 路输出，PLC 可选 CPU221 AC/DC/RLY。甲机所连按钮为 SB1、SB2，乙机所连按钮为 SB3、SB4，KM1 控制甲机的电动机，KM2 控制乙机的电动机。I/O 点分配如表 17-7 所示。

表 17-7　I/O 点分配

PLC	元 件 名 称	形　　式	I/O 点	说　　　明
甲 PLC	SB1	常开按钮	I0.0	启动按钮
甲 PLC	SB2	常闭按钮	I0.1	停止按钮
甲 PLC	KM1	交流接触器	Q0.0	触点容量扩大
乙 PLC	SB3	常开按钮	I0.0	启动按钮
乙 PLC	SB4	常闭按钮	I0.1	停止按钮
乙 PLC	KM2	交流接触器	Q0.0	触点容量扩大

2．画出 PLC 外部接线图

画出两个 PLC 与 PC 之间的接线示意图，如图 17-5 所示。

图 17-5　接线示意图

3．设计梯形图程序

首先为主站 PLC（甲机）建立网络通信数据表，如表 17-8 所示。

表 17-8　甲机网络通信数据表

对 应 指 令	状 态 字 节	从站地址存放单元	从站数据区首地址存放单元	要读写的数据的字节数存放单元	数据字节首地址
NETR 缓冲区	VB100	VB101	VD102	VB106	VB107
NETW 缓冲区	VB110	VB111	VD112	VB116	VB117

　　由于只有主站使用 NETR、NETW 指令，从站不需要，因此表 17-8 中的缓冲区是指所用到的主站的存储单元。以 NETR 缓冲区为例，主站的 VB100 中存储的是 NETR 指令的执行情况信息，VB101 中存储的是从站的地址（对本项目来说是 3），VD102 中存储的是一个 32 位数据，这个数据是从站中用于给主站提供数据的存储单元的地址，VB106 中存储的是要读的数据的字节数据，VB107 中存储的是从站中传过来的第一个字节的数据。

　　为了便于记忆，本项目中主站和从站的 VB107 都是存储从站的第一个字节数据，主站的来源是从站，用读指令；主站和从站的 VB117 都是存储主站的第一个字节数据，从站的来源是主站，用写指令。在主站侧编程时，需要将主站的 VB107 设为接收缓冲区，主站的 VB117 设为发送缓冲区。主站 PLC 自带的 Q0.1 指示灯用于显示从站电动机状态，主站的按钮信息存入 V117.0，主站的电动机状态存入 V117.1；从站 PLC 自带的 Q0.1 指示灯用于显示主站电动机状态，从站的按钮信息存入 V107.0，从站的电动机状态存入 V107.1。

　　S7-200 PLC 之间的 PPI 通信协议可以在主站侧通过调用 NETR 指令和 NETW 指令实现数

据的交换；从站侧不需要编写通信程序，只需向数据缓冲区提供数据或从缓冲区中提取数据即可。

（1）人工编写程序。

主站的主程序如图 17-6 所示，从站的主程序如图 17-7 所示。

图 17-6 主站的主程序

图 17-7　从站的主程序

（2）利用向导生成通信子程序。

① 运行计算机上的 STEP7 Micro/WIN32 编程软件，在指令树中双击"向导""NETR/NETW"，出现如图 17-8 所示的窗口，输入"2"，单击"下一步"，出现如图 17-9 所示的窗口，采用默认值，单击"下一步"，出现如图 17-10 所示的窗口，采用默认值，单山图中的"下一项操作"，出现如图 17-11 所示的窗口，采用默认值，单击"下一步"，出现如图 17-12所示的窗口，采用默认值，单击"下一步"，出现如图 17-13 所示的窗口，单击"完成"，生成通信子程序"NET_EXE"。

图 17-8　NETR/NETW 指令向导 1

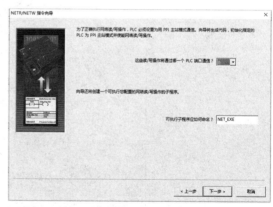

图 17-9　NETR/NETW 指令向导 2

图 17-10 NETR/NETW 指令向导 3

图 17-11 NETR/NETW 指令向导 4

图 17-12 NETR/NETW 指令向导 5

图 17-13 NETR/NETW 指令向导 6

② 编写主站的主程序。调用读写子程序的主站主程序如图 17-14 所示，在主程序中调用向导生成的子程序。

图 17-14 调用读写子程序的主站主程序

③ 编写从站的主程序，程序如图 17-7 所示。

4．运行调试

（1）设置甲机、乙机 PLC 的端口参数。

① 在断电的情况下用 PC/PPI 多主站电缆将甲机 PLC 连接到编程计算机，然后接通甲机 PLC 的电源，执行菜单命令"PLC"→"类型"，设置 PLC 的型号。执行菜单命令"查看"→"组件"→"系统块"，打开系统块设置对话框并选中通信端口选项；或者在视窗左侧的浏览条中双击"系统块"图标展开"系统块"命令集，然后双击"通信端口"，打开通信端口设置对话框。将甲机 PLC 的端口 0 的网络地址设为 2，选择波特率为 9.6kb/s，单击"确认"，再将系统块参数下载到甲机 PLC。

② 在断电的情况下用 PC/PPI 多主站电缆将乙机 PLC 连接到编程计算机，然后接通乙机 PLC 的电源，执行菜单命令"PLC"→"类型"，设置 PLC 的型号。在通信端口设置对话框中将乙机 PLC 的端口 0 的网络地址设为 3，选择波特率为 9.6kb/s，单击"确认"，再将系统块参数下载到乙机 PLC。

③ 在断电的情况下按图 17-5 连接好网络设备，接通甲机、乙机 PLC 的电源，并利用 STEP7-Micro/Win 的网络搜索功能搜索已连接到网络上的 S7-200 CPU。

（2）运行计算机上的 STEP7-Micro/WIN32 编程软件，单击工具条最左侧的"新建项目"，生成一个新的项目。

（3）执行菜单命令"工具"→"选项"，在"一般"对话框的"一般"选项卡中，选择 SIMATIC 指令集和"国际"助记符集，将"梯形图编辑器"设置为默认的程序编辑器。

（4）用"查看"菜单选择"梯形图"语言，用"查看"菜单选择"框架"→"指令树"可打开（或关闭）指令树窗口，找到其中的"项目 1"→"程序块"→"主程序"，双击"主程序"，在右边"主程序"的编辑窗口中输入图 17-6 所示的主站的主程序。

（5）单击工具条中的"编译"或"全部编译"，编译输入的程序。若程序没有错误，则显示"0 错误"。否则，改正程序中的错误后才能下载程序。

（6）在视窗左侧的浏览条中单击"通信"，打开通信设置对话框，远程地址输入 2，单击"确认"，如图 17-15 所示。

图 17-15 "通信"设置对话框

（7）下载主站程序。计算机与 PLC 建立连接后，将 CPU 模块上的模式开关放在运行位置，单击工具条中的"下载"，开始下载。下载成功后，单击"运行"，"RUN"LED 亮，用户程序开始运行。

（8）按照同样的方法输入并下载从站 PLC 的程序，下载成功后，运行用户程序。

（9）调试程序。断开数字量输入的全部输入开关，CPU 模块上输入侧的 LED 全部熄灭。用接在端子 I0.0 到 I0.1 上的开关模拟表 17-7 中的输入元件。

按以下步骤调试。

① 在"通信"图标中设置当前 PLC 为 2 号 PLC，接通 3 号 PLC 的 I0.1 的开关，表示停止按钮常闭，接通并断开 3 号 PLC 的 I0.0 的开关，表示按下了启动按钮，观察 2 号 PLC 的电动机是否运行；断开并接通 3 号 PLC 的 I0.1 的开关，表示按下了停止按钮，观察 2 号 PLC 的电动机是否停止。在这个过程中，可以单击程序状态监控 "🖼" 或用菜单命令"调试"→"开始程序状态监控"，在梯形图中显示出 2 号 PLC 的各元件的状态。也可以结合状态表进行调试。单击状态表监控 "🖼" 或用菜单命令"调试"→"开始状态表监控"，在状态表中输入如表 17-7 中列出的 2 号 PLC 的 I/O 点及 VB100 开始的 8 个字节单元的名称，观察程序执行中相应值的变化。

② 在"通信"图标中设置当前 PLC 为 3 号 PLC，接通 2 号 PLC 的 I0.1 的开关，表示停止按钮常闭，接通并断开 2 号 PLC 的 I0.0 的开关，表示按下了启动按钮，观察 3 号 PLC 的电动机是否运行；断开并接通 2 号 PLC 的 I0.1 的开关，表示按下了停止按钮，观察 3 号 PLC 的电动机是否停止。然后按照上面的方法调试 3 号 PLC 的程序。

通过以上调试过程，查看程序执行过程是否正确。加以分析，可以找到问题语句的所在，若有问题，则改正后重新下载调试。

【评定激励】

按以下标准开展小组自评、互评，成绩填入项目评分细则表，如表 17-9 所示。

表 17-9　项目评分细则表

项目名称					组别	
开始时间			结束时间			
考核内容	考核要求	配分	评分标准		扣分	得分
电路设计	（1）I/O 分配表正确 （2）I/O 电路图正确 （3）主电路正确	30 分	（1）I/O 分配表每错一处，扣 5 分 （2）I/O 电路图每错一处，扣 5 分 （3）主电路每错一处，扣 5 分			
安装接线	（1）元件选择、布局合理，安装符合要求 （2）布线合理美观	10 分	（1）元件选择、布局不合理，扣 3 分/处；元件安装不牢固，扣 3 分/处 （2）布线不合理、不美观，扣 3 分/处			
编程调试	（1）程序可实现控制功能 （2）操作步骤正确 （3）试车成功	50 分	（1）输入梯形图错误，扣 2 分/处 （2）不会设置及下载，分别扣 5 分 （3）一个功能未实现，扣 10 分 （4）操作步骤每错一步，扣 5 分 （5）显示运行不正常，扣 5 分/处			
安全文明工作	（1）安全用电，无人为损坏仪器、元件和设备 （2）保持环境整洁，秩序井然，操作习惯良好 （3）小组成员协作和谐，态度正确	10 分	（1）发生安全事故，扣 10 分 （2）人为损坏设备、元器件，扣 10 分 （3）现场不整洁、工作不文明、团队不协作，扣 5 分 （4）不遵守考勤制度，每次扣 2~5 分			
总成绩						

思考与练习

（1）写出异步串行通信的数据帧格式组成。

（2）PPI 通信协议中对主站与从站的要求有什么不同？

（3）简述如何进行串行网络的连接。

（4）简述如何配置 PPI 通信系统网络设备。

（5）在从站程序中可以使用 NETR 指令和 NETW 指令吗？为什么？

（6）简述 TBL 参数表中各单元的意义。

（7）要求在 2 台 CPU221 之间建立 PPI 网络，并编写基本通信程序：将乙机 VB107～VB111 共 5 个字节数据对应传送到甲机 VB107～VB111 共 5 个单元，同时将甲机 VB117～VB121 共 5 个字节数据对应传送到乙机 VB117～VB121 单元。试进行 I/O 地址分配、画出 PLC 外部接线图、设计梯形图程序及运行调试。

S7-200 的特殊存储器（SM）标志位

特殊存储器位提供大量的状态和控制功能，用来在 CPU 和用户程序之间交换信息，特殊存储器能以位、字节、字或双字的方式使用。

1. SMB0：状态位

特殊存储器字节 SMB0 如表 A-1 所示，在每个扫描周期结束时，由 CPU 更新这些位。

表 A-1　特殊存储器字节 SMB0

SM 位	描　述
SM0.0	此位始终为 1
SM0.1	首次扫描时为 1，可以用于调用初始化子程序
SM0.2	若断电保存的数据丢失，则此位在一个扫描周期中为 1。可以用于错误存储器位，或者用来调用特殊启动顺序功能
SM0.3	开机后进入 RUN 方式。该位将在一个扫描周期为 1。可以用于启动操作之前给设备提供预热时间
SM0.4	此位提供高低电平各 30s，周期为 1min 的时钟脉冲
SM0.5	此位提供高低电平各 0.5s，周期为 1s 的时钟脉冲
SM0.6	此位为扫描时钟，本次扫描时为 1，下次扫描时为 0，可以用作扫描计数器的输入
SM0.7	此位指示工作方式开关的位置，0 为 TERM 位置，1 为 RUN 位置。当开关在 RUN 位置时，该位可以使自由端口通信模式有效，当转换至 TERM 位置时，CPU 可以与编程设备正常通信

2. SMB1：状态位

SMB1 包含了各种潜在的错误提示，这些位因指令的执行被置位或复位，特殊存储器字节 SMB1 如表 A-2 所示。

表 A-2　特殊存储器字节 SMB1

SM 位	描　述
SM1.0	零标志，当执行某些指令的结果为 0 时，该位置 1
SM1.1	错误标志，当执行某些指令的结果溢出或检测到非法数值时，该位置 1
SM1.2	负数标志，当数学运算的结果为负时，该位置 1
SM1.3	当试图除以 0 时，该位置 1
SM1.4	当执行 ATT（Add ToTable）指令时超出表的范围，该位置 1
SM1.5	当执行 LIFO 或 FIFO 指令时试图从空表中读取数据，该位置 1
SM1.6	当试图将非 BCD 数值转换成二进制数值时，该位置 1
SM1.7	当 ASCII 数值无法被转换成有效的十六进制数值时，该位置 1

3. SMB2：自由端口接收字符缓冲区

SMB2 为自由端口接收字符的缓冲区，在自由端口模式下从口 0 或口 1 接收的每个字符均被存在 SMB2 中，便于梯形图程序存取。

4．SMB3：自由端口奇偶校验错误

当接收到的字符有奇偶校验错误时，SM3.0 被置 1，可以根据该位来丢弃错误的信息。SM3.1～SM3.7 位保留。

5．SMB4：队列溢出

SMB4 包含中断队列溢出位、中断允许标志位和发送空闲位，如表 A-3 所示。队列溢出表示中断发生的速率高于 CPU 处理的速率，或者中断已经被全局中断禁止指令关闭。只能在中断程序中使用状态位 SM4.0、SM4.1 和 SM4.2，当队列为空并且返回主程序时，这些状态位被复位。

表 A-3　特殊存储器字节 SMB4

SM 位	描　　述	SM 位	描　　述
SM4.0	当通信中断队列溢出时，该位置 1	SM4.4	全局中断允许位，当允许中断时该位置 1
SM4.1	当输入中断队列溢出时，该位置 1	SM4.5	当端口 0 发送器空闲时，该位置 1
SM4.2	当定时中断队列溢出时，该位置 1	SM4.6	当端口 1 发送器空闲时，该位置 1
SM4.3	当在运行过程中发现编制有问题时，该位置 1	SM4.7	当发生强制时，该位置 1

6．SMB5：I/O 错误状态

SMB5 包含 I/O 系统中检测到的错误状态位，如表 A-4 所示。

表 A-4　特殊存储器字节 SMB5

SM 位	描　　述
SM5.0	当有 I/O 错误时，该位置 1
SM5.1	当 I/O 总线上连接了过多的数字量 I/O 点时，该位置 1
SM5.2	当 I/O 总线上连接了过多的模拟量 I/O 点时，该位置 1
SM5.3	当 I/O 总线上连接了过多的智能 I/O 模块时，该位置 1
SM5.4	保留
SM5.5	保留
SM5.6	保留
SM5.7	当 DP 标准总线出现错误时，该位置 1

7．SMB6：CPU 标识（ID）寄存器

SM6.4～SM6.7 用于识别 CPU 的类型，详细信息见系统手册。

8．SMB8～SMB21：I/O 模块标识与错误寄存器

SMB8～SMB21 以字节对的形式用于 0 至 6 号扩展模块。偶数字节是模块标识寄存器，用于标记模块的类型、I/O 类型、I/O 点数；奇数字节是模块错误寄存器，提供该模块 I/O 的错误，详细信息见系统手册。

9．SMW22～SMW26：扫描时间

SMW22～SMW26 中分别是以 ms 为单位的上一次扫描时间、进入 RUN 方式后的最短扫描时间和最长扫描时间。

10．SMB28 和 SMB29：模拟电位器

SMB28 和 SMB29 中的数字分别对应模拟电位器 0 和模拟电位器 1 动触点的位置（只读）。

在 STOP/RUN 方式下，PLC 在每次扫描时更新该值。

11．SMB30 和 SMB130：自由端口控制寄存器

SMB30 和 SMB130 分别控制自由端口 0 和自由端口 1 的通信方式，用于设置通信的波特率和奇偶校验等，并提供选择自由端口的方式或使用系统支持的 PPI 通信协议。详细信息见系统手册。

12．SMB31 和 SMB32：EEPROM 写控制

在用户程序的控制下，V 存储器中的数据写入 EEPROM 后，可以永久保存。先将要保存数据的地址存入 SMW32，然后将写入命令存入 SMB31。

13．SMB34 和 SMB35：定时中断的时间间隔寄存器

SMB34 和 SMB35 分别定义了定时中断 0 与定时中断 1 的时间间隔，单位为 ms，可以指定为 1～255ms。若为定时中断事件分配中断程序，则 CPU 将在设定的时间间隔执行中断程序。

14．SMB36～SMD62：HSC0、HSC1 和 HSC2 寄存器

SMB36～SMD62 用于监视和控制高速计数器 HSC0～HSC2，详细信息见系统手册。

15．SMB66～SMB85：PTO/PWM 寄存器

SMB66～SMB85 用于控制和监视脉冲输出（PTO）和脉宽调制（PWM）功能，详细信息见系统手册。

16．SMB86～SMB94：端口 0 接收信息控制

详细信息见系统手册。

17．SMW98：扩展总线错误计数器

当扩展总线出现校验错误时加 1，系统得电或用户写入零时清零。

18．SMB130：自由端口 1 控制寄存器

见 SMB30。

19．SMB136～SMB165：高速计数器寄存器

SMB136～SMB165 用于监视和控制高速计数器 HSC3～HSC5 的操作（读/写），详细信息见系统手册。

20．SMB166～SMB185：PTO0 和 PTO1 包络定义表

详细信息见系统手册。

21．SMB186～SMB194：端口 1 接收信息控制

详细信息见系统手册。

22．SMB200～SMB549：智能模块状态

SMB200～SMB549 是指预留给智能扩展模块（如 EM277 Profibus-DP 模块）的状态信息。SMB200～SMB249 是指 SMB200～SMB249 存储单元，预留给系统的第一个扩展模块（离 CPU 最近的模块），SMB250～SMB299 预留给第二个智能模块。若使用版本 2.2 之前的 CPU，则应将智能模块放在非智能模块左边紧靠 CPU 的位置，已确保其兼容性。

参 考 文 献

[1] 廖常初. S7-200 PLC 基础教程[M]. 2 版. 北京：机械工业出版社，2009.

[2] 孙康岭. 电气控制与 PLC 应用[M]. 北京：化学工业出版社，2009.

[3] 阳胜峰. 西门子 PLC 与变频器、触摸屏综合应用教程[M]. 2 版. 北京：中国电力出版社，2013.

[4] 胡健. 西门子 S7-200 PLC 与工业网络应用技术[M]. 北京：化学工业出版社，2010.

[5] 中华人民共和国国家标准电气制图[M]. 北京：中国标准出版社，1986.